中国迁地栽培植物大全

第十一卷

（Rubiaceae 茜草科～Symplocaceae 山矾科）

黄宏文　主编

科学出版社

北　京

内 容 简 介

植物园是采集、栽培、保存、展示多种多样植物的主要园地，为了让人们对植物园迁地栽培植物有更直观的认识，《中国迁地栽培植物大全》将以系列丛书的形式，以迁地栽培植物的简要文字描述并配以彩色照片的编排陆续出版。本书内容包括植物的中文名、拉丁名、鉴定特征、图片。鉴于植物园引种历史长、原始记录通常与分类学修订不同步，本书对种的核校本着“尊重史实、与时俱进”的原则，按现在分类学修订的进展，适当加以调整归类。书中介绍的植物种类每个科内按属、种拉丁名的字母顺序排序。为了便于查阅，书后附有中名索引和拉丁名索引。

本卷共记录中国植物园迁地栽培植物 26 科，313 属，1179 种（含种下分类单元），并附有 705 张植物迁地栽培状况的照片，以方便读者使用。

本书可供农林业、园林园艺、环境保护、医药卫生等相关学科的科研和教学人员，以及政府决策与管理部门的相关人员参考。

图书在版编目（CIP）数据

中国迁地栽培植物大全. 第11卷 / 黄宏文主编. —北京：科学出版社，2015.10

ISBN 978-7-03-045791-2

Ⅰ. ①中… Ⅱ. ①黄… Ⅲ. ① 引种栽培－植物志－中国 Ⅳ. ①Q948.52

中国版本图书馆CIP数据核字（2015）第226100号

责任编辑：王　静　矫天扬 / 责任校对：陈玉凤

责任印制：肖　兴 / 封面设计：北京铭轩堂广告设计有限公司

科学出版社 出版

北京东黄城根北街16号

邮政编码：100717

http: //www. sciencep. com

北京利丰雅高长城印刷有限公司 印刷

科学出版社发行　各地新华书店经销

*

2015年10月第　一　版　开本：880 × 1230　A4

2015年10月第一次印刷　印张：16 1/4

字数：525 000

定价：180.00元

（如有印装质量问题，我社负责调换）

《中国迁地栽培植物大全·第十一卷》
编者名单

主　编：黄宏文

主　审：夏念和　叶华谷　邓云飞

副主编：陈新兰　高泽正　黄瑞兰　廖景平　彭彩霞　彭晓明

杨科明　余倩霞　曾小平　湛青青　张　征　邹丽娟

数据来源：

中国科学院华南植物园（SCBG）

中国科学院西双版纳热带植物园（XTBG）

中国科学院植物研究所（IBCAS）

中国科学院武汉植物园（WHIOB）

中国科学院昆明植物研究所（KIB）

中国科学院新疆生态与地理研究所（XJB）

江西省中国科学院庐山植物园（LSBG）

江苏省中国科学院植物研究所（CNBG）

深圳市仙湖植物园（SZBG）

广西植物研究所（GXIB）

中国科学院沈阳应用生态研究所（IAE）

厦门市园林植物园（XMBG）

编校人员：湛青青　彭彩霞

数据库技术支持：张　征　黄逸斌

本书承蒙以下项目的大力支持：

植物园迁地保护植物编目及信息标准化（No.2009YF120200）

植物园迁地栽培植物志编撰（No.2015FY210100）

广东省数字植物园重点实验室

Preface

前言

中国是世界上植物多样性最丰富的国家之一，有高等植物 33 000 多种。中国还有着农作植物、药用植物及园艺植物等摇篮之称，几千年的农耕文明孕育了众多的栽培植物种质资源，是全球植物资源的宝库，对人类经济社会的可持续发展具有极其重要的意义。

在数百年的发展历程中，植物园一直是调查、采集、鉴定、引种、驯化、保存和推广利用植物的专门科研机构和普及植物科学知识并供公众游憩的园地。植物园各类植物的收集栽培及其"同园"栽培对比观察工作的开展，既为植物分类学和基础生物学研究提供丰富翔实的活体植物生长发育材料，也为基础生物学提供可靠的原始数据，对基础植物学的研究举足轻重；同时，又为人们认识大千植物世界提供了一个绝佳的观赏涉猎场所。基于活植物收集的植物园研究工作具有多学科综合的特征，既对基础生物学研究具有重要意义，也与经济繁荣、社会发展和人类日常生活密切相关。

植物园在植物引种驯化、资源发掘和开发利用上具有悠久的历史。传承了几个世纪以来，植物园科学研究的脉络和成就，在近代植物引种驯化、传播栽培及作物产业国际化进程中发挥了重要作用，特别是对经济植物的引种驯化和传播栽培，对近代农业产业发展、农产品经济和贸易、国家或区域经济社会发展的推动作用更为明显，如橡胶、茶叶、烟草及众多的果树、蔬菜、药用植物、园艺植物等。人类对植物的引种驯化有千百年的历史，与人类早期文明史密切相关，曾对世界四大文明古国——中国、古埃及、古巴比伦和古印度的历史进程产生了巨大的影响。尤其是哥伦布发现美洲新大陆以来的 500 多年，美洲植物引种驯化及其广泛传播和栽培，深刻地改变了世界农业生产的格局，对促进人类社会文明进步产生了深远影响。植物的引种驯化在促进农业发展、食物供给、人口增长、经济社会进步中发挥了不可估量的重要作用，是人类农业文明及后续工业文明发展的源动力。

一个基因可以左右一个国家的经济命脉，一个物种可以影响一个国家的兴衰存亡。植物资源是人类赖以生存和发展的基础，是维系人类经济社会可持续发展的根本保障，数以万计的植物蕴涵着解决人类生存与可持续发展必需的衣、食、住、行所依赖的资源需求的巨大潜力。植物园收集、保存的植物资源材料，是构成国家植物资源本底、基础数据和国家生物战略储备的重要组成部分，也是国家植物多样性保护和可持续利用的源头资源。

随着我国经济社会的发展，我国植物园也担负起越来越重要的使命。中国植物园不仅在植物学研究和引种驯化方面发挥着重要的作用，在迁地保护中也起到了关键作用。我国有约 160 个植物园，遍布祖国大江南北、长城内外，覆盖我国主要的植物地理区系。特别是中国科学院所属的 16 个植物园，建园历史长、研究积累丰富、区域代表性强，在专科、专属、专类植物的引种收集方面具有系统性强、资料丰富、数据翔实的长期基础数据积累和系统整理成就。我国植物园现有迁地栽培高等维管植物约 396 个科、3633 个属、23 340 个种（含种下分类单元），其中我国本土植物有 288 科、2911 属、约 20 000 种，分别占我国本土高等植物科的 91%、属的 86%、物种数的 60%。有些植物已野外绝灭，在植物园得以栽培保存，植物园已成为名副其实的"诺亚方舟"，为回归引种及野生居群恢复重建奠定了坚实的基础。同时，我国植物园从世界 62 个国家和地区引种了几千种植物，于高山之巅、沙漠之腹、雨林之丛、冰雪之下广集世界奇花异卉。

诚然，我国植物园的植物引种栽培在近100年发展历程中取得了长足的发展，但目前还不能满足我国生物产业快速发展的需要，无论从基础数据、评价发掘，还是从产业化利用方面，都滞后于国家经济社会发展的需求。从国家层面，明确战略植物资源的功能定位、科学研究方向、技术产品研发策略、经济社会服务职能，将有助于植物园植物资源收集保藏、发掘利用和公共服务能力的提升，确保国家未来植物资源可持续利用。我国迁地栽培植物的系统整理、评价、发掘、利用仍任重道远。全面开展我国植物园植物多样性基础数据资料的梳理与评估，加强各植物园间的信息联系和数据共享，建立国家层面的植物收集信息共享平台，有助于建立和完善国家植物园体系，统一规划全国植物园的引种保存，提升植物园迁地保护的科学研究水平，对配合国家对生物多样性的保护战略与行动计划，有效保护和发掘利用植物资源有着非常重要的促进作用。

为了让人们对植物园迁地栽培植物有更直观的认识，本书将以系列丛书的形式，以迁地栽培植物的简要文字描述并配以彩色照片的编排陆续出版。本系列丛书在编排过程中得到单位同事和全国各地同行的帮助和支持，在此深表谢意。因我们学术水平有限，本书疏漏和不当之处在所难免，敬请社会各界人士批评指正。

2015年7月22日

Contents

目录

Rubiaceae 茜草科 1
Aidia 茜树属 1
Brachytome 短萼齿木属 2
Canthium 鱼骨木属 3
Catunaregam 山石榴属 3
Cephaelis 头九节属 3
Cephalanthus 风箱树属 4
Chassalia 弯管花属 4
Cinchona 金鸡纳属 4
Coffea 咖啡属 4
Colquhounia 火把花属 5
Coptosapelta 流苏子属 5
Damnacanthus 虎刺属 5
Dentella 小牙草属 5
Dioecrescis 6
Diplospora 狗骨柴属 6
Dunnia 绣球茜属 6
Duperrea 长柱山丹属 6
Emmenopterys 香果树属 7
Galium 拉拉藤属 7
Gardenia 栀子属 8
Genipa 9
Geophila 爱地草属 9
Guihaiothamnus 桂海木属 9
Haldina 心叶木属 10
Hamelia 长隔木属 10
Hedyotis 耳草属 10
Himalrandia 须弥茜树属 12
Hydnophytum 蚁寨属 12
Hymenodictyon 土连翘属 13
Hyptianthera 藏药木属 13
Ixora 龙船花属 13
Knoxia 红芽大戟属 15
Lasianthus 粗叶木属 15
Leptodermis 野丁香属 17
Leptomischus 报春茜属 18
Litosanthes 石核木属 18
Luculia 滇丁香属 18
Metadina 黄棉木属 18
Mitragyna 帽蕊木属 18
Morinda 巴戟天属 19
Mouretia 牡丽草属 20
Mussaenda 玉叶金花属 20
Mycetia 腺萼木属 23
Myrioneuron 密脉木属 24
Myrmecodia 蚁巢木属 24
Nauclea 乌檀属 25
Neanotis 新耳草属 25
Neohymenopogon 石丁香属 26
Neolamarckia 团花属 26
Neonauclea 新乌檀属 26
Nertera 薄柱草属 26
Ophiorrhiza 蛇根草属 26
Osa 29
Oxyceros 鸡爪簕属 29
Paederia 鸡矢藤属 29
Pavetta 大沙叶属 30
Pentas 五星花属 31
Pertusadina 槽裂木属 31
Prismatomeris 南山花属 32
Psychotria 九节属 32
Rondeletia 郎德木属 33
Rubia 茜草属 33
Saprosma 染木树属 34
Schizomussaenda 裂果金花属 34
Serissa 白马骨属 35
Sinoadina 鸡仔木属 35
Spermacoce 丰花草属 35

Spiradiclis 螺序草属 36
Tarenna 乌口树属 38
Tarennoidea 岭罗麦属 39
Uncaria 钩藤属 39
Urophyllum 尖叶木属 41
Wendlandia 水锦树属 41
Rutaceae 芸香科 42
Acronychia 山油柑属 42
Aegle 木橘属 43
Atalantia 酒饼簕属 43
Boenninghausenia 石椒草属 44
Casimiroa 香肉果属 44
Citrus 柑橘属 44
Clausena 黄皮属 46
Dictamnus 白鲜属 48
Evodia 吴茱萸属 48
Evodiella 小尤第木属 51
Flindersia 巨盘木属 51
Fortunella 金橘属 52
Glycosmis 山小橘属 53
Luvunga 三叶藤橘属 54
Micromelum 小芸木属 54
Murraya 九里香属 55
Naringi 柑果子属 57
Orixa 臭常山属 57
Paramignya 单叶藤橘属 57
Phellodendron 黄檗属 57
Poncirus 枳属 58
Psilopeganum 裸芸香属 59
Ptelea 榆橘属 59
Ravenia 59
Ruta 芸香属 59
Skimmia 茵芋属 60
Toddalia 飞龙掌血属 60
Vepris 61
Zanthoxylum 花椒属 61
Sabiaceae 清风藤科 67
Meliosma 泡花树属 67
Sabia 清风藤属 70
Salicaceae 杨柳科 72
Chosenia 钻天柳属 72
Populus 杨属 72
Salix 柳属 74
Salvadoraceae 刺茉莉科 77
Azima 刺茉莉属 77
Santalaceae 檀香科 78
Buckleya 米面蓊属 78
Dendrotrophe 寄生藤属 78
Osyris 沙针属 78
Phacellaria 重寄生属 78
Pyrularia 檀梨属 78
Santalum 檀香属 79
Scleropyrum 硬核属 79
Thesium 百蕊草属 79
Sapindaceae 无患子科 80
Allophylus 异木患属 80
Amesiodendron 细子龙属 81
Aphania 滇赤才属 82
Arytera 滨木患属 82
Boniodendron 黄梨木属 82
Cardiospermum 倒地铃属 83
Delavaya 茶条木属 83
Dimocarpus 龙眼属 83
Diploglottis 84
Dodonaea 车桑子属 84
Erioglossum 赤才属 85
Eurycorymbus 伞花木属 85
Handeliodendron 掌叶木属 85
Harpullia 假山萝属 85
Koelreuteria 栾树属 86
Lepisanthes 鳞花木属 87
Litchi 荔枝属 87
Majidea 88
Mischocarpus 柄果木属 88
Nephelium 韶子属 88
Paranephelium 假韶子属 89
Paullinia 89
Pavieasia 檀栗属 89
Pometia 番龙眼属 89
Sapindus 无患子属 90
Sarcotoechia 90
Schleichera 久树属 91
Xanthoceras 文冠果属 91
Xerospermum 干果木属 91
Sapotaceae 山榄科 91
Chrysophyllum 金叶树属 91
Eberhardtia 梭子果属 92
Lucuma 蛋黄果属 93
Madhuca 紫荆木属 93
Manilkara 铁线子属 94
Mimusops 香榄属 94
Planchonella 山榄属 94

Pouteria 桃榄属 95
Sarcosperma 肉实树属 95
Sideroxylon 95
Sinosideroxylon 铁榄属 95
Synsepalum 神秘果属 96
Xantolis 刺榄属 96
Sargentodoxaceae 大血藤科 97
Sargentodoxa 大血藤属 97
Sarraceniaceae 瓶子草科 98
Sarracenia 瓶子草属 98
Saururaceae 三白草科 98
Gymnotheca 裸蒴属 98
Houttuynia 蕺菜属 98
Saururus 三白草属 99
Saxifragaceae 虎耳草科 100
Aceriphyllum 槭叶草属 100
Astilbe 落新妇属 100
Bergenia 岩白菜属 101
Brexia 伯力木属 102
Cardiandra 草绣球属 102
Chrysosplenium 金腰属 102
Decumaria 赤壁木属 103
Deinanthe 叉叶蓝属 103
Deutzia 溲疏属 103
Dichroa 常山属 106
Heuchera 矾根属 106
Hydrangea 绣球属 106
Itea 鼠刺属 108
Parnassia 梅花草属 110
Penthorum 扯根菜属 111
Philadelphus 山梅花属 112
Pileostegia 冠盖藤属 113
Platycrater 蛛网萼属 114
Polyosma 多香木属 114
Ribes 茶藨子属 114
Rodgersia 鬼灯檠属 116
Saxifraga 虎耳草属 117
Schizophragma 钻地风属 119
Tiarella 黄水枝属 119
Schisandraceae 五味子科 119
Kadsura 南五味子属 119
Schisandra 五味子属 120
Scrophulariaceae 玄参科 122
Adenosma 毛麝香属 122
Angelonia 香彩雀属 123
Antirrhinum 金鱼草属 123
Bacopa 假马齿苋属 124
Brandisia 来江藤属 125
Calccolaria 蒲包花属 125
Centranthera 胡麻草属 125
Codonopsis 党参属 125
Craterostigma 碗柱草属 126
Cymbalaria 蔓柳穿鱼属 126
Digitalis 毛地黄属 126
Dodartia 野胡麻属 127
Dopatrium 虻眼属 127
Euphrasia 小米草属 127
Glossostigma 舌柱草属 127
Gratiola 水八角属 128
Hemianthus 婴泪草属 128
Hemiphragma 鞭打绣球属 128
Hydrotriche 128
Leucophyllum 玉芙蓉属 128
Limnophila 石龙尾属 129
Linaria 柳穿鱼属 130
Lindenbergia 钟萼草属 130
Lindernia 母草属 131
Lophospermum 冠子藤属 133
Mazus 通泉草属 133
Mecardonia 过长沙舅属 134
Melampyrum 山罗花属 134
Melasma 黑蒴属 134
Micranthemum 小花草属 134
Microcarpaea 小果草属 135
Mimulus 沟酸浆属 135
Monochasma 鹿茸草属 135
Nemesia 龙面花属 135
Odontites 疗齿草属 135
Otacanthus 蓝金花属 136
Paulownia 泡桐属 136
Pedicularis 马先蒿属 137
Penstemon 钓钟柳属 137
Phtheirospermum 松蒿属 137
Picria 苦玄参属 138
Picrorhiza 胡黄连属 138
Rehmannia 地黄属 138
Russelia 爆仗竹属 138
Scoparia 野甘草属 139
Scrophularia 玄参属 139
Siphonostegia 阴行草属 139
Stemodia 孪生花属 140
Striga 独脚金属 140

Torenia 蝴蝶草属 140
Verbascum 毛蕊花属 141
Veronica 婆婆纳属 141
Veronicastrum 腹水草属 143
Wightia 美丽桐属 145
Simaroubaceae 苦木科 145
Ailanthus 臭椿属 145
Brucea 鸦胆子属 146
Eurycoma 东革阿里属 146
Harrisonia 牛筋果属 146
Picramnia 非洲苦木属 147
Picrasma 苦树属 147
Solanaceae 茄科 148
Anisodus 山莨菪属 148
Atropa 颠茄属 148
Brugmansia 木曼陀罗属 148
Brunfelsia 鸳鸯茉莉属 150
Capsicum 辣椒属 152
Cestrum 夜香树属 153
Cyphomandra 树番茄属 155
Datura 曼陀罗属 155
Hyoscyamus 天仙子属 157
Lycianthes 红丝线属 157
Lycium 枸杞属 159
Lycopersicon 番茄属 159
Nicandra 假酸浆属 160
Nicotiana 烟草属 160
Petunia 碧冬茄属 161
Physaliastrum 散血丹属 161
Physalis 酸浆属 161
Salpiglossis 美人襟属 162
Solandra 金杯藤属 162
Solanum 茄属 164
Tubocapsicum 龙珠属 171
Sonneratiaceae 海桑科 172
Duabanga 八宝树属 172
Sonneratia 海桑属 172
Sparganiaceae 黑三棱科 173
Sparganium 黑三棱属 173
Sphenocleaceae 尖瓣花科 174
Sphenoclea 尖瓣花属 174
Stachyuraceae 旌节花科 174
Stachyurus 旌节花属 174
Staphyleaceae 省沽油科 177
Euscaphis 野鸦椿属 177
Staphylea 省沽油属 177
Tapiscia 瘿椒树属 178
Turpinia 山香圆属 179
Stemonaceae 百部科 180
Croomia 黄精叶钩吻属 180
Stemona 百部属 180
Sterculiaceae 梧桐科 182
Ambroma 昂天莲属 182
Brachychiton 瓶子树属 182
Byttneria 刺果藤属 184
Cola 可拉属 184
Commersonia 山麻树属 185
Dombeya 非洲芙蓉属 185
Eriolaena 火绳树属 186
Erythropsis 火桐属 187
Firmiana 梧桐属 188
Guazuma 189
Helicteres 山芝麻属 190
Heritiera 银叶树属 192
Kleinhovia 鹧鸪麻属 194
Melochia 马松子属 194
Pterospermum 翅子树属 194
Pterygota 翅苹婆属 197
Reevesia 梭罗树属 197
Scaphium 胖大海属 200
Sterculia 苹婆属 201
Theobroma 可可属 204
Waltheria 蛇婆子属 205
Stylidiaceae 花柱草科 206
Stylidium 花柱草属 206
Styracaceae 安息香科 206
Alniphyllum 赤杨叶属 206
Halesia 银钟花属 206
Huodendron 山茉莉属 207
Melliodendron 陀螺果属 207
Pterostyrax 白辛树属 208
Rehderodendron 木瓜红属 208
Sinojackia 秤锤树属 209
Styrax 安息香属 209
Symplocaceae 山矾科 213
Symplocos 山矾属 213
中名索引 219
拉丁名索引 233

Rubiaceae 茜草科

该科共计 301 种，在 11 个园中有种植

乔木、灌木或草本。单叶对生或轮生；具托叶，常生于叶柄间。合瓣花两性，整齐，花柱异长，由聚伞花序复合成各式花序；子房下位，常 2 室。果为蒴果、浆果、核果。

Adina 水团花属

该属共计 2 种，在 6 个园中有种植

Adina pilulifera (Lam.) Franch. ex Drake **水团花**

灌木或小乔木。叶对生，厚纸质，叶片椭圆形至椭圆状披针形；托叶 2 裂，早落。头状花序腋生；花冠白色；花柱伸出。小蒴果楔形；种子长圆形，两端具狭翅。（栽培园地：SCBG, WHIOB, GXIB, XMBG）

Adina pilulifera 水团花（图 1）

Adina pilulifera 水团花（图 2）

Adina rubella Hance **细叶水团花**

落叶小灌木。小枝延长，具赤褐色微毛。叶对生，近无柄，薄革质，叶片卵状披针形或卵状椭圆形，被短柔毛；托叶小，早落。头状花序花冠紫色；花柱伸出。（栽培园地：SCBG, WHIOB, KIB, CNBG, GXIB）

Adina rubella 细叶水团花

Aidia 茜树属

该属共计 6 种，在 5 个园中有种植

Aidia canthioides (Champ. ex Benth.) Masamine **光叶山黄皮**

灌木或乔木。叶片纸质，长圆状椭圆形或长圆状披针形；托叶阔三角形。聚伞花序腋生，有花数朵至十余朵；花冠高脚碟形，白色或黄白色，裂片 5 片，反折。浆果球形。（栽培园地：SCBG, WHIOB, GXIB）

Aidia canthioides 光叶山黄皮

Aidia cochinchinensis Lour. **茜树**

灌木或乔木。叶对生，上面稍光亮；托叶披针形。聚伞花序与叶对生或生于无叶的节上；花冠黄色、白色或红色；花药和纺锤形柱头均伸出花冠外。浆果球形。（栽培园地：SCBG, WHIOB, XTBG）

Aidia cochinchinensis 茜树

Aidia henryi (E. Pritz.) T. Yamaz. **亨氏香楠**

灌木或乔木。叶片革质或纸质，椭圆状长圆形、长圆状披针形或狭椭圆形，长 9~21.5cm，侧脉 5~10 对。聚伞花序；花冠黄色、白色或红色，裂片 4 片。（栽培园地：WHIOB, XTBG）

Aidia pycnantha (Drake) Tirveng. **多毛茜草树**

无刺灌木或乔木；嫩枝、叶下面和花序被锈色柔毛。叶革质或纸质，对生；托叶披针形。聚伞花序与叶对生，多花，花冠白色或淡黄色。浆果球形。（栽培园地：SCBG, WHIOB, XTBG）

Aidia shweliensis (Anth.) W. C. Chen **瑞丽茜树**

灌木。叶片椭圆形或长圆状披针形；托叶三角形，短尖。聚伞花序腋生，被柔毛；花肉质；花梗粗壮；花冠白色，冠管狭，圆筒形，冠管较花冠裂片长。（栽培园地：KIB）

Aidia yunnanensis (Hutchins.) Yamazaki **滇茜树**

无刺灌木或小乔木。枝无毛。叶片椭圆状披针形或

Aidia pycnantha 多毛茜草树

Aidia shweliensis 瑞丽茜树

长圆状披针形，仅背面中脉和侧脉上具糙伏毛。花数至多朵簇生于无叶的节上或与叶对生，无总花梗；花冠白色，漏斗形，裂片 5 片。果球形，鲜时红色。（栽培园地：XTBG）

Brachytome 短萼齿木属

该属共计 2 种，在 1 个园中有种植

Brachytome hirtellata Hu var. **glabrescens** W. C. Chen **疏毛短萼齿木**

灌木。小枝密被短硬毛。叶对生，薄纸质，叶面无毛，背面疏被微硬毛，脉上尤密。聚伞花序与叶对生；花冠漏斗形，白色或黄白色。浆果球形，红色。（栽培园地：XTBG）

Brachytome wallichii Hook. f. **短萼齿木**

灌木或小乔木；全株无毛。小枝柔弱，分枝广展。叶片纸质，长圆形或长圆状披针形；托叶三角形。聚伞花序腋生或与叶对生；花白色，雌雄异花。浆果椭圆形。（栽培园地：XTBG）

Canthium 鱼骨木属

该属共计 3 种，在 3 个园中有种植

Canthium dicoccum (Gaertn.) Teysmann et Binnedijk
鱼骨木

无刺灌木至中等乔木。小枝初时呈压扁形或四棱柱形，后变圆柱形。叶片革质，卵形或椭圆形。聚伞花序；花冠绿白色或淡黄色，顶部 5 裂。核果倒卵形或倒卵状椭圆形。（栽培园地：SCBG, XTBG, GXIB）

Canthium dicoccum 鱼骨木

Canthium horridum Blume **猪肚木**

灌木。茎具对生刺；小枝被土黄色柔毛。叶片纸质，卵形、椭圆形或长卵形，叶柄短；托叶小。花小，单生或数朵簇生叶腋，花冠白色。核果球形。（栽培园地：SCBG, XTBG, GXIB）

Canthium horridum 猪肚木

Canthium simile Merr. et Chun **大叶鱼骨木**

直立灌木至小乔木。茎无刺，无毛。叶片纸质，卵状长圆形，长 9~13cm，宽 4.5~6.5cm。聚伞花序具明显的总花梗。核果倒卵形，压扁，长 10~20mm，直径 9~15mm。（栽培园地：XTBG）

Catunaregam 山石榴属

该属共计 1 种，在 4 个园中有种植

Catunaregam spinosa (Thunb.) Tirveng. **山石榴**

有刺灌木或小乔木。叶片倒卵形或长圆状倒卵形，稀卵形或匙形。花单生或 2~3 朵簇生于短枝顶部；花冠钟状，初时白色，后淡黄色。浆果大，球形。（栽培园地：SCBG, XTBG, CNBG, GXIB）

Catunaregam spinosa 山石榴

Cephaelis 头九节属

该属共计 1 种，在 1 个园中有种植

Cephaelis laui (Merr. et Metcalf) How et Ko **头九节**

直立灌木。叶片纸质，椭圆形或长圆形，全缘或不明显的波状；托叶鞘状。头状花序单生枝顶，花冠白色。

Cephaelis laui 头九节

核果椭圆形；种子弓形。（栽培园地：SCBG）

Cephalanthus 风箱树属

该属共计 1 种，在 3 个园中有种植

Cephalanthus tetrandrus (Roxb.) Ridsdale et Bakh. f. **风箱树**

落叶灌木或小乔木。嫩枝近四棱柱形，被短柔毛。叶片大，近革质，卵形至卵状披针形；托叶阔卵形。头状花序；花冠白色。坚果；种子褐色，具翅状苍白色假种皮。（栽培园地：SCBG, WHIOB, XTBG）

Cephalanthus tetrandrus 风箱树

Chassalia 弯管花属

该属共计 1 种，在 2 个园中有种植

Chassalia curviflora Thwaites **弯管花**

直立小灌木；全株被毛。叶片膜质，长圆状椭圆形或倒披针形；托叶宿存，阔卵形或三角形。聚伞花序多花，顶生；总轴和分枝紫红色；花冠管弯曲。核果扁球形。（栽培园地：SCBG, XTBG）

Cinchona 金鸡纳属

该属共计 2 种，在 1 个园中有种植

Cinchona officinalis L. **正鸡纳树**

灌木或小乔木。树干较细。叶片纸质或薄革质，披针形、倒卵状披针形或椭圆形，背面侧脉腋有生毛的小孔。花稍香，花冠红色。果近圆筒形或卵形。（栽培园地：XTBG）

Cinchona pubescens Vahl **大叶金鸡纳**

乔木。叶片纸质或薄革质，大而宽，卵形、卵状椭圆形或长圆形，鲜时叶背面常呈淡红色，侧脉较粗。花冠白色或粉红色。果近圆筒形或圆锥形。（栽培园地：XTBG）

Coffea 咖啡属

该属共计 4 种，在 6 个园中有种植

Coffea arabica L. **小粒咖啡**

大灌木或小乔木。叶片革质，长卵形。花芳香，花冠白色，花瓣呈螺旋排列。浆果椭圆形，深红色，长

Coffea arabica 小粒咖啡

12~16mm，直径10~12mm，具两粒种子。（栽培园地：SCBG, IBCAS, XTBG, CNBG, SZBG）

Coffea canephora Pierre ex Froehn. **中粒咖啡**

小乔木或灌木。叶片厚纸质，椭圆形、卵状长圆形或披针形。聚伞花序簇生于叶腋；花冠白色，稀浅红色。浆果近球形，直径10~12mm。（栽培园地：SCBG, XTBG, XMBG）

Coffea liberica Bull ex Hiern **大果咖啡**

小乔木。叶片背面脉腋内具小窝孔，窝孔内常具短丛毛。聚伞花序；花冠白色。浆果大，阔椭圆形，长19~21mm，直径15~17mm，熟时鲜红色。（栽培园地：SCBG, XTBG, SZBG, XMBG）

Coffea liberica 大果咖啡

Coffea mauritiana Lam. **野生咖啡**

常绿灌木或小乔木。叶子深绿色有光泽。聚伞花序簇生于叶腋；花白色，芳香；花冠5裂，五角星状。果成熟时褐黄色至紫色。（栽培园地：XTBG）

Colquhounia 火把花属

该属共计1种，在1个园中有种植

Colquhounia coccinea Wall. var. **mollis** (Schlecht.) Prain **火把花**

灌木，枝叶均密被锈色星状毛。叶片卵圆形或卵状披针形，生于具花短枝或枝条，上端者渐变小至几苞叶状。轮伞花序具6~20朵花；花冠橙红色至朱红色，冠檐二唇形。小坚果倒披针形。（栽培园地：WHIOB）

Coptosapelta 流苏子属

该属共计1种，在2个园中有种植

Coptosapelta diffusa (Champ. ex Benth.) van Steenis **流苏子**

藤本或攀缘灌木。枝圆柱形，节明显。叶片坚纸质至革质，卵形、卵状长圆形至披针形。花单生于叶腋，常对生；花冠白色或黄色，高脚碟状。蒴果稍扁球形，中间具浅沟。（栽培园地：SCBG, WHIOB）

Damnacanthus 虎刺属

该属共计4种，在3个园中有种植

Damnacanthus angustifolius Hayata **台湾虎刺**

高山无刺小灌木。叶片狭披针形至线形，中脉在叶表面线状凸出，在背面脊状凸出。花小，花冠管状漏斗形。核果红色，近球形。（栽培园地：WHIOB）

Damnacanthus giganteus (Mak.) Nakai **短刺虎刺**

具短刺灌木。根肉质、链珠状。刺极短，仅见于顶节托叶腋。叶片革质，披针形或长圆状披针形。花冠白色，革质，管状漏斗形。核果红色，近球形。（栽培园地：WHIOB）

Damnacanthus indicus Gaertn. **虎刺**

有刺灌木；具肉质链珠状根。叶常大小叶相间对生，叶片卵形、心形或圆形。花两性；花萼钟状；花冠白色，管状漏斗形；子房4室。核果红色，近球形。（栽培园地：SCBG, WHIOB, GXIB）

Damnacanthus indicus 虎刺

Damnacanthus officinarum Huang **四川虎刺**

无刺灌木，具链珠状肉质根。叶片革质，上部叶常呈椭圆形、长圆形或长圆状披针形，下部叶常线形。花冠（未盛开）淡绿色；果红色，近球形。（栽培园地：WHIOB）

Dentella 小牙草属

该属共计1种，在1个园中有种植

Dentella repens (L.) J. R. Forst. **小牙草**

矮小草本。茎匍匐，多分枝，稍肉质。叶片小，长

圆状披针形、倒卵形至匙形。花常单生小枝分叉处，白色。（栽培园地：XTBG）

Dioecrescis

该属共计 1 种，在 1 个园中有种植

Dioecrescis erythroclada (Kurz) Tirveng. **红皮栀子**

灌木。小枝红褐色。叶片对生，宽椭圆形，顶端钝圆或微凹，羽状网脉。果卵圆形，直径约 2cm，顶端具宿存花萼。（栽培园地：XTBG）

Diplospora 狗骨柴属

该属共计 3 种，在 5 个园中有种植

Diplospora dubia (Lindl.) Masam. **狗骨柴**

灌木或乔木。叶片革质，稀厚纸质，卵状长圆形、长圆形、椭圆形或披针形。聚伞花序稠密，腋生；花冠白色或黄色。浆果近球形，成熟时红色。（栽培园地：SCBG, WHIOB, XTBG, SZBG, XMBG）

Diplospora dubia 狗骨柴

Diplospora fruticosa Hemsl. **毛狗骨柴**

灌木或乔木。叶片纸质或薄革质，长圆形、长圆状披针形或狭椭圆形，叶脉上和脉腋内常具疏短柔毛。聚伞花序腋生，花冠白色。果近球形，成熟时红色。（栽培园地：XTBG）

Diplospora mollissima Hutch. **云南狗骨柴**

灌木或乔木。小枝被绒毛或短柔毛。叶片纸质或薄革质，长圆形或长圆状倒披针形；托叶三角形。稠密的聚伞花序腋生；花冠白色，裂片 4 片。果近球形，成熟时红色。（栽培园地：XTBG）

Diplospora mollissima 云南狗骨柴

Dunnia 绣球茜属

该属共计 1 种，在 1 个园中有种植

Dunnia sinensis Tutch. **绣球茜草**

灌木。节间较短。叶片纸质或革质，披针形或倒披针形；托叶卵形或三角形，宿存。花序被疏短柔毛；变态的花萼裂片较大，白色，卵形或椭圆形；花冠黄色。蒴果近球形。（栽培园地：SCBG）

Dunnia sinensis 绣球茜草

Duperrea 长柱山丹属

该属共计 1 种，在 3 个园中有种植

Duperrea pavettaefolia (Kurz) Pitard **长柱山丹**

灌木或小乔木。小枝被浅黄色紧贴短粗毛。叶片长圆状椭圆形、长圆状披针形或倒披针形；托叶膜质，卵状长圆形。花序密被锈色短粗毛；花冠白色。浆果扁球形。（栽培园地：SCBG, XTBG, GXIB）

Duperrea pavettaefolia 长柱山丹

Emmenopterys 香果树属

该属共计 1 种，在 5 个园中有种植

Emmenopterys henryi Oliv. **香果树**

落叶大乔木。叶片阔椭圆形、阔卵形或卵状椭圆形。圆锥状聚伞花序顶生；花芳香，花冠漏斗形，白色或黄色；变态的叶状萼裂片白色、淡红色或淡黄色。蒴果长圆状卵形或近纺锤形。（栽培园地：WHIOB, KIB, LSBG, CNBG, GXIB）

Galium 拉拉藤属

该属共计 6 种，在 7 个园中有种植

Galium aparine L. var. **echinospermum** (Wallr.) Cuf. **拉拉藤**

草本。茎蔓生，多分枝，四棱形。叶 6~8 片轮生，纸质或近膜质，叶片带状倒披针形或长圆状倒披针形。聚伞花序腋生或顶生；花小，4 数，花冠黄绿色或白色，辐状。果干燥，密被钩毛。（栽培园地：SCBG, GXIB）

Galium aparine var. echinospermum 拉拉藤

Galium aparine L. var. **tenerum** (Gren. et Godr.) Rchb. **猪殃殃**

本变种与拉拉藤的区别为：植株矮小，柔弱；花序常单花。（栽培园地：WHIOB, XJB, LSBG）

Galium aparine var. tenerum 猪殃殃

Galium asperifolium Wall. ex Roxb. var. **verrucifructum** Cuf. **滇小叶葎**

多年生草本。茎无刺或在棱上具倒向的小皮刺，无毛或疏被柔毛或刚毛。叶较小，每轮 4~8 片，在背面无毛或沿中脉和边缘具倒向的小刺毛。聚伞花序多而稠密；花小，花冠绿白色或黄色，辐状。果灰白色，被紧贴的颗粒状小疣凸起。（栽培园地：XTBG）

Galium bungei Steud. **四叶葎**

多年生草本。茎四棱形。叶 4 片轮生，纸质，叶形变化较大。聚伞花序；花冠黄绿色或白色，辐状，裂片

Galium bungei 四叶葎

卵形或长圆形。果球形。（栽培园地：SCBG, GXIB）

Galium trifidum L. **小叶猪殃殃**

多年生草本。茎纤细，四棱形，多分枝。叶小，纸质，4~6 片轮生，叶片倒披针形。聚伞花序，花小；花冠白色，辐状，裂片 3 片。果小，近球状。（栽培园地：LSBG）

Galium verum L. **蓬子菜**

多年生草本。茎近直立，四棱形，被短柔毛或秕糠状毛。叶 6~10 片轮生，叶片纸质，线形。聚伞花序多花，花小；花冠黄色，辐状。果小，果爿双生，近球状。（栽培园地：IBCAS, XJB）

Gardenia 栀子属

该属共计 8 种，在 10 个园中有种植

Gardenia cornuta Hemsl. **角状栀子**

灌木或小乔木。树皮灰白色。叶 3 片轮生，聚生枝顶。花单生；花冠白色；花萼侧边而非顶端开裂，萼片 6 枚，狭长。果金黄色，光滑，木质，近梨形。种子多数，扁平。（栽培园地：SCBG）

Gardenia cornuta 角状栀子

Gardenia hainanensis Merr. **海南栀子**

乔木。叶片薄革质，倒卵状长圆形，稀长圆形或倒披针形；托叶合生成圆筒形。花芳香，花冠白色，高脚碟状。果球形或卵状椭圆形，黄色，具纵棱或有时纵棱不明显。（栽培园地：XTBG）

Gardenia jasminoides Ellis **栀子**

灌木。叶对生，革质，叶形多样，常长圆状披针形、倒卵状长圆形、倒卵形或椭圆形；托叶膜质。花芳香，单朵生于枝顶；花冠白色或乳黄色，高脚碟状。果卵形或近球形，黄色或橙红色。（栽培园地：SCBG, IBCAS, WHIOB, KIB, XTBG, LSBG, CNBG, SZBG, GXIB, XMBG）

Gardenia jasminoides 栀子（图 1）

Gardenia jasminoides 栀子（图 2）

Gardenia jasminoides Ellis var. **fortunian** (Lindl.) Hara **白蝉**

本变种与原变种的区别为：花为重瓣。（栽培园地：SCBG, WHIOB, XTBG, LSBG, GXIB）

Gardenia jasminoides var. **fortunian** 白蝉

Gardenia scabrella Puttock **粗栀子**

常绿灌木或小乔木。叶片长椭圆形，顶端钝，基部楔形，绿色，叶脉明显，全缘。花单生于枝端或叶腋，花瓣 6 片，白色，狭椭圆状披针形。（栽培园地：

Gardenia scabrella 粗栀子

SCBG）

Gardenia sootepensis Hutch. **云南黄栀子**

乔木。小枝常具明显的节。叶纸质或革质，稍具黏液，被短柔毛；托叶合生成管状。花大，直径约 7cm，芳香，冠黄色或白色，高脚碟状，裂片 5 片；雄蕊 5 枚，着生在花冠喉部。（栽培园地：SCBG, XTBG）

Gardenia sootepensis 云南黄栀子

Gardenia stenophylla Merr. **狭叶栀子**

灌木。叶片薄革质，狭披针形或线状披针形，长 3~12cm，宽 0.4~2.3cm。花单生于叶腋或小枝顶部，芳香；花冠白色，高脚碟状。果长圆形，成熟时黄色或橙红色。（栽培园地：SCBG, CNBG）

Gardenia stenophylla 狭叶栀子

Gardenia taitensis DC. **重瓣大溪地栀子花**

常绿灌木。叶对生，叶色深绿色有光泽，长 5~16cm。花芳香，花冠白色，裂片 5~9 片，长 2~4cm。（栽培园地：SCBG）

Genipa

该属共计 1 种，在 1 个园中有种植

Genipa americana L. **美洲栀子**

小乔木。叶片对生，披针形至长椭圆形，长 20~35cm，宽 10~19cm，叶面亮绿色，全缘。花冠白色、黄色或红色，5 裂。浆果直径 5~8cm。（栽培园地：XTBG）

Geophila 爱地草属

该属共计 1 种，在 2 个园中有种植

Geophila herbacea (Jacq.) K. Schum. **爱地草**

多年生草本。茎纤弱、匍匐。叶片膜质，心状圆形至近圆形，掌状叶脉；托叶阔卵形。花单生或 2~3 朵排成顶生的伞形花序。核果球形，红色。（栽培园地：SCBG, XTBG）

Guihaiothamnus 桂海木属

该属共计 1 种，在 2 个园中有种植

Guihaiothamnus acaulis Lo **桂海木**

矮小灌木。茎极短或近无茎。叶片纸质，阔倒卵

Guihaiothamnus acaulis 桂海木

形；托叶长圆形，早落。聚伞花序密花；花冠淡红色，冠管纤细，裂片5片。果紫色，球形。（栽培园地：SCBG, GXIB）

Haldina 心叶木属

该属共计1种，在1个园中有种植

Haldina cordifolia (Roxb.) Ridsd. **心叶木**

落叶乔木。常具板状根；树皮淡红褐色。叶对生，薄革质，叶片广卵形，基部心形。头状花序。小蒴果被短柔毛；种子卵圆球形至三棱形。（栽培园地：XTBG）

Hamelia 长隔木属

该属共计1种，在7个园中有种植

Hamelia patens Jacq. **希茉莉**

灌木。茎红色。叶常3枚轮生，叶片椭圆状卵形至长圆形。聚伞花序具3~5个放射状分枝；花冠橙红色，冠管狭圆筒状，长1.8~2cm。浆果卵圆状，暗红色或紫色。（栽培园地：SCBG, IBCAS, XTBG, CNBG, SZBG, GXIB, XMBG）

Hamelia patens 希茉莉

Hedyotis 耳草属

该属共计21种，在7个园中有种植

Hedyotis acutangula Champ. ex Benth. **金草**

直立草本。茎方柱形，具4棱或翅。叶对生，无柄，叶片卵状披针形或披针形；托叶卵形或三角形。聚伞花序顶生，花4数，白色。蒴果倒卵形，种子近圆形。（栽培园地：SZBG）

Hedyotis auricularia L. **耳草**

多年生草本。茎近直立，小枝被短硬毛。叶对生，近革质，叶片披针形或椭圆形。聚伞花序腋生，密集成头状；花冠白色，裂片4片。果球形，成熟时不开裂。（栽培园地：SCBG, XTBG, GXIB）

Hedyotis biflora (L.) Lam. **双花耳草**

一年生草本。茎柔弱无毛。叶对生，肉质，干后膜质，叶片长圆形或椭圆状卵形。聚伞花序近顶生或生于上部叶腋，具3~8朵花；花4数，花冠白色。蒴果膜质，陀螺形。（栽培园地：SCBG）

Hedyotis capitellata Wall. ex G. Don **小头凉喉茶**

高大藤状草本，全株无毛。叶对生，叶片膜质，卵形或椭圆状披针形，托叶极短而阔，锐尖或具小齿。花序顶生，为三歧分枝金字塔形；花冠白色。蒴果球形。（栽培园地：XTBG）

Hedyotis chrysotricha (Palib.) Merr. **金毛耳草**

多年生披散草本。叶对生，具短柄，叶片薄纸质，阔披针形、椭圆形或卵形，背面被浓密黄色绒毛。聚伞花序腋生，有1~3朵花，被金黄色疏柔毛；花冠白色或紫色，漏斗形。果近球形。（栽培园地：SCBG, LSBG）

Hedyotis consanguinea Hance **拟金草**

直立草本，全株无毛。茎具微棱。叶对生，叶片披针形或长卵形；托叶长卵形，渐尖，边缘具疏离小腺齿。聚伞花序排成圆锥花序式或总状式；花4数。蒴果椭圆形。（栽培园地：SCBG, XTBG）

Hedyotis coronaria (Kurz) Craib **合叶耳草**

平卧草本。茎初时近方柱形，被短柔毛。叶对生，膜质或薄纸质，长圆形或长椭圆形。花序顶生，密集成头状，常为4枚叶片承托；花冠裂片4片。果椭圆形。（栽培园地：XTBG）

Hedyotis corymbosa (L.) Lam. **伞房花耳草**

一年生草本。茎柔弱披散，方柱形，无毛或疏被短柔毛。叶对生，膜质，线形，稀狭披针形。花序腋

Hedyotis corymbosa 伞房花耳草

生，伞房花序式排列，有2~4朵花；花4数，花冠白色或粉红色。蒴果膜质，球形。（栽培园地：SCBG, XTBG, SZBG, GXIB）

Hedyotis costata (Roxb.) Kurz **肋脉耳草**

多年生披散草本。除花和果被短毛外，其余被疏毛。叶对生，叶片膜质，披针形或椭圆状披针形。聚伞花序，花4数，芳香；花冠管状，白色或紫色。果近球形。（栽培园地：XTBG）

Hedyotis diffusa Willd. **白花蛇舌草**

一年生草本。茎纤细、披散，无毛。叶对生，无柄，叶片膜质，线形。花单生或双生于叶腋；花冠白色，管形，花4数。蒴果膜质，扁球形，每室约10粒，具深而粗的窝孔。（栽培园地：SCBG, XTBG, LSBG, XMBG）

Hedyotis diffusa 白花蛇舌草

Hedyotis effusa Hance **鼎湖耳草**

直立无毛柔弱草本。叶对生，叶片纸质，卵状披针形；托叶阔三角形或截平。花序顶生，为二歧分枝的聚伞花序，圆锥式排列，分枝常蜿蜒状；花4数，具花梗，花冠漏斗形。蒴果近球形。（栽培园地：SCBG）

Hedyotis hedyotidea (DC.) Merr. **牛白藤**

藤本。叶对生，叶片膜质，长卵形或卵形。花序腋生和顶生，由10~20朵花聚成伞形花序；花4数，花冠白色，管形。蒴果近球形。（栽培园地：SCBG, WHIOB, XTBG, SZBG）

Hedyotis hedyotidea 牛白藤

Hedyotis herbacea L. **丹草**

直立草本。茎四棱柱形，二歧分枝。叶对生，无柄，叶片线形或线状披针形。花4数，常单生；花冠白色、带红色或浅紫色，管形。蒴果球形，光滑，顶部隆起。（栽培园地：SCBG）

Hedyotis matthewii Dunn **疏花耳草**

直立草本；除花冠外，全株无毛。叶对生，纸质；托叶卵状三角形，边缘具小腺齿或深裂，顶端常3裂。聚伞花序二歧分枝，略松散；花4数，白色带紫色。蒴果近椭圆形。（栽培园地：SCBG）

Hedyotis mellii Tutch. **粗毛耳草**

直立草本。叶对生，叶片纸质，卵状披针形，侧脉明显。聚伞花序多花，排成圆锥花序式；花4数，花冠裂片披针形，顶端外翻，里面被绒毛。蒴果椭圆形，疏被短硬毛。（栽培园地：SCBG）

Hedyotis ovatifolia Cav. **矮小耳草**

矮小草本，除花序和蒴果外几乎全株被短柔毛。茎纤细，柔弱。叶4枚轮生于茎的顶部，叶片膜质，椭

圆形或卵形。聚伞花序顶生；花微小，花 4 数。蒴果扁球形。（栽培园地：XTBG）

Hedyotis pinifolia Wall. ex G. Don **松叶耳草**

草本。茎柔弱披散，多分枝。叶丛生，无柄，叶片坚硬而挺直，线形。团伞花序有 3~10 朵花，顶生和腋生；花 4 数，花冠白色。蒴果近卵形。（栽培园地：XTBG）

Hedyotis scandens Roxb. **攀茎耳草**

藤状灌木，除花外其余各部无毛。茎多分枝。叶对生，叶片近革质，长圆状披针形或狭椭圆形。聚伞花序排成扩展的圆锥花序式，顶生；花 4 数，花冠白色或黄色。蒴果扁球形，顶部隆起。（栽培园地：XTBG）

Hedyotis tenelliflora Blume **纤花耳草**

草本。茎柔弱披散，多分枝，无毛。叶对生，叶片薄革质，线形或线状披针形。花 1~3 朵簇生于叶腋内；花 4 数，花冠白色，漏斗形。蒴果卵形或近球形。（栽培园地：SCBG, XTBG）

Hedyotis uncinella Hook. et Arn. **长节耳草**

多年生草本。茎单生，粗壮，四棱柱形；节间距离长。叶对生，叶片纸质，卵状长圆形或长圆状披针形。花序顶生和腋生，密集成头状；花 4 数，花冠白色或紫色。蒴果阔卵形。（栽培园地：SCBG, XTBG, GXIB）

Hedyotis uncinella 长节耳草

Hedyotis verticillata (L.) Lam. **粗叶耳草**

一年生草本。枝常平卧，上部方柱形，下部近圆柱形，被短硬毛。叶对生，叶片纸质或薄革质，椭圆形或披针形。团伞花序腋生；花冠白色，近漏斗形。蒴果卵形，被硬毛。（栽培园地：SCBG, XTBG）

Himalrandia 须弥茜树属

该属共计 1 种，在 1 个园中有种植

Himalrandia lichiangensis (W. W. Smith) Tirveng. **须弥茜树**

无刺灌木，多分枝。叶片纸质或薄革质，常簇生于抑缩的侧生短枝上，倒卵形或倒卵状匙形。花单生于侧生短枝顶端；花冠黄色，内面被白色硬毛。浆果球形。（栽培园地：WHIOB）

Hydnophytum 蚁寨属

该属共计 1 种，在 1 个园中有种植

Hydnophytum formicarum Jack **蚁寨**

灌木。茎下部膨大呈块状，为蚂蚁的栖息提供场所。叶对生，椭圆状倒卵形，长 4~10cm。花单生叶腋；

Hydnophytum formicarum 蚁寨（图 1）

Hydnophytum formicarum 蚁寨（图 2）

花冠白色，喉部被毛。浆果卵形，熟时橘红色，长约 5cm。（栽培园地：SCBG）

Hymenodictyon 土连翘属

该属共计 2 种，在 3 个园中有种植

Hymenodictyon flaccidum Wall. **土连翘**

落叶乔木。叶片纸质或薄革质，常聚生于枝顶，倒卵形、卵形或椭圆形；托叶较大，卵状长圆形或近三角形。总状花序腋生，密花；花小，花冠红色。蒴果倒垂，生在长达 30cm 的果序上，椭圆状卵形。（栽培园地：SCBG, XTBG, GXIB）

Hymenodictyon flaccidum 土连翘

Hymenodictyon orixense (Roxb.) Mabb. **毛土连翘**

落叶乔木。叶片纸质或膜质，卵状椭圆形或阔椭圆形；托叶披针形，边常有腺体状齿。圆锥花序大，被柔毛，常下垂，密花；花小，白色或褐色。蒴果椭圆形，多数，具斑点。（栽培园地：XTBG）

Hyptianthera 藏药木属

该属共计 1 种，在 1 个园中有种植

Hyptianthera stricta (Roxb.) Wight et Arn. **藏药木**

灌木或小乔木。叶片纸质或薄革质，长圆状披针形、狭长圆形或披针形。花芳香，数朵至多朵簇生于叶腋；花冠白色。浆果黄绿色，卵形或球形。（栽培园地：XTBG）

Ixora 龙船花属

该属共计 11 种，在 9 个园中有种植

Ixora amplexicaulis C. Y. Wu et W. C. Ko **抱茎龙船花**

小乔木。叶薄革质或厚纸质，无柄，椭圆形，基部抱茎。伞房花序顶生，具总花梗；花具短梗，基部具小苞片。（栽培园地：XTBG）

Ixora casei Hance **洋红龙船花**

灌木。叶片厚纸质或近革质，椭圆状披针形，全缘。聚伞花序；花冠洋红色，冠管纤细，冠檐裂片 4 片，长椭圆形，开时常反折。（栽培园地：XTBG, SZBG）

Ixora casei 洋红龙船花

Ixora cephalophora Merr. **团花龙船花**

灌木，无毛。叶对生，纸质，长圆形、长圆状披针形。聚伞花序密集，排成三歧伞房花序式；花具香气，花冠白色，冠檐裂片 4 片。果近椭圆形，成熟时红黄色至红色。（栽培园地：SCBG, XTBG）

Ixora chinensis Lam. **龙船花**

灌木，嫩枝深褐色。叶片纸质或稍厚，长圆状披针形或长圆状倒披针形。稠密聚伞花序顶生，三歧分枝；花 4 数，花冠红色或红黄色。果近球形。（栽培园地：SCBG, IBCAS, WHIOB, KIB, XTBG, CNBG, SZBG, GXIB, XMBG）

Ixora cephalophora 团花龙船花

Ixora coccinea 橙江龙船花（图 2）

Ixora chinensis 龙船花

Ixora coccinea L. **橙江龙船花**

小灌木。叶片小，纸质或稍厚，椭圆形至狭长圆形，长 3~4cm，顶端短尖或钝；叶柄短。伞房状聚伞花序顶生，三歧分叉；花 4 数；花萼长不及 2mm；花冠殷红色，裂片短尖，长约 7mm。果近球形。（栽培园地：SCBG, IBCAS, XTBG, SZBG）

Ixora coccinea 橙江龙船花（图 1）

Ixora hainanensis Merr. **海南龙船花**

灌木，除花冠喉部被疏毛外全部无毛。叶对生，纸质，长圆形。三歧伞房式的聚伞花序顶生；花 4 数，具香气，花冠白色。果球形，熟时红色。（栽培园地：SCBG）

Ixora hainanensis 海南龙船花

Ixora henryi H. Lév. **白花龙船花**

灌木，全株无毛。叶对生，纸质，长圆形或披针形，稀近椭圆形。聚伞花序顶生，多花，排成三歧伞房式；花 4 数，花冠白色。果球形。（栽培园地：WHIOB, XTBG, SZBG）

Ixora henryi 白花龙船花

Ixora nienkui Merr. et Chun **泡叶龙船花**

灌木。除花序被疏小柔毛外其余无毛。叶对生，

Ixora nienkui 泡叶龙船花

纸质，阔披针形至长圆状披针形。花序顶生，花冠白色或微带红色。果球形，成熟时鲜红色。（栽培园地：SCBG, XTBG）

Ixora pavetta Andr. **小仙丹花**

常绿小乔木。叶片椭圆形，顶端钝而基部楔形，全缘，长 8~14cm。聚伞花序聚集成球状；花冠白色，冠筒顶端 4 裂。核果球形。（栽培园地：XTBG）

Ixora tsangii Merr. ex Li **上思龙船花**

小灌木。叶片纸质，长圆状披针形，长 12~14cm，宽 3~3.5cm；托叶长卵形。花序顶生，为三歧式排列的聚伞花序；花冠白色，冠管纤细，裂片开放后反折；花柱伸出。（栽培园地：GXIB）

Ixora yunnanensis Hutch. **滇龙船花**

灌木。分枝少，无毛。叶对生或近轮生，叶片纸质，狭披针形或狭长圆形。花序顶生，多花；花芳香，花梗无或极短，花冠白色，冠檐裂片 4 片。果长圆形，成熟时红色。（栽培园地：XTBG）

Knoxia 红芽大戟属

该属共计 1 种，在 1 个园中有种植

Knoxia corymbosa Willd. **诺斯草**

多年生直立草本，被柔毛或短绒毛。叶片披针形、线状披针形至长圆形，长 4~10cm，宽 1~2.5cm，顶端渐尖，基部楔形；托叶顶端 3~5 裂。聚伞花序有小花多数；花冠白色或紫红色。果长圆状卵形，长约 2mm。（栽培园地：XTBG）

Lasianthus 粗叶木属

该属共计 22 种，在 4 个园中有种植

Lasianthus appressihirtus Simizu **伏毛粗叶木**

灌木。枝和小枝密被贴伏硬毛或柔毛。叶片近革质或纸质，长圆形或倒披针状长圆形；托叶小。花无梗，常 2~3 朵簇生叶腋；花冠白色，近管状。核果无毛，具 5 个分核。（栽培园地：XTBG）

Lasianthus chinensis (Champ.) Benth. **粗叶木**

灌木。叶片薄革质或厚纸质，长圆形或长圆状披针形；托叶三角形。花 3~5 朵簇生叶腋；花冠常白色。核果近卵球形，成熟时蓝色或蓝黑色，常具 6 个分核。（栽培园地：SCBG, WHIOB）

Lasianthus chinensis 粗叶木

Lasianthus curtisii King et Gamble **广东粗叶木**

灌木或小乔木。小枝稍粗壮，密被硬毛。叶片纸质，长圆状披针形或长圆形；托叶小，长三角形。花常 10 余朵或更多簇生叶腋，花冠白色。核果近球形或卵形，成熟时蓝色或蓝黑色，具 5 个分核。（栽培园地：SCBG）

Lasianthus filipes Chun ex Lo **长梗粗叶木**

灌木。小枝较纤细，密被贴伏的柔毛。叶片纸质，卵形或卵状长圆形。花序多花，腋生，密被硬毛，总梗纤细；花冠白色，近管状。核果近球形，成熟时蓝色，具 5 个分核。（栽培园地：SCBG）

Lasianthus fordii Hance **罗浮粗叶木**

灌木。小枝纤细，无毛。叶片纸质，长圆状披针形或长圆状卵形，叶柄被硬毛；托叶小，近三角形。花多朵簇生于叶腋，花冠白色。核果近球形，成熟时蓝色或蓝黑色，无毛，具 4~5 个分核。（栽培园地：

SCBG, XTBG）

Lasianthus formosensis Matsum. **台湾粗叶木**

灌木。小枝被稠密硬毛。叶片纸质或薄革质，卵形、卵状椭圆形或有时近长圆形；托叶近三角形。花多朵簇生；花冠白色，管状漏斗形。核果近球形或卵球形，成熟时蓝色或紫蓝色，具5个分核。（栽培园地：SCBG, XTBG）

Lasianthus henryi Hutch. **西南粗叶木**

灌木或小乔木。小枝密被贴伏的绒毛。叶片纸质，长圆形或长圆状披针形；托叶小，近三角形。花2~4朵簇生叶腋；花冠白色。核果近球形，成熟时蓝色。（栽培园地：SCBG, WHIOB, XTBG, GXIB）

Lasianthus henryi 西南粗叶木

Lasianthus hookeri C. B. Clarke ex Hook. f. **虎克粗叶木**

灌木或小灌木。叶片椭圆状披针形、披针形或椭圆状卵形；托叶宿存，三角形或卵状披针形。花多朵簇生叶腋，无总梗；花冠白色。果球形，光滑无毛，具6个分核。（栽培园地：XTBG）

Lasianthus hookeri C. B. Clarke ex Hook. f. var. **dunniana** (H. Lév.) H. Zhu **睫毛粗叶木**

本变种与原变种的区别为：小枝、叶柄和花萼外面均被黄色绒毛；叶有6~10对侧脉，缘毛密而长；萼裂片微小，常钻形；花冠外面密被短硬毛。（栽培园地：XTBG）

Lasianthus japonicus Miq. **日本粗叶木**

灌木。枝和小枝无毛或嫩部被柔毛。叶片近革质或纸质，长圆形或披针状长圆形；托叶小，被硬毛。花常2~3朵簇生于腋生的总梗上；花冠白色。核果球形，具5个分核。（栽培园地：SCBG, WHIOB）

Lasianthus japonicus Miq. var. **lancilimbus** (Merr.) Lo **榄绿粗叶木**

本变种与原变种的区别为：叶背面中脉上无毛，叶

Lasianthus japonicus 日本粗叶木

片披针形。（栽培园地：SCBG, WHIOB）

Lasianthus japonicus Miq. var. **satsumensis** (Matsum.) Mikiao **曲毛日本粗叶木**

本变种与原变种的区别为：叶较狭，披针形至长圆状披针形，背面密被皱曲长柔毛。（栽培园地：WHIOB）

Lasianthus japonicus var. **satsumensis** 曲毛日本粗叶木

Lasianthus kurzii Hook. f. **库兹粗叶木**

灌木；叶柄及叶背面的脉上被贴伏的灰白色短柔毛。叶片椭圆状长圆形或披针形；托叶长圆状披针形。花束腋生，花冠漏斗状，纤细。核果很小，无毛；分核5~7个。（栽培园地：XTBG）

Lasianthus longicaudus Hook. f. **云广粗叶木**

灌木。小枝纤细，无毛。叶片薄纸质或纸质，线状披针形至披针形；托叶小，近三角形，早落。花常数朵簇生于腋生的粗短总梗上；花冠白色。核果卵球形，熟时蓝色。（栽培园地：SCBG）

Lasianthus lucidus Blume **无苞粗叶木**

灌木。小枝纤细而长，具不规则皱纹状纵纹，无

毛。叶片纸质，披针状卵形或长圆状卵形；托叶小，近三角形。花1~3朵簇生于叶腋，无苞片；花冠脱落。果近球形，淡黄色，无毛；分核4~5个。（栽培园地：XTBG）

Lasianthus micranthus Hook. f. **小花粗叶木**

灌木，除嫩部被短柔毛外其余无毛。枝纤细。叶片纸质，披针形或圆状披针形；托叶小，被糙伏毛。花小，数朵簇生于腋生总梗上，花冠白色。核果近球形，具5个分核。（栽培园地：SCBG, XTBG）

Lasianthus obliquinervis Merr. **截萼粗叶木**

灌木。叶片厚纸质或近革质，长圆形或狭长圆形，两侧基部稍不对称；托叶近三角形。花无梗，数朵簇生叶腋，无苞片；萼近钟状，花冠裂片5片。核果卵圆形，含5~6个分核。（栽培园地：XTBG）

Lasianthus sikkimensis Hook. f. **锡金粗叶木**

灌木，除叶面、花冠和果外，全株被褐色绒毛或长柔毛。叶片纸质或近革质，长圆状披针形或近长圆形；托叶不明显。花无梗，多朵簇生于叶腋；花冠白色。核果球形，成熟时蓝色，含5个分核。（栽培园地：SCBG, XTBG, GXIB）

Lasianthus tenuicaudatus Hook. f. **大叶粗叶木**

灌木。枝无毛，节部略阔扁。叶片薄革质，倒卵形或长圆形，长13~18cm，宽5~7cm；托叶宿存，线状披针形。花序腋生，花冠裂片5片；子房4室。（栽培园地：XTBG）

Lasianthus trichophlebus Hemsl. **钟萼粗叶木**

灌木。枝被糙伏毛，节间的毛稀疏，节上甚密。叶片纸质，长圆形，有时长圆状倒披针形；托叶披针状三角形。核果无梗，2至多个簇生于叶腋，卵圆形，被硬毛，成熟时紫蓝色。（栽培园地：SCBG）

Lasianthus trichophlebus 钟萼粗叶木

Lasianthus tubiferus Hook. f. **革叶粗叶木**

灌木。叶片近革质，长圆形或长圆状披针形，顶端短尾状渐尖；托叶三角形，革质。花无梗，2~4朵簇生叶腋；苞片革质，近圆形，径4~5mm。核果卵圆形，成熟时黑色，具4~5个分核。（栽培园地：XTBG）

Lasianthus wallichii (Wight et Arn.) Wight **斜基粗叶木**

灌木，除叶上面和花冠外其余均密被长毛。叶片纸质或近革质，椭圆状卵形或长圆状卵形，两侧基部不对称或稍不对称。花无梗，数朵簇生于叶腋；花冠白色。核果近球形，成熟时蓝色，被硬毛。（栽培园地：WHIOB, XTBG）

Leptodermis 野丁香属

该属共计5种，在3个园中有种植

Leptodermis oblonga Bunge **薄皮木**

灌木。小枝纤细，表皮薄，常片状剥落。叶片纸质，披针形或长圆形。花无梗，常3~7朵簇生于枝顶，小苞片透明；花冠淡紫红色，漏斗状。蒴果长5~6mm，种子有网状假种皮。（栽培园地：WHIOB）

Leptodermis pilosa Diels **川滇野丁香**

灌木。枝覆有片状纵裂的薄皮。叶片纸质，形状大小多种，常阔卵形、卵形或长圆形。聚伞花序顶生或近枝顶腋生；花冠漏斗状。果长4.5~5mm；种子覆有与种皮紧贴的网状假种皮。（栽培园地：KIB）

Leptodermis pilosa 川滇野丁香

Leptodermis potanini Batalin **野丁香**

灌木。嫩枝常淡红色，具2列柔毛。叶片较薄，卵形或披针形；托叶膜质，阔三角形。聚伞花序顶生，常具3朵花；花冠漏斗形，裂片5或6，镊合状排列。蒴果自顶5裂至基部。（栽培园地：WHIOB, KIB, XTBG）

Leptodermis schneideri H. Winkl. **纤枝野丁香**

灌木。分枝纤细。叶在长枝上近轮生状着生；叶片长圆形或卵形；托叶小。花于稍长的侧枝上顶生；花

冠小，管狭漏斗形。蒴果长约 4mm；种子的假种皮紧贴种皮。（栽培园地：WHIOB）

Leptodermis tomentella H. Winkl. ex Lo **蒙自野丁香**

灌木。茎、枝和叶两面均被短绒毛。叶片厚纸质，卵形或椭圆形；托叶三角形。花 3~7 朵簇生于小枝之顶；花冠紫色或白色，漏斗形。蒴果长约 5mm，假种皮网状，与种皮黏连。（栽培园地：KIB）

Leptomischus 报春茜属

该属共计 1 种，在 1 个园中有种植

Leptomischus primuloides Drake **报春茜**

多年生草本或亚灌木状。茎粗壮，被短柔毛。叶对生，密聚成莲座状，叶片纸质，倒卵形或阔椭圆形。聚伞花序紧缩成头状，顶生；花二型：长柱花和短柱花。蒴果倒卵圆形；种子有网纹。（栽培园地：WHIOB）

Litosanthes 石核木属

该属共计 1 种，在 1 个园中有种植

Litosanthes biflora Blume **石核木**

小灌木。小枝纤细，被柔毛。叶片小，纸质或近膜质，椭圆形或近卵形。花小，具梗，常 2 朵生于叶腋；花冠白色。核果球形或扁球形，成熟时黑色，无毛。（栽培园地：XTBG）

Luculia 滇丁香属

该属共计 2 种，在 2 个园中有种植

Luculia pinceana Hook. f. **滇丁香**

灌木或乔木。小枝有明显的皮孔。叶片纸质，长圆形、

Luculia pinceana 滇丁香（图 1）

Luculia pinceana 滇丁香（图 2）

长圆状披针形或广椭圆形；托叶三角形。伞房状的聚伞花序顶生，多花；苞片叶状；花冠红色，少为白色，高脚碟状。蒴果近圆筒形或倒卵状长圆形，具棱。（栽培园地：KIB, XTBG）

Luculia yunnanensis S. Y. Hu **鸡冠滇丁香**

灌木或乔木。小枝有皮孔，被柔毛。叶片革质或纸质，倒披针形或倒披针状长圆形。伞房状的聚伞花序顶生，多花；花芳香，花冠红色，高脚碟状，裂片 5。蒴果长圆状倒卵形；种子微小，具翅，白色。（栽培园地：KIB）

Metadina 黄棉木属

该属共计 1 种，在 3 个园中有种植

Metadina trichotoma (Zoll. et Moritzi) Bakh. f. **黄棉木**

乔木。顶芽金字塔形至圆锥形。叶对生，叶片长披针形或椭圆状倒披针形；托叶全缘。头状花序顶生，呈伞房花序式排列；花冠高脚碟状或窄漏斗状；子房 2 室。小蒴果内果皮硬；种子三角形。（栽培园地：WHIOB, XTBG, GXIB）

Mitragyna 帽蕊木属

该属共计 2 种，在 1 个园中有种植

Mitragyna diversifolia (Wall. ex G. Don) Havil. **异叶帽蕊木**

乔木。叶片纸质，卵状长圆形至椭圆状卵形，侧脉 8~9 对；托叶椭圆状长圆形至卵形。花冠黄白色，裂片三角形。果直径 8~10mm，具宿存花萼。（栽培园地：XTBG）

Mitragyna rotundifolia (Roxb.) Kuntze **帽蕊木**

乔木。树皮灰褐色，纵裂。叶片圆形至阔椭圆形或

扁圆形；托叶椭圆状长圆形至卵形，具龙骨。头状花序顶生，常3朵一簇；花冠黄白色，高脚碟状至狭漏斗状。蒴果，果径3~5mm；种子多数。（栽培园地：XTBG）

Morinda 巴戟天属

该属共计10种，在5个园中有种植

Morinda angustifolia Roxb. **狭叶巴戟**

直立灌木或小乔木。枝四棱形，无毛。叶对生或与花序对生，叶片长圆形、椭圆形或披针形；托叶生于叶柄间，每侧2片。头状花序与顶叶对生；花冠白色，高脚碟形。核果浆果状，熟时白色或黑色，桑椹果形。（栽培园地：XTBG）

Morinda brevipes S. Y. Hu **短柄巴戟天**

藤本；嫩枝密被短粗毛。叶片厚纸质或近革质，椭圆状长圆形，长5~13cm；托叶筒状。头状花序4~9枝呈伞状排列于枝顶；花冠白色。聚花核果橙黄色、橙红色；近球形；种子黑色。（栽培园地：SCBG）

Morinda citrifolia L. **海滨木巴戟**

灌木至小乔木。枝近四棱柱形。叶交互对生，叶片长圆形、椭圆形或卵圆形；托叶生叶柄间，每侧1枚。头状花序每隔一节1个，与叶对生，花多数；花冠白色，漏斗形。聚花核果浆果状，卵形，熟时白色，径约2.5cm。（栽培园地：SCBG, XTBG）

Morinda citrifolia 海滨木巴戟

Morinda cochinchinensis DC. **大果巴戟**

木质藤本；幼枝密被锈黄色长柔毛。叶片纸质，椭圆形或长圆形。顶生头状花序3~18枝排成伞形；花冠白色。聚花核果由1~8个核果组成，近球形、长圆球形或不规则，外被柔毛，熟时橘红色。（栽培园地：SCBG, WHIOB, XTBG）

Morinda hupehensis S. Y. Hu **湖北巴戟**

藤本；嫩枝密被锈色粗硬毛。老枝具棱，紫蓝色，稍木质。叶片纸质，倒披针形或椭圆状披针形。头状花序具4~7朵花；花4~5基数，花冠白色。聚花核果由2~4朵花发育而成，熟时红色，近球形。（栽培园地：WHIOB）

Morinda leiantha Kurz **顶花木巴戟**

直立灌木至小乔木。叶片薄纸质，长圆状披针形、狭披针形或倒披针形；托叶卵状三角形至卵状披针形。头状花序长圆形，生于枝顶或腋生；花多数，花冠高脚碟形，白色。果呈桑果状。（栽培园地：XTBG）

Morinda lucida Benth. **黄茎巴戟**

常绿灌木或小乔木。叶片椭圆形，长6~18cm；托叶卵形或三角形，早落。头状花序直径4~7mm；花数5，芳香；花萼宿存；花冠白色或黄绿色；子房下位，两室。（栽培园地：XTBG）

Morinda officinalis How **巴戟天**

藤本。叶片纸质，长圆形、卵状长圆形或倒卵状长圆形；托叶干膜质。头状花序3~7枝呈伞形排列于枝顶，具4~10朵花；花冠白色，近钟状，稍肉质。聚花核果扁球形或近球形，熟时红色。（栽培园地：SCBG, GXIB）

Morinda officinalis 巴戟天

Morinda parvifolia Bartl. ex DC. **鸡眼藤**

藤本；嫩枝密被短粗毛。叶形多变，常倒卵形、线

Morinda parvifolia 鸡眼藤

状倒披针形或倒卵状长圆形；托叶筒状。2~9 个头状花序于枝顶呈伞状排列；花 4~5 基数，花冠白色。聚花核果近球形，熟时橙红色至橘红色。（栽培园地：SCBG, XMBG）

Morinda umbellata L. **印度羊角藤**

藤本。老枝具细棱，蓝黑色。叶片纸质或革质，倒卵形、倒卵状披针形或倒卵状长圆形；托叶筒状，干膜质。伞状花序生于枝顶；花 4 数或 5 数，花冠白色，稍呈钟状。聚核果成熟时红色。（栽培园地：SCBG, WHIOB, XTBG）

Mouretia 牡丽草属

该属共计 1 种，在 1 个园中有种植

Mouretia guangdongensis Lo **广东牡丽草**

草本。茎密被硬毛状柔毛。叶片薄纸质，长圆形或近椭圆形，同一节上的叶常不等大；托叶近圆形或近肾形。聚伞花序紧缩，腋生；花冠黄色或白色。蒴果倒圆锥状近球形。（栽培园地：SCBG）

Mouretia guangdongensis 广东牡丽草

Mussaenda 玉叶金花属

该属共计 17 种，在 7 个园中有种植

Mussaenda breviloba S. Moore **短裂玉叶金花**

灌木。嫩枝被锈色绒毛。叶对生，叶片革质，长椭圆形或广椭圆形；托叶三角状卵形。聚伞花序顶生；花淡黄色；萼裂片长 2mm；花叶椭圆形，长 3~4cm，宽 1~2cm，两面被短柔毛。（栽培园地：XTBG）

Mussaenda divaricata Hutch. **展枝玉叶金花**

攀援灌木。叶对生，叶片薄纸质或近膜质，椭圆形或卵状椭圆形；托叶三角状，深 2 裂。聚伞花序具疏花；花叶广椭圆形或卵圆形；花冠黄色，外面密被短柔毛。浆果椭圆形，具细纵纹。（栽培园地：SCBG, WHIOB）

Mussaenda divaricata 展枝玉叶金花

Mussaenda elongata Hutch. **长玉叶金花**

灌木。小枝被短柔毛。叶对生，叶片膜质，长椭圆形，长 18~24cm，宽 5~7cm。聚伞花序顶生；花叶卵状披针形，具纵脉 3~5 条；花冠黄色，裂片 5 片，具明显的短尖头。（栽培园地：XTBG）

Mussaenda erosa Champ. **楠藤**

攀援灌木。小枝无毛。叶对生，叶片纸质，长圆形、卵形至长圆状椭圆形。伞房状多歧聚伞花序顶生，花疏生；花叶阔椭圆形，具纵脉 5~7 条；花冠橙黄色。浆果近球形或阔椭圆形。（栽培园地：SCBG, WHIOB, SZBG）

Mussaenda erythrophylla Schumach. **红纸扇**

直立或攀缘状灌木。叶片纸质，两面疏被柔毛，叶脉红色。聚伞花序顶生；花叶深红色，卵圆形，顶端短尖，被红色柔毛，具纵脉 5 条；花冠黄色。（栽培园地：SCBG, XTBG, CNBG, XMBG）

Mussaenda erosa 楠藤

Mussaenda erythrophylla 红纸扇（图 1）

Mussaenda erythrophylla 红纸扇（图 2）

Mussaenda esquirolii H. Lév. 大叶白纸扇

直立或攀援灌木。叶对生，叶片薄纸质，广卵形或广椭圆形，长 10~20cm，宽 5~10cm；托叶卵状披针形。聚伞花序顶生，花疏散；花叶倒卵形，白色；花冠黄色。浆果近球形。（栽培园地：GXIB）

Mussaenda esquirolii 大叶白纸扇

Mussaenda flava (Verdc.) Baker f. 黄玉叶金花

多年生常绿亚灌木。单叶对生；托叶在叶柄之间。

Mussaenda flava 黄玉叶金花

花萼 5 片，1 枚扩大成白色叶状构造；花冠黄色，5 裂，裂片近长椭圆形，稍反折；雄蕊 5 枚，着生于花冠管内。（栽培园地：SCBG, XTBG）

Mussaenda hainanensis Merr. **海南玉叶金花**

攀援灌木。小枝密被锈色或灰色柔毛。叶片纸质，长圆状椭圆形，稀倒卵形。聚伞花序顶生或生于上部叶腋处，密被柔毛；花叶阔椭圆形；花冠黄色。浆果椭圆形。（栽培园地：SCBG, XTBG）

Mussaenda hainanensis 海南玉叶金花

Mussaenda hirsutula Miq. **粗毛玉叶金花**

攀援灌木。小枝密被锈色或灰色柔毛。叶片膜质，椭圆形或长圆形，密被柔毛。聚伞花序顶生或生于上部叶腋处，被贴伏灰黄色长绒毛；花叶阔椭圆形；花冠黄色。浆果椭圆状或近球形。（栽培园地：XMBG）

Mussaenda hirsutula 粗毛玉叶金花

Mussaenda hossei Craib **红毛玉叶金花**

亚灌木。嫩枝密被白色短柔毛，老枝无毛，红棕色。叶片厚纸质，倒披针形或长圆状倒披针形。聚伞花序顶生，具绒毛；花叶白色，被柔毛；花冠橙黄色。浆果长圆状椭圆形。（栽培园地：XTBG）

Mussaenda kwangsiensis Li **广西玉叶金花**

攀援灌木。小枝密被贴伏短柔毛。叶片薄纸质，长圆状披针形或披针形，叶腋常具 2~4 枚极退化的叶。聚伞花序顶生；花叶卵形，白色；花冠黄色，裂片卵形。（栽培园地：SCBG）

Mussaenda macrophylla Wall. **大叶玉叶金花**

直立或攀援状灌木。小枝密被灰棕色长柔毛，老枝四棱柱形。叶片长圆形至卵形；托叶大，卵形，密被棕色柔毛。花叶宽卵形或菱形，渐尖，薄膜质，白色；花大，橙黄色。浆果深紫色，椭圆状。（栽培园地：SCBG, WHIOB, XTBG）

Mussaenda macrophylla 大叶玉叶金花

Mussaenda mollissima C. Y. Wu ex Hsue et H. Wu **多毛玉叶金花**

灌木。小枝密被淡黄色绒毛。叶片近革质，椭圆形、广椭圆形或广卵形，两面均密被淡黄色绒毛。聚伞花序密被绒毛；花叶广倒卵形，纸质；花冠橙黄色。浆果椭圆形，略被毛。（栽培园地：XTBG）

Mussaenda multinervis C. Y. Wu ex Hsue et H. Wu **多脉玉叶金花**

灌木。嫩枝密被白色柔毛。叶片膜质，广椭圆形或广卵形，侧脉 11~12 对，向上弧曲；托叶纸质，卵状披针形。聚伞花序有总花梗；花叶卵形，白色；花冠黄色。浆果球形。（栽培园地：XTBG）

Mussaenda philippica A. Rich. **白纸扇**

灌木。叶片革质，长卵形。聚伞花序顶生，具 1~2 枚大形白色叶状萼片，圆形或广卵形；花冠长漏斗状，金黄色，顶端 5 裂。（栽培园地：XMBG）

Mussaenda pubescens W. T. Aiton **玉叶金花**

攀援灌木。嫩枝被贴伏短柔毛。叶对生或轮生，叶片膜质或薄纸质，卵状长圆形或卵状披针形。聚伞花

Mussaenda philippica 白纸扇

Mussaenda pubescens 玉叶金花（图 1）

Mussaenda pubescens 玉叶金花（图 2）

序顶生，花密；花叶阔椭圆形，白色；花冠黄色。浆果近球形，干时黑色。（栽培园地：SCBG, WHIOB, XTBG, CNBG, GXIB）

Mussaenda sessilifolia Hutch. **无柄玉叶金花**

攀援灌木。叶片纸质，无柄，长圆形或长圆状椭圆形，顶端短尖。聚伞花序顶生；花叶宽卵形，长 5~8.5cm，宽 3~6.5cm，具纵脉约 7 条；花冠黄色，花冠管密被红色的长毛。（栽培园地：XTBG）

Mycetia 腺萼木属

该属共计 10 种，在 3 个园中有种植

Mycetia bracteata Hutch. **长苞腺萼木**

灌木。小枝较粗壮，被微柔毛。叶片薄革质，长倒披针形或披针形；托叶宿存，阔三角状卵形。聚伞花序顶生，稍疏散；苞片明显，叶状披针形；花冠黄色。（栽培园地：XTBG）

Mycetia brevisepala H. S. Lo **短萼腺萼木**

灌木。小枝淡草黄色或近白色，无毛。叶片薄革质，长圆形或长圆状倒披针形，同一节上的叶近等大。聚伞花序多花；萼管陀螺状，长约 1.2mm；花冠黄色，狭管状，干时变黑。果近球形，成熟时白色。（栽培园地：XTBG）

Mycetia congestiflora How **团花腺萼木**

小灌木。茎无毛，老时具草黄色海绵状外皮。叶片膜质，披针形；托叶长卵形或近圆形。聚伞花序顶生；花数 5；柱头 2 裂。（栽培园地：XTBG）

Mycetia glandulosa Craib **腺萼木**

灌木。小枝草黄色，光亮。叶片纸质，倒披针形、长圆状倒披针形，镰状弯曲，两侧稍不等；托叶叶状，披针形。聚伞花序顶生，多花；花冠黄色，狭管状。果近球形。（栽培园地：XTBG）

Mycetia gracilis Craib **细梗腺萼木**

灌木。小枝外皮苍白，光亮。叶片薄革质，倒披针形或阔倒披针形，在同一节上的叶不等大。聚伞花序顶生，有 5~7 朵花，花梗纤细；花冠黄色，狭管状，干时黑色。果球形或稍扁。（栽培园地：XTBG）

Mycetia hirta Hutch. **毛腺萼木**

灌木。茎、枝节间长，小枝被皱卷绒毛，老枝外皮黄白色，光亮。叶片纸质，长圆状椭圆形或阔披针形，叶面和托叶均被毛。聚伞花序顶生，密被皱卷长毛；花冠黄色，狭管状。蒴果近球形，白色，被毛。（栽培园地：XTBG）

Mycetia longiflora F. C. How ex H. S. Lo **长花腺萼木**

灌木。嫩枝被短柔毛，老枝粗壮，白色。叶片薄纸质，长圆形或椭圆形。聚伞花序顶生，二或三回分枝，有 10 余朵花；花冠黄色，阔管状，内外被毛。果近球形；种子多数，小而具棱角。（栽培园地：XTBG）

Mycetia longiflora F. C. How ex H. S. Lo f. **howii** Lo **侯氏腺萼木**

本变型与原变型的区别为：花冠无毛，叶较小，两

面无毛。（栽培园地：XTBG）

Mycetia macrocarpa F. C. How ex H. S. Lo **大果腺萼木**

灌木。枝黄白色，无毛。叶片纸质，狭长圆形或狭披针形；托叶近圆形。果序顶生，聚伞状，约具 5 个果；果白色，球状倒圆锥形，长约 6mm。种子多数，小而具棱角。（栽培园地：XTBG）

Mycetia sinensis (Hemsl.) Craib **华腺萼木**

灌木或亚灌木。嫩枝被毛。叶片近膜质，长圆状披针形或长圆形，同一节上的叶不等大。聚伞花序顶生；苞片似托叶，基部穿茎，具黄色而有柄的腺体；萼管半球状，裂片每边具 1~3 个有柄腺体；花冠白色，狭管状。果近球形，成熟时白色。（栽培园地：SCBG, WHIOB, XTBG）

Mycetia sinensis 华腺萼木（图 1）

Mycetia sinensis 华腺萼木（图 2）

Myrioneuron 密脉木属

该属共计 2 种，在 3 个园中有种植

Myrioneuron faberi Hemsl. **密脉木**

高大草本或灌木状。老茎粗壮，具松软、灰白色的皮。叶片纸质，倒卵形或长圆状倒卵形，侧脉每边 9~13 条。

Myrioneuron faberi 密脉木（图 1）

Myrioneuron faberi 密脉木（图 2）

花序顶生，密集成球状；苞片叶状；花冠黄色，管状。果近球形，成熟时白色。（栽培园地：WHIOB, KIB, XTBG）

Myrioneuron tonkinensis Pitard **越南密脉木**

草本或灌木状。枝粗壮，上部方柱状，下部圆柱状。叶片纸质，常倒卵形，侧脉每边 15~18 条，较密。花序腋对生，短穗状或总状；花冠黄色，筒状。浆果近球形，成熟时白色。（栽培园地：WHIOB, XTBG）

Myrmecodia 蚁巢木属

该属共计 1 种，在 1 个园中有种植

Myrmecodia tuberosa Jack **块茎蚁巢木**

灌木。茎基部膨大，内有许多的通道与孔室，供蚂蚁居住。叶对生，常聚生枝顶。花小，白色。浆果状核果，具 4 粒种子。（栽培园地：SCBG）

Myrmecodia tuberosa 块茎蚁巢木

Nauclea 乌檀属

该属共计 2 种，在 1 个园中有种植

Nauclea officinalis (Pierre ex Pit.) Merr. et Chun **乌檀**

乔木。小枝纤细，光滑。叶片纸质，椭圆形，稀倒卵形，长 7~9cm，宽 3.5~5cm；托叶早落，倒卵形。头状花序单个顶生。果序中的小果融合，成熟时黄褐色，表面粗糙；种子椭圆形，有小窝孔。（栽培园地：SCBG）

Nauclea orientalis L. **东方乌檀**

乔木。叶片革质，阔卵形至圆形；托叶阔卵形至圆形或倒卵形。头状花序直径 10mm，腋生或顶生；花冠橙色到黄绿色，无毛，花冠管长 6~9mm。（栽培园地：SCBG）

Nauclea orientalis 东方乌檀

Neanotis 新耳草属

该属共计 6 种，在 4 个园中有种植

Neanotis boerhaavioides (Hance) Lewis **卷毛新耳草**

一年生柔弱披散草本。茎被皱卷柔毛。叶片肉质，三角状卵形，大小不等；托叶膜质。聚伞花序密集成头状，排成扩展的聚伞花序；花冠短漏斗形。蒴果扁球形，被皱卷硬毛，成熟时顶部开裂，内具数粒种子。（栽培园地：SCBG）

Neanotis calycina (Wall. ex Hook. f.) W. H. Lewis **紫花新耳草**

一年生直立近无毛草本。茎纤弱，具槽纹，近基部分枝。叶片披针形至卵状披针形，大小极不一致；托叶两侧具数条短刚毛。聚伞花序顶生或腋生；花冠浅紫色。蒴果扁球形；种子 9~10 粒，黑褐色，具网纹。（栽培园地：XTBG）

Neanotis hirsuta (L. f.) Lewis **薄叶新耳草**

匍匐草本。茎柔弱，下部常生不定根；具纵棱。叶片卵形或椭圆形；托叶膜质。聚伞花序常聚成头状，有 1 朵或数朵花；花冠漏斗形，白色或浅紫色。蒴果扁球形；种子微小，具小窝孔。（栽培园地：SCBG, WHIOB, XTBG, LSBG）

Neanotis ingrata (Wall. ex Hook. f.) Lewis **臭味新耳草**

多年生草本，全株具臭味。茎具直棱或槽。叶片卵状披针形，稀卵形或长椭圆形；托叶顶部分裂。多歧聚伞花序顶生或近顶生，具总花梗；花冠白色。蒴果近扁球状；种子黑褐色，具小疣点。（栽培园地：WHIOB, XTBG）

Neanotis kwangtungensis (Merr. et Metcalf) Lewis **广东新耳草**

匍匐草本。茎无毛，具棱，常在下部节上生根。叶片椭圆形；托叶顶端分裂。花序腋生或顶生于小枝顶端；花冠长 3mm，裂片具明显脉纹；果近球形。（栽培园地：SCBG）

Neanotis thwaitesiana (Hance) Lewis **新耳草**

草本。茎披散，基部木质，具 4 棱，无毛。叶片近膜质，卵形或卵状披针形；托叶合生，近篦齿形。花序腋生，排成开展的圆锥花序；花冠白色或淡红色，短漏斗形。蒴果扁球形；种子黑色，海绵质，具窝孔状皱纹。（栽培园地：SCBG）

Neohymenopogon 石丁香属

该属共计 1 种，在 3 个园中有种植

Neohymenopogon parasiticus (Wall.) S. S. R. Bennet **石丁香**

附生小灌木。茎多分枝，嫩枝被毛。叶片纸质或膜质，椭圆状披针形、倒披针形或倒卵形；托叶宽卵形或近圆形。花序大，顶生；有数枚白色、具长柄的大型叶状苞片；花冠白色，高脚碟状。蒴果长圆形，绿褐色。（栽培园地：WHIOB, KIB, XTBG）

Neolamarckia 团花属

该属共计 1 种，在 6 个园中有种植

Neolamarckia cadamba (Roxb.) Bosser **团花**

落叶大乔木。树干通直，基部略具板状根。叶片大，椭圆形；托叶披针形，早落。头状花序单个顶生；花冠黄白色。果序直径 3~4cm，熟时黄绿色。（栽培园地：SCBG, XTBG, CNBG, SZBG, GXIB, XMBG）

Neolamarckia cadamba 团花

Neonauclea 新乌檀属

该属共计 3 种，在 1 个园中有种植

Neonauclea griffithii (Hook. f.) Merr. **新乌檀**

乔木。常具板状根。叶片厚纸质或近革质，倒卵形或椭圆形，无毛；托叶倒卵形或倒卵状长圆形。头状花序（不含花冠）直径 8~12mm；花冠窄漏斗形或高脚碟状，花柱伸出。果序直径 20mm；小蒴果被短柔毛。（栽培园地：XTBG）

Neonauclea sessilifolia (Roxb.) Merr. **无柄新乌檀**

乔木。叶片厚纸质或薄革质，椭圆形、椭圆状长圆形或圆形，无叶柄或具粗短的叶柄；托叶宽椭圆形至倒卵形。头状花序（不计花冠）直径 20~25mm；花冠高脚碟状至窄漏斗形。果序直径 25~35mm；果略被短柔毛。（栽培园地：XTBG）

Neonauclea tsaiana S. Q. Zou **滇南新乌檀**

乔木。常具板状根；小枝密生透镜状皮孔。叶片纸质，卵形或卵状椭圆形，叶柄长 1.5~4cm；托叶 2 片，卵形。头状花序（不计花冠）直径 10~18mm；花冠淡黄色，漏斗形。头状果序直径 15~20mm；种子椭圆形，两端有翅。（栽培园地：XTBG）

Nertera 薄柱草属

该属共计 2 种，在 2 个园中有种植

Nertera nigricarpa Hayata **黑果薄柱草**

矮小草本。茎匍匐，节上生根。叶片阔卵形或卵状肾形；托叶三角形。花无梗，单朵顶生；花冠管形，上部 4 裂。核果近球形，成熟时黑色，直径 4~4.5mm，内有小核 2 颗。（栽培园地：XTBG）

Nertera sinensis Hemsl. **薄柱草**

簇生草本。茎纤细，柔弱，近匍匐，节上生根。叶片纸质，长圆状披针形，两面均具微小秕鳞；托叶三角形。花小，单朵顶生；花冠浅绿色，辐形，顶部 4 裂。核果深蓝色，球形，内有小核 4 颗。（栽培园地：WHIOB）

Nertera sinensis 薄柱草

Ophiorrhiza 蛇根草属

该属共计 25 种，在 6 个园中有种植

Ophiorrhiza alata Craib **有翅蛇根草**

草本。枝肉质。叶片近膜质，卵形至椭圆形，稀披

针状卵形；托叶脱落。花序顶生，有多朵花；花二型，花柱异长；短柱花花冠白色，管状，裂片 5 片，背面有翅。果小。（栽培园地：XTBG）

Ophiorrhiza aureolina H. S. Lo **金黄蛇根草**

草本。茎和分枝密被金黄色柔毛。叶片纸质，卵形、披针形或长圆形；托叶 2 全裂。花序顶生，多花，被毛；花二型，花柱异长；花冠淡黄色、白色或微红色，近管状。蒴果倒心状，被毛。（栽培园地：XTBG）

Ophiorrhiza austroyunnanensis H. S. Lo **滇南蛇根草**

草本。茎和分枝均被毛。叶片薄纸质，卵形或椭圆形；托叶卵形。花序顶生，紧缩呈头状；花二型，花柱异长；花冠管状。蒴果小，放大镜下可见白色短条纹。（栽培园地：XTBG）

Ophiorrhiza cantoniensis Hance **广州蛇根草**

草本或亚灌木。茎基部匐地，上部直立，仅花序和嫩枝被毛。叶片纸质，长圆状椭圆形。圆锥状或伞房状花序顶生，极多花；花冠白色或微红色，近管状，质地稍厚，花柱异长。蒴果僧帽状。（栽培园地：SCBG, WHIOB）

Ophiorrhiza chinensis H. S. Lo **中华蛇根草**

草本或亚灌木状。叶片纸质，披针形至卵形；托叶早落。花序顶生，多花，分枝螺状；花二型，花柱异长；花冠白色或微染紫红色，管状漏斗形。果序粗壮；种子小而多，具棱角。（栽培园地：WHIOB）

Ophiorrhiza chinensis H. S. Lo f. **emeiensis** H. S. Lo **峨眉蛇根草**

本变型与原变型的区别为：植株各部较粗壮；叶片较厚；花冠常红色，较大。（栽培园地：SCBG）

Ophiorrhiza cordata W. L. Sha **心叶蛇根草**

草本。茎下部卧地；枝被棕色长柔毛。叶片纸质，阔卵形或阔卵状近圆形，顶端骤然短尖，基部心形。花序顶生，被棕红色长柔毛，有 4~8 朵花；花冠白色，近管状漏斗形，裂片背面具狭翅。（栽培园地：WHIOB, GXIB）

Ophiorrhiza fangdingii H. S. Lo **方鼎蛇根草**

草本。茎下部卧地生根。叶对生，同一节上的叶不等大，叶片纸质，长圆状卵形或长圆状披针形。花序顶生，有 4~5 朵花；长柱花花冠漏斗状，白色；花盘肥大。（栽培园地：GXIB）

Ophiorrhiza grandibracteolata How ex H. S. Lo **大苞蛇根草**

草本。茎下部卧地生根，被毛。叶片薄纸质，卵形、阔卵形或披针状卵形，同一节上的叶不等大。伞形状

Ophiorrhiza chinensis f. **emeiensis 峨眉蛇根草**

Ophiorrhiza cordata 心叶蛇根草

Ophiorrhiza fangdingii 方鼎蛇根草

花序顶生，有5朵至多朵花；花二型；花冠白色或微红色，干时变紫红色，近漏斗形。蒴果被长柔毛。（栽培园地：WHIOB）

Ophiorrhiza hispidula Wall. ex G. Don **版纳蛇根草**

草本。茎、枝肉质，卧地，下部节上生根，被皱曲微柔毛。叶片卵形、阔卵形或近披针形；托叶基部阔，上部丝状渐尖。花序顶生；花冠白色，近管状。蒴果倒心状，被短柔毛。（栽培园地：XTBG）

Ophiorrhiza huanjiangensis D. Fang et Z. M. Xie **环江蛇根草**

匍匐草本。叶片纸质，卵圆形至椭圆状卵圆形，长0.3~1.2cm，侧脉3~4对；托叶早落。聚伞花序有1~3朵花；花冠白色，漏斗状，花冠筒长10~12mm。（栽培园地：GXIB）

Ophiorrhiza huanjiangensis 环江蛇根草

Ophiorrhiza japonica Blume **日本蛇根草**

草本。茎下部匐地生根，上部直立。叶片纸质，卵形、椭圆状卵形或披针形。花序顶生，有花多朵；

Ophiorrhiza japonica 日本蛇根草（图1）

Ophiorrhiza japonica 日本蛇根草（图2）

花二型，花柱异长；花冠白色或粉红色，近漏斗形。蒴果近僧帽状。（栽培园地：SCBG, WHIOB, LSBG, SZBG, GXIB）

Ophiorrhiza laoshanica H. S. Lo **老山蛇根草**

草本。茎近直立，无毛。叶对生，同一节上的叶一大一小，叶片薄纸质，卵形。花序顶生，分枝螺状，被锈色粉状毛；花二型，花柱异长；短柱花花冠白色，具5翅，盛开时管状漏斗形。（栽培园地：GXIB）

Ophiorrhiza lignosa Merr. **木茎蛇根草**

小灌木。老枝稍木质。叶片纸质，披针形或狭披针形；托叶脱落。花序顶生，多花，分枝螺状，被锈色短柔毛；花冠紫色，近管状，无明显的棱和距状附属物。（栽培园地：WHIOB）

Ophiorrhiza macrodonta H. S. Lo **大齿蛇根草**

草本或亚灌木。叶片纸质，长圆形至卵状长圆形；托叶卵形至披针状卵形。花序顶生，有10余朵花；花二型，花柱异长；短柱花花冠微红色，管状漏斗形，背面具阔的直翅。蒴果倒心形。（栽培园地：WHIOB）

Ophiorrhiza napoensis H. S. Lo **那坡蛇根草**

草本。茎、枝和叶均无毛。叶片纸质，狭披针形至近卵形。花序顶生，分枝螺状，被金黄色绒毛或短柔毛，密花；花冠白色，高脚碟形，背面有直棱，近顶部具短距状附属体；花盘杯状，常不裂。果倒心形。（栽培园地：WHIOB）

Ophiorrhiza nigricans H. S. Lo **变黑蛇根草**

草本。枝稍压扁，密被柔毛。叶片纸质，卵形、阔卵形或近长圆形。花序顶生，花稠密；花二型，花柱异长；长柱花花冠白色，近管状，稍肉质，干时变黑色。蒴果干时变黑。（栽培园地：WHIOB）

Ophiorrhiza nutans C. B. Clarke **垂花蛇根草**

草本，全株被棕红色长柔毛。叶片纸质，卵形、披针形、椭圆形或长圆形，不等大；托叶大，披针形或近卵形。花序顶生，多花，常密集呈头状；花冠白色，质柔薄，近管状。蒴果僧帽状。（栽培园地：XTBG）

Ophiorrhiza ochroleuca Hook. f. **黄花蛇根草**

草本。嫩枝被短柔毛。叶片薄纸质，椭圆形；托叶近卵形或三角形，顶端具1枚腺体。花序顶生，被短柔毛，总梗密生白色针状钟乳体；花冠黄色，管状，顶部5棱。蒴果有白色针状钟乳体和短柔毛。（栽培园地：XTBG）

Ophiorrhiza oppositiflora Hook. f. **对生蛇根草**

草本。茎稍肥厚。叶片纸质，长椭圆形至卵形。花序顶生或于小枝上部的叶腋处对生，圆锥花序状；花冠白色，质稍厚，无毛。蒴果僧帽状倒心形，干时变黄色。（栽培园地：XTBG）

Ophiorrhiza pauciflora Hook. f. **少花蛇根草**

草本。茎枝细长，下部匍匐生根，被短柔毛。叶片薄纸质，卵形，叶面干时暗紫色，背面淡紫色或灰黄色；托叶2裂。花序顶生，被柔毛；花冠白色，被硬毛，管状。蒴果倒心状，被柔毛。（栽培园地：XTBG）

Ophiorrhiza pumila Champ. ex Benth. **短小蛇根草**

矮小草本。茎和分枝均稍肉质，被柔毛。叶片纸质，卵形、披针形、椭圆形或长圆形。花序顶生，多花；花一型，花柱同长；花冠白色，近管状。蒴果僧帽状或略呈倒心状。（栽培园地：SCBG, WHIOB）

Ophiorrhiza repandicalyx H. S. Lo **大叶蛇根草**

草本，除花序外全株无毛。叶片纸质，阔卵形、卵形或椭圆形，长15~22cm，宽6~10cm。花序顶生，密集呈球状，多花；花二型，花柱异长；长柱花花冠绿色，肉质，管状；花盘2全裂。（栽培园地：XTBG）

Ophiorrhiza subrubescens Drake **变红蛇根草**

草本。茎近直立或基部卧地；嫩枝被柔毛。叶片薄纸质，披针形至卵形；托叶基部阔三角形，向上骤尖呈丝状。花序顶生，密被短柔毛，花多而稠密；花二型，花柱异长；花冠狭管状。蒴果倒心形。（栽培园地：XTBG）

Ophiorrhiza wallichii Hook. f. **大果蛇根草**

草本。茎稍粗壮，下部斜倚生根。叶对生，同一节上的叶不等大，叶片厚纸质，卵形或近披针形。花序顶生，伞房状，多花；花冠淡红色，干后变黄，高脚碟状。蒴果大，僧帽状。（栽培园地：XTBG）

Osa

该属共计1种，在1个园中有种植

Osa pulchra (D. R. Simpson) Aiello

灌木。叶片长椭圆形至椭圆形，侧脉5~8对，顶端具尾尖，全缘或具波状。花单生于小枝上部叶腋处，下垂，冠管细长，浅绿色，冠檐喇叭状，白色，裂片5片，近圆形，顶端具小尖头，雄蕊、雌蕊均不伸出花冠。（栽培园地：XTBG）

Oxyceros 鸡爪簕属

该属共计3种，在2个园中有种植

Oxyceros evenosa (Hutchins.) Yamazaki **无脉鸡爪簕**

灌木。茎上具刺。叶片革质或坚纸质，倒卵形或椭圆形；托叶革质，三角状卵形。花数至多朵聚生于抑发的短枝顶端，成伞形状；花冠黄色，高脚碟形。浆果球形，紫黑色。（栽培园地：XTBG）

Oxyceros griffithii (Hook. f.) W. C. Chen **琼滇鸡爪簕**

灌木或乔木，有时攀援状。刺腋生，成对。叶片长圆状卵形或椭圆状披针形，顶端渐尖至尾状渐尖，有时钝。聚伞花序较疏散，腋生和顶生；花冠白色或黄色，高脚碟状，冠管长5.5~7mm。（栽培园地：XTBG）

Oxyceros sinensis Lour. **鸡爪簕**

有刺灌木或小乔木，有时攀援状，多分枝；刺腋生，成对或单生。叶对生，纸质，卵状椭圆形、长圆形或卵形。聚伞花序顶生或生于上部叶腋，多花而稠密，呈伞形状；花冠白色或黄色，高脚碟状，冠管细长。浆果球形，黑色，有疏柔毛或无毛，顶部有环状的萼檐残迹，常多个聚生成球状。（栽培园地：SCBG, XTBG）

Paederia 鸡矢藤属

该属共计4种，在9个园中有种植

Paederia cavaleriei H. Lév. **耳叶鸡矢藤**

藤本或灌木状。茎和枝被绣色绒毛。叶片近膜质，卵形、长圆状卵形至长圆形；托叶三角状披针形。花具短梗，聚成小头状；花冠管状，上部稍膨大，外面被粉末状绒毛。果球形，草黄色。（栽培园地：WHIOB, XTBG）

Paederia scandens (Lour.) Merr. **鸡矢藤**

藤本。茎无毛或近无毛。叶片纸质，常卵形、卵状长圆形至披针形；托叶小。圆锥状的聚伞花序腋生和

Paederia scandens 鸡矢藤（图 1）

Paederia scandens 鸡矢藤（图 2）

顶生；花冠浅紫色，外面被粉末状柔毛，里面被绒毛，顶部 5 裂。果球形，近黄色，具光泽。（栽培园地：SCBG, IBCAS, WHIOB, KIB, XTBG, LSBG, CNBG, GXIB, XMBG）

Paederia scandens (Lour.) Merr. var. **tomentosa** (Blume) Hand.-Mazz. **毛鸡矢藤**

本变种与原变种的区别为：小枝被柔毛或绒毛；叶面被柔毛或无毛，背面被小绒毛或近无毛；花序常

Paederia scandens var. **tomentosa** 毛鸡矢藤（图 1）

Paederia scandens var. **tomentosa** 毛鸡矢藤（图 2）

被小柔毛；花冠外面常有海绵状白毛。（栽培园地：WHIOB, KIB, LSBG, GXIB）

Paederia stenobotrya Merr. **狭序鸡矢藤**

藤本或灌木状。茎干时暗黄色，有槽纹和散生睫毛状粗毛。叶片近膜质，长圆状卵形或椭圆状卵形；托叶三角形。圆锥花序式的聚伞花序，狭窄或成头状，腋生，密被绒毛。果球形，草黄色，具光泽。（栽培园地：SCBG）

Pavetta 大沙叶属

该属共计 5 种，在 3 个园中有种植

Pavetta arenosa Lour. **大沙叶**

灌木。小枝无毛。叶片膜质，长圆形至倒卵状长圆形；托叶阔卵状三角形。花序顶生；花具芳香气味；萼管卵形，被毛；花冠白色。浆果球形。（栽培园地：SCBG, XTBG）

Pavetta arenosa 大沙叶

Pavetta arenosa Lour. f. **glabrituba** Chun et How ex Ko **光萼大沙叶**

本变型与原变型的区别为：萼管无毛。（栽培园地：SCBG）

Pavetta hongkongensis Bremek. **香港大沙叶**

灌木或小乔木。叶片膜质，长圆形至椭圆状倒卵形；托叶阔卵状三角形。伞房状聚伞花序生于侧枝顶部，多花；花4数，花冠白色，花开时部分旋扭。果球形。（栽培园地：SCBG, WHIOB, XTBG）

Pavetta hongkongensis 香港大沙叶

Pavetta polyantha (Hook. f.) R. Br. ex Bremek. **多花大沙叶**

灌木。嫩枝被柔毛。叶片膜质，狭倒卵形或披针形；托叶三角形。花枝具数节；多花疏散的伞房花序被柔毛；苞片托叶状；花冠管为纤细的圆柱形；子房密被柔毛。浆果球形，干后变黑色。（栽培园地：XTBG）

Pavetta scabrifolia Bremek. **糙叶大沙叶**

灌木。嫩枝被柔毛。叶片膜质，披针形，叶面中脉及背面粗糙；托叶阔三角形，腋内有绢状绒毛。花枝仅具1长节，其余的均极短。松散的伞房花序被柔毛；花白色。浆果球形，顶部具宿存萼檐。（栽培园地：XTBG）

Pentas 五星花属

该属共计1种，在3个园中有种植

Pentas lanceolata (Forsk.) K. Schum. **五星花**

多年生草本或亚灌木，被毛。叶片卵形、椭圆形或披针状长圆形，长可达15cm。聚伞花序密集，顶生；花无梗，二型，花柱异长；花冠淡紫色，喉部被密毛，

Pentas lanceolata 五星花

冠檐开展。（栽培园地：SCBG, IBCAS, XMBG）

Pertusadina 槽裂木属

该属共计1种，在2个园中有种植

Pertusadina hainanensis (How) Ridsd. **海南槽裂木**

乔木或灌木。叶片厚纸质，椭圆形至椭圆状长圆形；

Pertusadina hainanensis 海南槽裂木

托叶线状长圆形至钻形。头状花序；花冠黄色，芳香，高脚碟状。果序直径 4~6mm，蒴果。（栽培园地：SCBG, WHIOB）

Prismatomeris 南山花属

该属共计 2 种，在 2 个园中有种植

Prismatomeris connata Y. Z. Ruan **南山花**

灌木至小乔木。小枝四棱柱形。叶片长圆形至披针形，近革质；托叶生叶柄间，每侧 2 片。伞形花序顶生，常兼侧生，具花 3~16 朵；花芳香，花冠碟形，白色，檐部 5 裂；花柱异长。核果近球形，熟时紫蓝色。（栽培园地：XTBG）

Prismatomeris tetrandra (Roxb.) K. Schum. **四蕊三角瓣花**

灌木或小乔木。小枝四棱柱形。叶片披针形或长圆状披针形。花芳香，2~16 朵簇生或组成伞形花序，顶生或腋生；花冠白色或淡紫色，高脚碟状；雄蕊 4~5 枚。核果近球形；种子 1~2 粒。（栽培园地：SCBG, XTBG）

Prismatomeris tetrandra 四蕊三角瓣花

Psychotria 九节属

该属共计 14 种，在 6 个园中有种植

Psychotria calocarpa Kurz **美果九节**

亚灌木，具匍匐的根状茎。叶对生，叶片纸质，长圆形、倒卵状长圆形或椭圆状披针形；托叶卵形或近圆形，顶端 2 裂。聚伞花序；花小，花冠白色。果椭圆形，橙黄色或红色。（栽培园地：XTBG）

Psychotria erratica Hook. f. **西藏九节**

灌木；小枝无毛。叶对生，叶片纸质，披针形或椭圆形；托叶长圆状披针形，2 裂至中部，每一裂片常再裂成 2 小裂片。聚伞花序腋生或顶生；花冠管很短，内面被毛。果稍疏，椭圆形，红色或淡黄色，具 8 条纵棱。（栽培园地：SCBG）

Psychotria fluviatilis Chun ex W. C. Chen **溪边九节**

灌木；小枝无毛。叶对生，叶片纸质或薄革质，倒披针形或椭圆形；托叶披针形或三角形。聚伞花序顶生或腋生，少花；花冠白色，管状，花冠裂片 4~5 片。果长圆形或近球形，红色，无毛，具棱。（栽培园地：XTBG）

Psychotria henryi H. Lév. **滇南九节**

灌木。枝灰色。叶对生，叶片膜质或纸质，椭圆形或长圆状倒披针形；托叶近三角形，顶端 2 裂。聚伞花序顶生或腋生，花紧密；花冠白色。果卵形或球形，红色。（栽培园地：XTBG）

Psychotria kirkii Hiern

小灌木。叶片椭圆形至倒卵形，被柔毛。伞形花序腋生；花白色或淡绿色。果成熟时红色，近球形。（栽培园地：XTBG）

Psychotria morindoides Hutch. **聚果九节**

灌木。叶片纸质，倒卵状倒披针形或长圆状倒披针形；托叶膜质，顶端 2 裂。聚伞花序顶生，花密集呈头状；花冠白色，冠管圆筒形，顶部稍扩大，花冠裂片 5 片；花盘大，无毛。果椭圆形，红色。（栽培园地：XTBG）

Psychotria pilifera Hutch. **毛九节**

灌木。小枝密被棕褐色卷曲长毛。叶片膜质或纸质，椭圆形、椭圆状倒卵形或长圆状倒披针形；托叶膜质，顶端 2 裂。聚伞花序顶生或腋生，总花梗和分枝密被棕褐色卷曲长毛。果红色，长圆状椭圆形，无毛。（栽培园地：XTBG）

Psychotria prainii H. Lév. **驳骨九节**

灌木。嫩枝、叶和花序均被暗红色皱曲柔毛。叶常聚生于枝顶，叶片椭圆形、长圆形或倒披针状长圆形；托叶近卵形。聚伞花序顶生，密集呈头状；花冠白色。核果椭圆形或倒卵形，红色。（栽培园地：WHIOB, XTBG）

Psychotria rubra (Lour.) Poir. **九节**

灌木或小乔木。叶片纸质或革质，长圆形、椭圆状长圆形或倒披针状长圆形；托叶膜质，短鞘状，顶端全缘。伞房状或圆锥状聚伞花序顶生，多花；花冠白色。核果球形或宽椭圆形，具纵棱，红色。（栽培园地：SCBG, WHIOB, XTBG, SZBG, GXIB, XMBG）

Psychotria rubra 九节

Psychotria serpens L. **蔓九节**

攀缘或匍匐藤本。茎多分枝。叶片纸质或革质，常卵形、倒卵形至倒卵状长圆形；托叶短鞘状，顶端不裂，脱落。聚伞花序顶生，有时被秕糠状短柔毛，花冠白色，冠管与花冠裂片近等长，花冠喉部被白色长柔毛。浆果状核果球形或椭圆形。（栽培园地：SCBG, SZBG, XMBG）

Psychotria straminea Hutch. **黄脉九节**

灌木。嫩枝干时黄绿色。叶片纸质或膜质，椭圆状披针形、长圆形、倒卵状长圆形；托叶短鞘状，革质。聚伞花序顶生，少花；花冠白色或淡绿色。浆果状核果近球形或椭圆形，成熟时黑色。（栽培园地：XTBG）

Psychotria symplocifolia Kurz **山矾叶九节**

灌木或小乔木。叶片纸质或革质，倒卵状披针形、椭圆状倒卵形或椭圆状披针形；托叶阔卵形。聚伞花序圆锥状，常三歧分枝；花冠喉部被白色长柔毛。果椭圆形，红色。（栽培园地：XTBG）

Psychotria tutcheri Dunn **假九节**

灌木。叶片纸质或薄革质，长圆状披针形、卵状披针形、披针形或长圆形。聚伞花序排成伞房式；花冠白色或绿白色，管状，花冠裂片 5。核果球形，成熟时红色。（栽培园地：SCBG）

Psychotria yunnanensis Hutch. **云南九节**

灌木。小枝无毛，托叶脱落后节上具红褐色密毛。叶片纸质或膜质，倒卵状长圆形、椭圆形、卵状长圆形或倒披针形。圆锥状的聚伞花序顶生或腋生；花冠白色。核果长圆状椭圆形，成熟时红色。（栽培园地：XTBG）

Rondeletia 郎德木属

该属共计 1 种，在 4 个园中有种植

Rondeletia odorata Jacq. **郎德木**

灌木或乔木。叶片革质或膜质；托叶在叶柄间，稍

Rondeletia odorata 郎德木

阔。花小，具梗，白色、黄色或红色，组成腋生或顶生的聚伞花序、伞房花序或圆锥花序；花冠漏斗状或高脚碟状；花盘环状。蒴果球形，具 2 槽，2 室。（栽培园地：SCBG, SZBG, GXIB, XMBG）

Rubia 茜草属

该属共计 7 种，在 7 个园中有种植

Rubia alata Roxb. **金剑草**

草质攀援藤本。茎四棱形，棱上具倒生皮刺。叶 4 片轮生，叶片线形、披针状线形。花序腋生或顶生；花冠稍肉质，白色或淡黄色，裂片 5 片。浆果成熟时黑色，球形或双球形。（栽培园地：SCBG, WHIOB）

Rubia alata 金剑草

Rubia argyi (H. Lév. et Vaniot) Hara ex Lauener **东南茜草**

多年生草质藤本。茎、枝均具 4 直棱或狭翅。叶片卵状心形或圆心形，干后常变黑色。聚伞花序分枝成圆锥花序式；花冠白色。浆果近球形或臀状，成熟时黑色。（栽培园地：XTBG）

Rubia cordifolia L. **茜草**

草质攀援藤木。茎具 4 棱，棱上生倒生皮刺枝。叶 4 片轮生，叶片披针形或长圆状披针形。聚伞花序；花冠淡黄色。果球形，成熟时橘黄色。（栽培园地：SCBG, WHIOB, KIB, XTBG, CNBG, GXIB）

Rubia cordifolia 茜草

Rubia dolichophylla Schrenk **长叶茜草**

草本，全株无毛。茎、枝、叶缘、叶背中脉和花序轴上均有小皮刺。叶 4 片轮生，无柄或近无柄，叶片纸质，线形或披针状线形。花序腋生，与叶近等长或稍短；花冠淡黄色，辐状，管长约 0.6mm；花丝短，与花丝近等长。（栽培园地：SCBG）

Rubia ovatifolia Z. Y. Zhang **卵叶茜草**

攀援草本。茎具 4 棱，无毛。叶 4 片轮生，叶片薄纸质，卵状心形至圆心形，基部深心形。聚伞花序排成疏花圆锥花序式；花冠淡黄色或绿黄色，裂片 5 片，明显反折。浆果球形或双球形，成熟时黑色。（栽培园地：WHIOB）

Rubia schumanniana Pritzel **大叶茜草**

近直立草本。茎和分枝均具 4 直棱和直槽。叶 4 片轮生，叶片厚纸质至革质，披针形、长圆状卵形或卵形。

Rubia schumanniana 大叶茜草

聚伞花序排成圆锥花序式；花小，花冠白色或绿黄色，干后变褐色，裂片常为 5 片。浆果小，球状，黑色。（栽培园地：WHIOB, KIB, SZBG）

Rubia yunnanensis Diels **紫参**

近直立或披散状草本。根条状，稍肉质，数至十余条簇生，根与茎基部均为红色。茎具 4 直棱或 4 狭翅。叶片纸质，形状、大小多变。聚伞花序圆锥花序状；花冠黄色或淡黄色，稍肉质，裂片 5 片，不反折。（栽培园地：KIB, XTBG）

Saprosma 染木树属

该属共计 2 种，在 2 个园中有种植

Saprosma hainanensis Merr. **海南染木树**

直立灌木。叶对生，常一大一小，叶片纸质，长圆状卵形至长圆状椭圆形；托叶卵状或顶端钻形。花无梗，数朵密集于枝顶叶腋；花冠筒状，檐部 4 裂。核果倒卵形，干后黑褐色。（栽培园地：SCBG）

Saprosma hainanensis 海南染木树

Saprosma ternatum Hook. f. **染木树**

直立灌木。嫩枝黄绿色，具棱角。叶 3 片轮生，叶片薄革质或纸质，长圆状披针形或长圆状椭圆形；托叶早落。花数朵，生于叶腋处，总梗长；花冠白色，檐部 4 裂。果椭圆形或近球形，内含椭圆形种子 1 粒。（栽培园地：XTBG）

Schizomussaenda 裂果金花属

该属共计 1 种，在 2 个园中有种植

Schizomussaenda henryi (Hutch.) X. F. Deng et D. X. Zhang **裂果金花**

大灌木。节间有明显 2 直槽。叶片薄纸质，倒披针形、长圆状倒披针形或卵状披针形。穗形蝎尾状聚伞花序顶生，多花；花叶卵状披针形、宽卵形或卵形；花冠裂片 5 片，宽倒卵形。蒴果倒卵圆形或椭圆状倒卵形，顶部室间开裂。（栽培园地：SCBG, XTBG）

Serissa 白马骨属

该属共计 2 种，在 9 个园中有种植

Serissa japonica (Thunb.) Thunb. **六月雪**

小灌木，具臭味。叶片革质，卵形至倒披针形，长 6~22mm，宽 3~6mm。花单生或数朵丛生于小枝顶部或腋生；花冠淡红色或白色；花冠管比萼檐裂片长。（栽培园地：SCBG, IBCAS, WHIOB, KIB, XTBG, LSBG, CNBG, GXIB, XMBG）

Serissa japonica 六月雪

Serissa serissoides (DC.) Druce **白马骨**

小灌木。枝粗壮，灰色，被短毛。叶常丛生，叶片薄纸质，倒卵形或倒披针形，长 1.5~4cm，宽 0.7~1.3cm；托叶具锥形裂片。花常数朵丛生；花无梗，生于小枝顶部；花冠管与萼檐裂片等长。（栽培园地：SCBG, LSBG, CNBG）

Serissa serissoides 白马骨

Sinoadina 鸡仔木属

该属共计 1 种，在 2 个园中有种植

Sinoadina racemosa (Siebold et Zucc.) Ridsd. **鸡仔木**

半落叶乔木。叶片薄革质，宽卵形、卵状长圆形或椭圆形。头状花序常约 10 个排成聚伞状圆锥花序式；花冠淡黄色。果序直径 11~15mm；小蒴果倒卵状楔形。（栽培园地：XTBG, CNBG）

Spermacoce 丰花草属

该属共计 3 种，在 4 个园中有种植

Spermacoce alata Aubl. **阔叶丰花草**

披散、粗壮草本，被毛。茎和枝均为明显四棱柱形，棱上具狭翅。叶片椭圆形或卵状长圆形。花数朵丛生于托叶鞘内，花冠浅紫色，稀白色。蒴果椭圆形；种子近椭圆形。(栽培园地：SCBG, SZBG, GXIB)

Spermacoce alata 阔叶丰花草

Spermacoce articularis L. f. **糙叶丰花草**

平卧草本，被粗毛。枝四棱柱形。叶片革质，长圆形、

Spermacoce articularis 糙叶丰花草

倒卵形或匙形。花4~6朵聚生于托叶鞘内，无梗；花冠淡红色或白色，漏斗形，顶部4裂，无毛。蒴果椭圆形。（栽培园地：SCBG）

Spermacoce pusilla Wall. **丰花草**

直立、纤细草本。茎单生，四棱柱形，粗糙。叶片革质，线状长圆形，两面粗糙；托叶具数条浅红色长于花序的刺毛。花白色，从生成球状生于托叶鞘内。蒴果长圆形或近倒卵形。（栽培园地：SCBG, XTBG, SZBG, GXIB）

Spermacoce pusilla 丰花草

Spiradiclis 螺序草属

该属共计11种，在4个园中有种植

Spiradiclis caespitosa Blume **螺序草**

多年生草本。茎下部卧地生根。叶片小，纸质，卵形、卵状椭圆形或卵状披针形；托叶钻形。蝎尾状聚伞圆锥花序顶生；花冠白色。蒴果线状长圆形，成熟时室背和室间均开裂为4果瓣，扭曲；种子淡黄色。（栽培园地：XTBG）

Spiradiclis caespitosa Blume f. **cylindrica** (Wall. ex Hook. f.) H. S. Lo **尖叶螺序草**

本变型与原变型的区别为：叶较大，长5~15cm，顶端尾状渐尖。（栽培园地：XTBG）

Spiradiclis emeiensis H. S. Lo **峨眉螺序草**

匍匐草本。茎密被短柔毛。叶片薄纸质，卵形至椭圆形；托叶近三角形。聚伞花序顶生，稠密多花；花冠白色，坛状管形，裂片5片。蒴果椭圆形，具5条明显直棱，成熟时室背和室间均开裂成4果瓣。（栽培园地：SCBG）

Spiradiclis guangdongensis H. S. Lo **广东螺序草**

匍匐草本。茎多分枝。叶片纸质，心状圆形至阔卵

Spiradiclis emeiensis 峨眉螺序草

形；托叶2全裂。花序顶生或腋生，有1~3朵花；花二型，花柱异长；花冠白色，狭漏斗状；花盘杯状，边缘浅波状；子房2室。蒴果球状倒圆锥形，成熟时室背开裂成2果瓣，果瓣复2裂。（栽培园地：SCBG）

Spiradiclis loana R. J. Wang **献瑞螺序草**

直立草本；被短柔毛。叶片倒披针形，椭圆形或倒卵形，长6~12cm；托叶三角形，深2裂。聚伞花序顶生，多花；花冠白色。蒴果近球形，直径约2mm。（栽培园地：GXIB）

Spiradiclis loana 献瑞螺序草

Spiradiclis longibracteata S. Y. Liu et S. J. Wei **长苞螺序草**

草本。茎单一。叶茎生或基生成莲座状，叶片倒卵状披针形或倒披针形。聚伞花序顶生，花多而稠密；苞片线状披针形，长1~1.5cm；花二型，花柱异长；花冠紫红色，外面被紫红色短柔毛，裂片5片。（栽培园地：GXIB）

Spiradiclis longipedunculata W. L. Sha et X. X. Chen **长梗螺序草**

草本。茎单一。叶片纸质，倒卵形或长圆状椭圆形；

Spiradiclis longibracteata 长苞螺序草

Spiradiclis longipedunculata 长梗螺序草

托叶近圆形或三角状圆形，2 裂。圆锥状聚伞花序顶生，总梗长 15~22cm；短柱花花冠淡黄色；雄蕊 5 枚，生冠管中部。（栽培园地：GXIB）

Spiradiclis longzhouensis H. S. Lo **龙州螺序草**

灌木状草本。叶簇生小枝上部，叶片纸质，椭圆形或有时长圆形，干时榄绿色，背面较苍白；托叶近卵形。果序顶生；果椭圆形；种子多粒，小而具棱角。（栽培园地：GXIB）

Spiradiclis longzhouensis 龙州螺序草

Spiradiclis luochengensis H. S. Lo et W. L. Sha **桂北螺序草**

草本，全株无毛。叶簇生呈莲座状，叶片纸质，阔倒卵形或倒卵形；托叶长三角形。聚伞花序顶生；花冠白色，干时变橙黄色，管状漏斗形。蒴果卵状球形，成熟时室背和室间均开裂，具 4 果瓣；种子多数。（栽培园地：GXIB）

Spiradiclis luochengensis 桂北螺序草

Spiradiclis tomentosa D. Fang et D. H. qin **粘毛螺序草**

草本，除花冠、雄蕊、花柱和种子外，其余密被粘毛。叶对生，稍不等大，叶片薄纸质，倒披针形或倒卵形。圆锥状花序顶生；花冠白色，近漏斗状。蒴果近球形，具 5 条直线棱，开裂为 4 瓣；种子多数。（栽培园地：WHIOB, GXIB）

Spiradiclis tomentosa 粘毛螺序草（图 1）

Spiradiclis villosa X. X. Chen et W. L. Sha **毛螺序草**

多年生草本；全株被毛。茎下部匍匐而生根。叶片膜质，长圆状椭圆形或倒卵状椭圆形；托叶 2 深裂，

Spiradiclis tomentosa 粘毛螺序草（图 2）

Spiradiclis villosa 毛螺序草

裂片撕裂状。果序顶生，聚伞状圆锥形；蒴果卵形。（栽培园地：GXIB）

Tarenna 乌口树属

该属共计 6 种，在 4 个园中有种植

Tarenna attenuata (Voigt) Hutch. **假桂乌口树**

灌木或乔木。叶片纸质或薄革质，长圆状披针形、长圆状倒卵形或倒卵形，长 4.5~15cm。伞房状的聚伞花序顶生；花冠白色或淡黄色，裂片外翻。浆果近球形，成熟时紫黑色；种子 2 颗。（栽培园地：SCBG, WHIOB, XTBG, SZBG）

Tarenna depauperata Hutch. **白皮乌口树**

灌木或小乔木。枝淡黄白色或灰白色，光滑。叶片纸质或革质，椭圆状倒卵形、椭圆形或近卵形，长 4~15cm。伞房状的聚伞花序顶生；花冠白色，裂片 5 片，比冠管稍长；胚珠每室 1~3 颗。浆果球形，成熟时黑色。（栽培园地：XTBG）

Tarenna attenuata 假桂乌口树

Tarenna lanceolata Chun et How ex W. C. Chen **广西乌口树**

灌木；叶中脉、叶柄、托叶均被硬毛。嫩枝被短柔毛，老枝无毛，常呈棕红色。叶片纸质，披针形；托叶披针形。果序顶生，被硬毛；果近球形，种子 8~32 颗。（栽培园地：WHIOB）

Tarenna laui Merr. **崖州乌口树**

灌木。小枝密被灰黄色紧贴的短硬毛。叶片纸质，长圆状椭圆形或长圆状披针形；托叶宽三角形。伞房状的聚伞花序顶生；花芳香，花冠白色；子房 2 室，每室约有胚珠 15 颗。果近球形；种子多数。（栽培园地：SCBG）

Tarenna mollissima (Hook. et Arn.) Rob. **白花苦灯笼**

灌木或小乔木，全株密被灰色或褐色柔毛或短绒毛。叶片纸质，披针形、长圆状披针形或卵状椭圆形；托叶卵状三角形。伞房状的聚伞花序顶生，多花；花冠白色，裂片外翻；胚珠每室多颗。果近球形，被柔毛，

Tarenna laui 崖州乌口树

Tarenna mollissima 白花苦灯笼

黑色。（栽培园地：WHIOB）

Tarenna wangii Chun et K. C. How **长叶乌口树**

灌木。小枝灰色，无毛。叶片纸质或膜质，披针形或披针状长圆形，长 12~29cm，宽 4.5~10.5cm；托叶卵状三角形。伞房状的聚伞花序顶生；花冠白色；胚珠每室 4 颗。浆果球形，具 2~3 粒种子。（栽培园地：XTBG）

Tarennoidea 岭罗麦属

该属共计 1 种，在 2 个园中有种植

Tarennoidea wallichii (Hook. f.) Tirveng. et Sastre **岭罗麦**

乔木。叶片革质，长圆形、倒披针状长圆形或椭圆状披针形。聚伞花序排成圆锥花序状，顶生或近枝顶腋生，疏散而多花；花冠黄色或白色。浆果球形。（栽培园地：SCBG, XTBG）

Tarennoidea wallichii 岭罗麦

Uncaria 钩藤属

该属共计 9 种，在 4 个园中有种植

Uncaria hirsuta Havil. **毛钩藤**

木质藤本。茎圆柱形或略具 4 棱角，被硬毛。叶片革质，卵形或椭圆形，被毛；托叶阔卵形，深 2 裂至少达 2/3。头状花序（不计花冠）直径 20~25mm，单生叶腋；花冠淡黄色或淡红色，花柱伸出。小蒴果纺锤形。（栽培园地：SCBG, XTBG）

Uncaria hirsuta 毛钩藤

Uncaria laevigata Wall. ex G. Don **平滑钩藤**

藤本；嫩枝略有4棱角或方柱形，微被短柔毛。叶片近革质，椭圆形或椭圆状长圆形；托叶狭三角形，具黏液毛和腺体。头状花序（不计花冠）直径5~10mm，单生叶腋；花冠管长7~10mm，花柱伸出。小蒴果纺锤形。（栽培园地：XTBG）

Uncaria lancifolia Hutch. **倒挂金钩**

大藤本。嫩枝方柱形或具4棱角，无毛。叶片薄纸质，长椭圆状披针形或卵状披针形；托叶卵形，深2裂，内面基部具黏液毛。头状花序（不计花冠）直径约15mm，单生叶腋；花冠绿白色。小蒴果被短柔毛。（栽培园地：XTBG）

Uncaria macrophylla Wall. **大叶钩藤**

大藤本。嫩枝方柱形。叶对生，叶片近革质，卵形或阔椭圆形，长10~16cm，宽6~12cm；托叶卵形，深2裂。头状花序（不计花冠）直径15~20mm，单生叶腋。小蒴果有苍白色短柔毛；种子两端具白色膜质的翅。（栽培园地：XTBG）

Uncaria rhynchophylla (Miq.) Miq. ex Havil. **钩藤**

藤本。嫩枝方柱形或略有4棱角，无毛。叶片纸质，椭圆形或椭圆状长圆形；托叶狭三角形，深2裂。头状花序单生叶腋或成单聚伞状排列。果序直径10~12mm。（栽培园地：SCBG, WHIOB, GXIB）

Uncaria rhynchophylla 钩藤

Uncaria scandens (Smith) Hutch. **攀枝钩藤**

大藤本。嫩枝方柱形或略有4棱角，密被锈色短柔毛。叶片纸质，卵形、椭圆形或椭圆状长圆形；托叶阔卵形，深2裂。头状花序单生叶腋，或成单聚伞状排列；花冠淡黄色。小蒴果倒披针状长圆锥形。（栽培园地：XTBG）

Uncaria sessilifructus Roxb. **白钩藤**

大藤本。嫩枝微被短柔毛。叶片近革质，卵形、椭圆形或椭圆状长圆形；托叶窄三角形，深2裂。头状花序单生叶腋或成单聚伞状排列；花冠黄白色，高脚碟状。小蒴果纺锤形，宿存萼裂片舌状。（栽培园地：SCBG, XTBG）

Uncaria sessilifructus 白钩藤

Uncaria sinensis (Oliv.) Havil. **华钩藤**

藤本。嫩枝方柱形或具4棱角，无毛。叶片薄纸质，椭圆形；托叶阔三角形至半圆形。头状花序单生叶腋或成单聚伞状排列。果序直径20~30mm。（栽培园地：WHIOB, GXIB）

Uncaria sinensis 华钩藤

Uncaria yunnanensis K. C. Hsia **云南钩藤**

木质藤本。嫩枝被锈褐色长柔毛，有钩刺的枝条粗壮。叶片革质，长椭圆形，两面无毛；托叶全缘，半圆形，早落。头状花序球形，腋生。蒴果纺锤形。（栽培园地：XTBG）

Urophyllum 尖叶木属

该属共计 1 种，在 1 个园中有种植

Urophyllum chinense Merr. et Chun **尖叶木**

灌木或小乔木。小枝具直槽。叶片长圆形或长圆状披针形，顶端常尾状渐尖；托叶大，狭披针状狭长圆形。伞房状花序腋生；花冠小，白色，革质，5 裂达中部；子房 5 室。浆果近球状，成熟时红色或橙黄色。（栽培园地：XTBG）

Wendlandia 水锦树属

该属共计 16 种，在 4 个园中有种植

Wendlandia augustinii Cowan **思茅水锦树**

灌木。小枝有褐色柔毛。叶片纸质，椭圆形或椭圆状卵形；托叶革质，中部收缩，顶端圆形。花序顶生，密被柔毛；花冠淡白色；柱头 2 裂，稍伸出。（栽培园地：XTBG）

Wendlandia bouvardioides Hutch. **薄叶水锦树**

灌木或小乔木。小枝有棕黄色紧贴的硬毛。叶片薄纸质，椭圆形或披针形；托叶近圆形，反折。圆锥状聚伞花序顶生，较紧密；花冠红色或紫色，管状；柱头 2 裂，伸出。蒴果球形。（栽培园地：XTBG）

Wendlandia cavaleriei H. Lév. **贵州水锦树**

灌木或小乔木。枝褐色，微被硬毛。叶片近革质，卵形、椭圆形或倒卵状椭圆形；托叶阔三角形。花序顶生，稠密多花；花冠白色或紫色，漏斗状；柱头 2 裂，伸出。蒴果球形。（栽培园地：WHIOB）

Wendlandia parviflora W. C. Chen **小花水锦树**

小乔木。枝被铁锈色柔毛。叶片革质，长圆形或卵状椭圆形；托叶上部扩大呈圆形，反折。花序顶生，密生；花冠短，淡绿色。（栽培园地：XTBG）

Wendlandia pendula (Wall.) DC. **垂枝水锦树**

灌木。枝柔弱，下垂，有柔毛。叶片纸质，对生或 3 枚轮生，卵状披针形或卵形；托叶小，三角形，脱落。花序顶生，花较密集；花冠管状，裂片长，外翻；花柱长伸出。果球形。（栽培园地：XTBG）

Wendlandia salicifolia Franch. ex A. Paiva **柳叶水锦树**

灌木。小枝有短柔毛。叶片薄革质，狭披针形，长 2~6.5cm，宽 0.4~1.2cm，边缘反卷；托叶三角形。圆锥状的聚伞花序顶生，极多花，稠密；花冠管状，淡红白色。蒴果球形。（栽培园地：XTBG）

Wendlandia scabra Kurz **粗叶水锦树**

灌木或乔木。枝被棕褐色短柔毛。叶片椭圆状倒卵形、椭圆形或卵形，叶面被短糙伏毛，背面密被柔毛；托叶圆形，反折。花序顶生，大而扩展；花香，密生；花冠白色。蒴果球形，被硬毛。（栽培园地：WHIOB, XTBG）

Wendlandia tinctoria (Roxb.) DC. **染色水锦树**

灌木或乔木。小枝被柔毛。叶片纸质或革质，长圆状披针形、椭圆状卵形或倒卵形；托叶三角形。圆锥花序大，顶生；花小，簇生；花冠白色，管状。（栽培园地：XTBG）

Wendlandia tinctoria (Roxb.) DC. ssp. **affinis** F. C. How ex W. C. Chen **毛冠水锦树**

本亚种与原亚种的区别为：花冠裂片外面被淡黄色的长柔毛。（栽培园地：XTBG）

Wendlandia tinctoria (Roxb.) DC. ssp. **callitricha** (Cowan) W. C. Chen **厚毛水锦树**

本亚种与原亚种的区别为：花较稠密，簇生成束状；花萼裂片具较密的长硬毛。（栽培园地：XTBG）

Wendlandia tinctoria (Roxb.) DC. ssp. **floribunda** (Craib) Cowan **多花水锦树**

本亚种与原亚种的区别为：花序无毛或有微柔毛；花萼无毛或有极稀疏的短柔毛；花冠裂片外面有糙伏毛。（栽培园地：XTBG）

Wendlandia tinctoria (Roxb.) DC. ssp. **intermedia** (F. C. How) W. C. Chen **红皮水锦树**

本亚种与原亚种的区别为：花序密被绒毛；萼管无毛或罕有微小的短柔毛，萼裂片有疏柔毛。（栽培园

地：XTBG）

Wendlandia tinctoria (Roxb.) DC. ssp. **orientalis** Cowan **东方水锦树**

本亚种与原亚种的区别为：花序无毛或有微柔毛；花萼无毛或罕有极稀疏的短柔毛。（栽培园地：WHIOB）

Wendlandia uvariifolia Hance **水锦树**

灌木或乔木。小枝被锈色硬毛。叶片纸质，宽椭圆形、长圆形、卵形或长圆状披针形；托叶基部宽，上部扩大呈圆形。圆锥状的聚伞花序顶生；花小，无花梗，常数朵簇生；花冠漏斗状，白色。蒴果小，球形。（栽培园地：SCBG, XMBG）

Wendlandia uvariifolia Hance ssp. **pilosa** W. C. Chen **疏毛水锦树**

本亚种与原亚种的区别为：花萼具疏柔毛或近无毛，萼裂片比萼管短。（栽培园地：XTBG）

Wendlandia wallichii Wight et Arn. **光叶水锦树**

灌木。叶对生，叶片卵形至长圆状披针形，长约11cm，宽4~5cm，顶端尾尖。花小，聚伞花序排列成顶生、稠密、多花的圆锥花序式。（栽培园地：XTBG）

Wendlandia uvariifolia 水锦树

Rutaceae 芸香科

该科共计125种，在12个园中有种植

乔木、灌木或草本。叶对生或互生，单叶或复叶，常具油点，无托叶。聚伞花序；花两性或单性，多辐射对称；萼片、花瓣4或5片。浆果、蓇葖果、蒴果、翅果或核果。

Acronychia 山油柑属

该属共计1种，在3个园中有种植

Acronychia pedunculata (L.) Miq. **山油柑**

乔木。叶片椭圆形、长圆形至倒卵状椭圆形，叶柄基部略增大呈叶枕状。花黄白色，花瓣狭长椭圆形。果淡黄色，近圆球形而略具棱角，径1~1.5cm。（栽培园地：SCBG, XTBG, SZBG）

Acronychia pedunculata 山油柑（图1）

Acronychia pedunculata 山油柑（图2）

Aegle 木橘属

该属共计 1 种，在 1 个园中有种植

Aegle marmelos (L.) Corrêa **木橘**

小乔木。3 出复叶，叶片的小大差异较大。单花或数花腋生，花芳香；花瓣白色，4~5 片；雄蕊多达 50 枚。果淡绿黄色，果皮干后硬木质。（栽培园地：XTBG）

Aegle marmelos 木橘

Atalantia 酒饼簕属

该属共计 3 种，在 4 个园中有种植

Atalantia buxifolia (Poir.) Oliv. **酒饼簕**

灌木。茎枝多长刺。叶片硬革质，卵形、倒卵形或近圆形，顶端圆或凹。花瓣白色，长 3~4mm；花丝分离。果熟时蓝黑色。（栽培园地：SCBG, XTBG, SZBG, GXIB）

Atalantia henryi (Swingle) C. C. Huang **思茅酒饼簕**

小乔木。叶片阔卵形、卵状椭圆形或近披针形，顶部短尖或狭而钝，有浅凹口；叶柄与叶片交接处有关节。花瓣白色，长约 4mm。果圆球形，径 1.5~2cm，果皮平滑。

Atalantia buxifolia 酒饼簕

（栽培园地：XTBG）

Atalantia kwangtungensis Merr. **广东酒饼簕**

灌木。茎枝无刺或疏具短刺。叶片椭圆形、披针形或长圆形，两端尖。花 3 或数朵腋生；花瓣长 3~5mm；花丝两两合生成 4 束，有时几全部在下半部合生。成熟果鲜红色。（栽培园地：SCBG）

Atalantia kwangtungensis 广东酒饼簕

Boenninghausenia 石椒草属

该属共计 2 种，在 7 个园中有种植

Boenninghausenia albiflora (Hook.) Rchb. ex Meisn. **臭节草**

草本；各部无毛。叶片小，薄纸质，长 1~2.5cm，老叶常变褐红色。花序有花甚多；花瓣白色，有时顶部桃红色；子房柄长 4~8mm。（栽培园地：SCBG, WHIOB, KIB, XTBG, LSBG, CNBG, SZBG）

Boenninghausenia albiflora 臭节草（图 1）

Boenninghausenia albiflora 臭节草（图 2）

Boenninghausenia sessilicarpa Lévl. **石椒草**

草本。小叶较小，长 3~8mm，宽 2~6mm。子房无柄。（栽培园地：SCBG, KIB）

Casimiroa 香肉果属

该属共计 1 种，在 1 个园中有种植

Casimiroa edulis La Llave **香肉果**

高大乔木。具指状 2~5 小叶，小叶柄长 0.7~2cm；叶缘具细钝齿。花冠径 8~10mm。果近圆球形，径 7~10cm，淡黄色，果肉黄色，具香气，味甜带苦。（栽培园地：XTBG）

Citrus 柑橘属

该属共计 13 种，在 10 个园中有种植

Citrus aurantium L. **酸橙**

小乔木。单身复叶，翼叶倒卵形。总状花序，有时兼有腋生单花。果皮难剥离，橙黄色至朱红色；果肉味酸，有时有苦味或兼有特异气味；种子具肋状棱，子叶乳白色。（栽培园地：WHIOB, XTBG, LSBG, GXIB）

Citrus ichangensis Swingle **宜昌橙**

小乔木或灌木。枝干多劲直锐刺。叶片卵状披针形，顶部渐狭尖，全缘或叶缘具细小钝裂齿；翼叶比叶身略短小至稍长。花常单生于叶腋。果扁圆形、圆球形或梨形，果皮厚 3~6mm。（栽培园地：WHIOB, CNBG）

Citrus ichangensis 宜昌橙

Citrus junos Siebold ex Tanaka **香橙**

小乔木。单身复叶，叶片卵形或披针形，翼叶倒卵状椭圆形，长 1~2.5cm。花单生于叶腋。果皮厚 2~4mm，淡黄色，较易剥离；种子多达 40 粒，子叶乳白色。（栽培园地：WHIOB）

Citrus limon (L.) Burm. f. **柠檬**

小乔木。叶片卵形或椭圆形，翼叶宽或狭或仅具痕迹。单花腋生或少花簇生；花瓣长 1.5~2cm。果顶部有乳头状突尖；果皮黄色，难剥离；果肉甚酸；种皮平滑，子叶乳白色。（栽培园地：SCBG, WHIOB, KIB, XTBG, CNBG, SZBG, GXIB, XMBG）

Citrus junos 香橙

Citrus limon 柠檬（图 1）

Citrus limon 柠檬（图 2）

Citrus limonia Osbeck **黎檬**

小乔木。单身复叶，叶片阔椭圆形或卵状椭圆形，翼叶线状或仅有痕迹。少花簇生或单花腋生；花瓣略斜展，背面淡紫色。果皮甚薄，稍难剥离，果肉甚酸且有柠檬气味；子叶绿色，常多胚。（栽培园地：SCBG, IBCAS）

Citrus macroptera Montrous. var. **kerrii** Swingle **马蜂橙**

小乔木。叶身顶部狭而钝，比翼叶长 1~2.5cm，叶缘上半部有明显而疏离的钝齿。总状花序腋生及顶生。果皮颇厚；种子的种皮具数条纵肋纹。（栽培园地：XTBG）

Citrus maxima (Burm.) Merr. **柚**

乔木；嫩枝、叶背、花梗、花萼及子房均被柔毛。单身复叶，叶纸质，披针形、长圆状披针形或卵状椭圆形。总状花序，有时兼有腋生单花。果横径通常 10cm 以上；果皮海绵质；子叶乳白色，单胚。（栽培园地：SCBG, WHIOB, XTBG, CNBG, SZBG, GXIB）

Citrus maxima 柚

Citrus medica L. **香橼**

灌木或小乔木。单叶，稀兼具单身复叶，具关节，但无翼叶。果椭圆形、近圆形或两端狭的纺锤形，果皮淡黄色，粗糙，甚厚或颇薄，难剥离。（栽培园地：SCBG, WHIOB, KIB, XTBG, LSBG, GXIB）

Citrus medica 香橼（图 1）

Citrus medica L. var. **sarcodactylis** Swingle **佛手**

本变种与原变种的区别为：子房在花柱脱落后即分裂，果发育为手指状肉条，果皮甚厚，常无种子。（栽

Citrus medica 香橼（图 1）

Citrus medica var. sarcodactylis 佛手

培园地：SCBG, IBCAS, WHIOB, KIB, XTBG, LSBG, GXIB, XMBG）

Citrus paradisi Macfad. **葡萄柚**

小乔木。叶的形态、质地与柚叶类似，但较小，嫩叶背面中脉具疏短毛。总状花序，稀少或单花腋生。果比柚小，果皮也较薄；种子少或无，多胚。（栽培园地：SCBG, XTBG, XMBG）

Citrus paradisi 葡萄柚

Citrus reticulata Blanco **柑橘**

小乔木。单身复叶，翼叶通常狭窄或仅有痕迹；叶柄颇长。花单生或2~3朵簇生。果皮甚易或稍易剥离；果肉酸或甜；子叶深绿色、淡绿色或间有近于乳白色，多胚。（栽培园地：SCBG, WHIOB, KIB, LSBG）

Citrus reticulata 柑橘

Citrus sinensis (L.) Osbeck **甜橙**

乔木。叶通常比柚叶略小，翼叶狭长。总状花序或兼有腋生单花。果皮橙黄色至橙红色，难或稍易剥离，果肉味甜或稍偏酸；种皮略有肋纹，子叶乳白色，多胚。（栽培园地：SCBG, WHIOB, XTBG, LSBG）

Citrus swinglei Burkill ex Harms **长叶金橘**

灌木或小乔木。叶片长圆形或狭长披针状长圆形，长6.5~15cm或更长，箭叶不明显，最宽2~3mm。单花或数朵生于叶腋；花瓣长7~12mm。果直径2~3.5cm。（栽培园地：XTBG）

Clausena 黄皮属

该属共计10种，在8个园中有种植

Clausena anisata (Willd.) Hook. f. ex Benth. **八角黄皮**

灌木或小乔木。奇数羽状复叶，小叶互生，每侧4~10枚，叶片密生透明腺点。圆锥花序被疏柔毛；花

瓣 4 片，长 4~5mm，白色，具甜香味。（栽培园地：XTBG, XMBG）

Clausena anisum-olens (Blanco) Merr. **细叶黄皮**

小乔木。复叶有小叶 5~11 片，小叶片镰刀状披针形或斜卵形，长 5~12cm，宽 2~4cm，顶端尖或微凹陷，叶缘波浪状或上半段有浅钝裂齿。花序顶生，花白色，略芳香。果径 1~2cm，淡黄色，偶有淡朱红色，半透明。（栽培园地：SCBG, XTBG, GXIB）

Clausena anisum-olens 细叶黄皮

Clausena dunniana H. Lév. **齿叶黄皮**

小乔木。复叶有小叶 5~15 片，小叶片两侧不对称，两面无毛或嫩叶脉上具疏短毛。花萼裂片及花瓣均 4 数；花瓣长 3~4mm。果近圆球形，径 10~15mm，初时暗黄色，后变红色，透熟时蓝黑色。（栽培园地：XTBG）

Clausena dunniana H. Lév. var. **robusta** (Tanaka) Huang **毛齿叶黄皮**

本变种与原变种的区别为：幼叶两面均被长柔毛，背面尤甚，后仅叶面中脉被毛或至少在叶缘处仍具疏毛；小叶及果常比原种的稍大。（栽培园地：SCBG, XTBG）

Clausena dunniana var. **robusta 毛齿叶黄皮**

Clausena emarginata Huang **小黄皮**

乔木。复叶有小叶 5~11 片，小叶长 2~6cm，顶端明显凹缺，叶片边缘有疏圆裂齿。花瓣开花时长约 4mm，略反折。果圆球形或略长，径 8~10mm，淡黄色或乳黄色，半透明。（栽培园地：XTBG）

Clausena excavata Burm. f. **假黄皮**

灌木。复叶有小叶 21~27 片，小叶片不对称，斜卵形、斜披针形或斜四边形。花序顶生；花瓣白色或淡黄白色。果椭圆形，长 12~18mm，成熟时由暗黄色转为淡红色至朱红色。（栽培园地：SCBG, XTBG, SZBG）

Clausena excavata 假黄皮（图 1）

Clausena excavata 假黄皮（图 2）

Clausena lansium (Lour.) Skeels **黄皮**

小乔木。复叶有小叶 5~11 片，小叶片卵形或卵状椭圆形，偏斜。圆锥花序顶生；花蕾圆球形，具 5 条稍凸起的纵脊棱；子房及果被柔毛。果淡黄色至暗黄色，被细毛，果肉乳白色，半透明。（栽培园地：SCBG, WHIOB, XTBG, LSBG, SZBG, GXIB, XMBG）

Clausena lenis Drake **光滑黄皮**

灌木。复叶有小叶 9~15 片，小叶片斜卵形、斜卵状披针形或斜四边形，位于中部或有时中上部者稍大。花序顶生；花蕾卵形，萼裂片及花瓣均 5 片；花瓣白

Clausena lansium 黄皮（图 1）

Clausena lansium 黄皮（图 2）

色，基部淡红色或暗黄色，长 4~5mm。果圆球形，径约 1cm，成熟时蓝黑色。（栽培园地：XTBG）

Clausena sanki (Perr.) Molino **鸡皮果**

灌木。复叶具小叶 5~9 片，小叶片卵状椭圆形，稍偏斜。圆锥花序聚伞状，花多数。果椭圆形，熟时红色。（栽培园地：XTBG）

Clausena vestita Tao **毛叶黄皮**

小乔木。复叶有小叶 5~7 片，小叶形状不规则，基部两侧对称，两面被柔毛。果圆球形或阔椭圆形，无毛，径 12~16mm，蓝黑色，果皮薄，具大油点。（栽培园地：KIB）

Dictamnus 白鲜属

该属共计 1 种，在 1 个园中有种植

Dictamnus dasycarpus Turcz. **白鲜**

多年生宿根草本。茎基部木质化。复叶有小叶 9~13 片，小叶对生，无柄。总状花序顶生；萼片和花瓣均 5 基数，两侧稍对称；花瓣白色带淡紫红色或粉红色带深紫红色脉纹。成熟的蓇葖果沿腹缝线开裂为 5 个分果瓣。（栽培园地：CNBG）

Evodia 吴茱萸属

该属共计 17 种，在 10 个园中有种植

Evodia austrosinensis Hand.-Mazz. **华南吴萸**

乔木。复叶有小叶 5~13 片，小叶背面被短毛并有半透明淡黄色或白灰色腺点。花序顶生，多花；萼片及花瓣均 5 片；花瓣淡黄白色。蓇葖果，分果瓣淡紫红色至深红色，直径 4~5.5mm。（栽培园地：SCBG, XTBG）

Evodia calcicola Chun ex Huang **石山吴萸**

乔木。嫩枝及花序轴均密被灰色微柔毛。复叶有小叶 3~7 片，叶背基部中脉两侧有丛毛，油点不显或稀少。伞房状圆锥花序顶生，花甚多；萼片及花瓣均 5 片。蓇葖果，分果瓣橙红色至紫红色，内果皮干后蜡黄色，内外果皮约等厚，成熟分果瓣无或几无芒尖。（栽培园地：GXIB）

Evodia daniellii (Benn.) Hemsl. **臭檀吴萸**

落叶乔木。复叶有小叶 5~11 片，油点少或不显。伞房状聚伞花序，花序轴及分枝被灰白色或棕黄色柔毛。分果瓣紫红色，长 5~6mm，顶端有长 1~3mm 的芒尖。（栽培园地：IBCAS, WHIOB, KIB）

Evodia danicllii 臭檀吴萸

Evodia fargesii Dode **臭辣吴萸**

乔木。鲜叶和树皮具特殊臭气味。复叶有小叶 5~9 片，小叶片基部两侧不对称，背面脉腋上具丛毛。花序顶生，花甚多；5 基数。蓇葖果，分果瓣紫红色。（栽培园地：WHIOB, LSBG, CNBG, GXIB）

Evodia glabrifolia (Champ. ex Benth.) Huang **楝叶吴萸**

乔木。鲜叶、树皮及果皮均具臭辣气味。复叶常有小叶 7~11 片，小叶片两侧不对称，叶缘具细钝齿

Evodia fargesii 臭辣吴萸

Evodia glabrifolia 楝叶吴萸

Evodia lenticellata 蜜楝吴萸

Evodia lepta 三桠苦

或全缘，无毛。花序顶生，花甚多；萼片及花瓣均5片，花瓣白色。分果瓣淡紫红色；内果皮肉质，白色。（栽培园地：SCBG, WHIOB, XTBG, GXIB, XMBG）

Evodia henryi Dode **密序吴萸**

乔木。嫩枝暗紫红色。复叶有小叶5~9片，小叶片薄纸质，披针形或卵状椭圆形，散生稀疏油点，叶缘具明显的圆或钝裂齿。花、果序圆锥状，上狭下宽。分果瓣紫红色，长7~8mm，喙状芒尖长3~5mm。（栽培园地：SCBG）

Evodia lenticellata Huang **蜜楝吴萸**

灌木。嫩枝常暗紫红色，密被淡黄色及紫褐色柔毛。复叶有小叶5~13片，叶轴、小叶柄及叶面均被疏柔毛，小叶片薄纸质，散生透明油点。近平顶的伞房状聚伞花序顶生，花多；花瓣4片，淡黄白色。蓇葖果淡紫红色，成熟分果瓣长5~6mm。（栽培园地：WHIOB）

Evodia lepta (Spreng.) Merr. **三桠苦**

乔木。嫩枝的节部常呈压扁状，枝叶无毛。复叶常为3片小叶。花序长4~12cm，花甚多；萼片及花瓣均4片；花瓣淡黄色或白色。蓇葖果，分果瓣淡黄色或茶褐色，散生肉眼可见的透明油点。（栽培园地：SCBG, WHIOB, XTBG, SZBG, GXIB）

Evodia lepta (Spreng.) Merr. var. **cambodiana** (Pierre) Huang **毛三桠苦**

本变种与原变种的区别为：嫩枝的节部扁平，嫩枝、小叶两面中脉及花序轴均被短灰白色微柔毛，小叶较大。（栽培园地：XTBG）

Evodia ridleyi Hochr. **细裂三桠苦**

常绿灌木。枝条纤细，多分枝。3出复叶对生，小叶片线形，边缘具不规则的缺刻，叶色黄绿。复总状花序自茎端伸出，白色花朵细小。（栽培园地：SCBG, XTBG, XMBG）

Evodia rutaecarpa (Juss.) Benth. **吴茱萸**

小乔木或灌木。复叶有小叶5~11片，小叶片宽达7cm，略厚纸质，两面密被长毛。花序顶生；雌花序的花较密集，花瓣长达5mm，内面密被毛。果暗紫红色，具大油点，果梗较短而粗壮。（栽培园地：SCBG, WHIOB, KIB, XTBG, LSBG, CNBG, GXIB）

Evodia ridleyi 细裂三椏苦（图 1）

Evodia ridleyi 细裂三椏苦（图 2）

Evodia ridleyi 细裂三椏苦（图 3）

Evodia rutaecarpa (Juss.) Benth. var. **bodinieri** (Dode) Huang **波氏吴萸**

本变种与原变种的区别为：小叶薄纸质，叶背仅叶脉被疏柔毛；雌花序上的花彼此疏离，花瓣长约4mm，内面被疏毛或几无毛；果梗纤细且延长。（栽培园地：WHIOB, KIB）

Evodia rutaecarpa 吴茱萸

Evodia rutaecarpa (Juss.) Benth. var. **officinalis** (Dode) Huang **石虎**

本变种与原变种的区别为：小叶片纸质，宽稀超过5cm；叶背密被长毛，油点大；果序上的果较少。（栽培园地：LSBG）

Evodia rutaecarpa var. **officinalis** 石虎（图 1）

Evodia rutaecarpa var. **officinalis** 石虎（图 2）

Evodia simplicifolia Ridl. **单叶吴萸**

小乔木；茎、叶均无毛。单小叶，有时兼有3片小叶，叶片长椭圆形，全缘，纸质，油点多而小。花序长不超过4cm；萼片及花瓣均4片。蓇葖果，分果瓣棕色至茶褐色。（栽培园地：WHIOB, XTBG）

Evodia simplicifolia Ridl. var. **pubescens** Huang **毛单叶吴萸**

本变种与原变种的区别为：嫩枝、叶柄及叶背中脉上密被毛，油点大而密，背面中脉上油点明显。（栽培园地：XTBG）

Evodia trichotoma (Lour.) Pierre **牛纠吴萸**

小乔木。叶片无毛或嫩枝及幼叶被毛。复叶有小叶5~11片，稀3片，小叶片两侧常不对称，全缘。花序顶生，花多；萼片及花瓣均4片；花瓣白色。蓇葖果鲜红色至暗紫红色。（栽培园地：SCBG, XTBG, CNBG）

Evodia trichotoma (Lour.) Pierre var. **pubescens** Huang **毛牛纠吴萸**

本变种与原变种的区别为：嫩枝、叶柄及小叶两面沿叶背脉上被长柔毛。（栽培园地：XTBG）

Evodiella 小尤第木属

该属共计1种，在1个园中有种植

Evodiella muelleri (Engl.) B. L. Linden **小尤第木**

小乔木。枝叶无毛，嫩枝的节常呈压扁状，枝、叶、树皮等具香气。3出复叶对生，叶柄长2.5~4cm，小叶片纸质。花两性，簇生在树干上，粉红色，具甜香味。果近球形，淡黄绿色，半透明，内含4粒黑色的种子。（栽培园地：SCBG）

Evodiella muelleri 小尤第木（图1）

Evodiella muelleri 小尤第木（图2）

Flindersia 巨盘木属

该属共计3种，在1个园中有种植

Flindersia australis R. Br. **南方巨盘木**

乔木。奇数羽状复叶互生，稀对生，小叶片5~9枚，常不对称，油点明显。花序顶生或生于上部叶腋，长15cm；萼片和花瓣均密被星状毛；花瓣长5~7mm，白色。木质蒴果长7~10cm。（栽培园地：SCBG）

Flindersia australis 南方巨盘木

Flindersia brayleyana F. Muell. **亮材巨盘木**

乔木。小叶片长8~18.5cm，宽3.3~7.5cm，油点多且明显，叶面中脉稍凸起。花瓣长圆形至椭圆形，长2.5~3.5mm；花瓣与子房被毛。木质蒴果长6~10cm；种子有膜质翅。（栽培园地：SCBG）

Flindersia schottiana F. Muell. **史科巨盘木**

乔木。小叶片长8~22cm，宽1.6~6.3cm，近无柄，侧脉15~30对。花序被星状毛；萼片广卵形至近圆形，

Flindersia brayleyana 亮材巨盘木

Flindersia schottiana 史科巨盘木

长 1~1.5mm，花瓣椭圆形，长 4~6mm。木质蒴果长 8~13cm；种子有膜质翅。（栽培园地：SCBG）

Fortunella 金橘属

该属共计 4 种，在 6 个园中有种植

Fortunella hindsii (Champ. et Benth.) Swingle **山橘**

灌木，高不超过 3m。单小叶或有时兼有少数单叶，小叶片顶端圆或有时狭而钝；叶柄长 6~9mm。果圆球形或稍呈扁圆形，横径稀超过 1cm；种子 3~4 粒。（栽培园地：XTBG）

Fortunella japonica (Thunb.) Swingle **金柑**

灌木，高 2~5m。小叶片卵状椭圆形或长圆状披针形，叶柄长 6~10mm。果圆球形，横径 1.5~2.5cm，果皮橙黄色至橙红色，味甜，果肉酸或略甜；种子 2~5 粒。（栽培园地：SCBG, WHIOB, XTBG, CNBG）

Fortunella margarita (Lour.) Swingle **金橘**

灌木，高不超过 3m。叶片卵状披针形或长椭圆形，顶端略尖或钝；叶柄长达 1.2cm。果椭圆形或卵状椭圆形，长 2~3.5cm，果皮甜，果味酸；种子 2~5 粒。（栽培园地：SCBG, WHIOB, XTBG, LSBG）

Fortunella venosa (Champ. ex Benth.) Huang **金豆**

小灌木，高不超过 1m。单叶，叶片椭圆形，稀倒卵状椭圆形；叶柄长 1~5mm。果圆形或椭圆形，横径 6~8mm，果顶有短凸柱；种子 2~4 粒。（栽培园地：WHIOB, LSBG, SZBG）

Fortunella venosa 金豆

Glycosmis 山小橘属

该属共计 8 种，在 5 个园中有种植

Glycosmis cochinchinensis (Lour.) Pierre ex Engl. **山橘树**

灌木或小乔木。嫩枝常呈两侧压扁状，嫩芽及花梗被褐锈色微柔毛。叶为单叶。花白色。果径 8~14mm，淡红色，果皮具半透明油点。（栽培园地：SCBG, XTBG, CNBG）

Glycosmis cochinchinensis 山橘树（图 1）

Glycosmis cochinchinensis 山橘树（图 2）

Glycosmis craibii Tanaka **毛山小橘**

小乔木。嫩芽被褐锈色粉末状微柔毛。复叶有小叶 3~5 片，稀 2 片；小叶片叶面暗绿色，背面干后淡黄绿色或带灰黄色，稍光亮。花序腋生，长不过 3cm。果近圆球形，径 8~10mm，淡红色或橙色，具 1 粒种子。（栽培园地：GXIB）

Glycosmis craibii Tanaka var. **glabra** (Craib) Tanaka **光叶山小橘**

本变种与原变种的区别为：小叶背面沿中脉及两侧

Glycosmis craibii 毛山小橘

散生疏而早脱落的褐锈色粉末状微柔毛；花序很少达 4cm；花瓣早脱落，长约 3mm；果熟时近圆球形或倒卵形，径 10~14mm，橙红色。（栽培园地：XTBG）

Glycosmis esquirolii (H. Lév.) Tanaka **锈毛山小橘**

小乔木。复叶有小叶 7 片，有时 4~6 片；嫩叶背面被红锈色微柔毛。花瓣淡黄白色，长 3~4mm；花丝由顶至基部逐渐增宽；子房被褐锈色微柔毛。（栽培园地：XTBG）

Glycosmis lucida Wall. ex Huang **亮叶山小橘**

小乔木。嫩枝无毛。复叶有小叶 3~5 片，偶有 6 片；小叶片干后淡黄绿色，略具光泽。圆锥花序长 1~4cm，花多；花瓣长约 5mm 或更长，迟脱落。果阔椭圆形或卵形，橙红色，长 10~14mm，宽 8~12mm，常具 1 粒种子。（栽培园地：XTBG）

Glycosmis montana Pierre **海南山小橘**

灌木或小乔木；新梢、嫩芽、花梗及萼裂片均被红锈色微柔毛。叶具单小叶，叶柄长 1.5~3cm；小叶片倒卵状长圆形或倒披针形，叶面干后有蜡质光泽。圆锥花序长 1~3cm，花白色，细小，花瓣甚早脱落。果圆球形，径约 8mm，粉红色，果皮具半透明油点。（栽培园地：XTBG）

Glycosmis parviflora (Sims) Kurz **小花山小橘**

灌木或小乔木。复叶有小叶 2~4 片，稀 5 片或兼有单小叶。圆锥花序通常长 3~5cm；花瓣白色，长约 4mm；花丝常上宽下窄，药隔顶端具 1 油点。果圆球形或椭圆形，径 10~15mm，淡黄白色转淡红色或暗朱红色，具半透明油点。（栽培园地：SCBG, XTBG, SZBG, GXIB）

Glycosmis pentaphylla (Retz.) Correa **山小橘**

小乔木。复叶有小叶 3~5 片，叶缘具疏离而裂的锯

Glycosmis parviflora 小花山小橘

齿状裂齿。圆锥花序多花；花瓣早落，长 3~4mm，白色或淡黄色；雄蕊的花丝由基部向上逐渐增宽，至顶端与花药连接处突然急尖。果近圆球形，径 8~10mm，果皮多油点，淡红色。（栽培园地：XTBG）

Luvunga 三叶藤橘属

该属共计 1 种，在 1 个园中有种植

Luvunga scandens (Roxb.) Buch.-Ham. ex Wight et Arn. **三叶藤橘**

木质攀援藤本。茎具刺。初生叶及茎干下部的叶为带状单叶；茎干上部叶常为 3 小叶，小叶片长椭圆形或倒卵状椭圆形，密生肉眼可见的透明油点。总状花序少花；花瓣 4 片，白色，肉质。浆果圆球形或倒梨形，外皮黄色。（栽培园地：SCBG）

Luvunga scandens 三叶藤橘

Micromelum 小芸木属

该属共计 4 种，在 4 个园中有种植

Micromelum falcatum (Lour.) Tanaka **大管**

灌木。小枝、叶柄、花序轴及小叶背面均被长直毛。

Micromelum falcatum 大管

复叶有小叶 5~11 片；小叶片互生，镰刀状披针形，宽 2~4cm，叶缘锯齿状或波浪状。花蕾圆形或椭圆形；花瓣白色，长 3~4mm，外面被直毛。浆果成熟时朱红色。（栽培园地：SCBG, WHIOB, XTBG, XMBG）

Micromelum hirsutum Oliv. **粗毛小芸木**

小乔木。小枝密被褐色绒毛。复叶有小叶 7~9 枚，稀 11 枚；小叶片长圆形、卵状长圆形或卵状披针形，宽 3.5~6cm，背面密被褐色绒毛，全缘或具不明显锯齿。聚伞花序式的圆锥花序顶生；花瓣 5 片，黄绿色，长 5mm，外面密被褐色绒毛。浆果状核果纺锤形，外果皮紫黑色。（栽培园地：XTBG）

Micromelum integerrimum (Buch.-Ham.) Roem. **小芸木**

小乔木。嫩枝密被黄灰色或灰棕色短伏毛。复叶有小叶 7~15 片，全缘但具波状。花瓣淡黄白色，长 5~10mm。果椭圆形或倒卵形，熟时由橙黄色转朱红色。（栽培园地：SCBG, XTBG）

Micromelum integerrimum 小芸木

Micromelum integerrimum (Buch.-Ham.) Roem. var. **mollissimum** Tanaka **毛叶小芸木**

本变种与原变种的区别为：枝、叶、萼片及花瓣外面均密被棕色至褐色粗长毛；复叶有小叶 5~11 片，小叶片较大；果幼时被毛，后脱落。（栽培园地：XTBG）

Murraya 九里香属

该属共计 7 种，在 8 个园中有种植

Murraya alata Drake **翼叶九里香**

灌木。叶轴有宽 0.5~3mm 的叶翼，复叶具小叶 5~9 片。聚伞花序腋生，有花数朵；花瓣 5 片，白色，长 10~15mm。果卵形或圆球形，径约 1cm，朱红色；种皮具短的棉质毛。（栽培园地：SCBG）

Murraya alata 翼叶九里香

Murraya euchrestifolia Hayata **豆叶九里香**

小乔木。复叶有小叶 5~9 片，小叶片卵形，长 5~8cm，叶面深绿色具光泽，干后常蜡质光亮且暗黄绿色或带褐色，全缘。萼片及花瓣均 4 片；雄蕊 8 枚，稀有 10 枚。果圆球形，鲜红色或暗红色；种皮无毛。（栽培园地：SCBG, WHIOB, XTBG, GXIB）

Murraya euchrestifolia 豆叶九里香

Murraya exotica L. **九里香**

小乔木。复叶有小叶 3~7 片，小叶片倒卵形成倒卵状椭圆形，中部以上者宽，顶端圆或钝。多花的圆锥状聚伞花序顶生或兼有腋生；花白色，芳香；花瓣 5，长 10~15mm。果橙黄色至朱红色；种子具短的棉质毛。（栽培园地：SCBG, WHIOB, KIB, XTBG, LSBG, GXIB, XMBG）

Murraya exotica 九里香（图 1）

Murraya exotica 九里香（图 2）

Murraya koenigii (L.) Spreng. **调料九里香**

灌木或小乔木。复叶有小叶 17~31 片，小叶片斜卵形或斜卵状披针形，宽 5~20mm。近于平顶的伞房状聚伞花序多花；花瓣 5 片，白色，长 5~7mm。果熟时长椭圆形，长 1~1.5cm，蓝黑色。（栽培园地：SCBG, XTBG）

Murraya kwangsiensis (Huang) Huang **广西九里香**

灌木。嫩枝、叶轴、小叶柄及小叶背面密被短柔

Murraya koenigii 调料九里香（图 1）

Murraya koenigii 调料九里香（图 2）

Murraya kwangsiensis 广西九里香

毛。复叶有小叶 3~11 片，小叶片宽 3~6.5cm，叶缘有细钝裂齿。萼片及花瓣均 5 片；花瓣长约 4mm。果圆球形，熟时由红色转为暗紫黑色。（栽培园地：SCBG, GXIB）

Murraya paniculata (L.) Jack **千里香**

小乔木。幼苗期为单叶，成长叶为奇数羽状复叶，

Murraya paniculata 千里香

小叶片 3~7 片，卵形或卵状披针形，最宽处在中部以下，顶部短尖至渐尖。花瓣白色，长达 2cm。果橙黄色至朱红色；种皮具棉质毛。（栽培园地：SCBG, IBCAS, WHIOB, KIB, XTBG）

Murraya tetramera Huang **四数九里香**

小乔木。复叶有小叶 5~11 片，小叶片狭长披针形，干后暗褐黑色，油点微凸起，侧脉不明显。伞房状聚伞花序多花；萼片及花瓣均 4 片；花瓣白色，长 4~5mm。果圆球形，径 10~12mm，淡红色。（栽培园地：

Murraya tetramera 四数九里香

GXIB）

Naringi 柑果子属

该属共计 1 种，在 1 个园中有种植

Naringi crenulata (Roxb.) Nicolson **柑果子**

落叶乔木。奇数羽状复叶有小叶 5~7 枚；小叶片椭圆形至倒卵形，长 2~4.5cm，宽 1~1.5cm。总状花序腋生，花白色。浆果球形；种子 3~4 粒，卵形。（栽培园地：XTBG）

Orixa 臭常山属

该属共计 1 种，在 4 个园中有种植

Orixa japonica Thunb. **臭常山**

灌木或小乔木。幼嫩部分常被短柔毛，枝、叶有腥臭气味。单叶互生，叶片大小差异较大，散生半透明的细油点。雄花多朵排成下垂的总状花序；雌花单生；花细小，淡黄绿色；萼片与花瓣均 4 片。蓇葖果开裂为 4 个分果瓣，分果瓣干后暗褐色。（栽培园地：SCBG, WHIOB, KIB, CNBG）

Paramignya 单叶藤橘属

该属共计 2 种，在 2 个园中有种植

Paramignya confertifolia Swingle **单叶藤橘**

木质攀援藤本。叶片椭圆形或卵形，两面无毛，全缘或具细小圆裂齿。单花或三花出自叶腋间；花瓣 5 片，白色。果成熟时黄色，径约 2cm，果梗长 3~5mm，果皮具粗大油点。（栽培园地：SCBG）

Paramignya confertifolia 单叶藤橘

Paramignya rectispina Craib **直刺藤橘**

木质攀援藤本。嫩枝及刺被微柔毛。叶片狭长圆形或椭圆状长圆形，长 8~13cm，宽 4~5cm，全缘，叶背被柔毛。花及果均与单叶藤橘相似，但果柄较短，常长 3mm 以内。（栽培园地：XTBG）

Phellodendron 黄檗属

该属共计 3 种，在 9 个园中有种植

Phellodendron amurense Rupr. **黄檗**

乔木。树皮深沟状或不规则网状开裂，内皮鲜黄色，黏质。叶轴及花、果序轴较纤细。小叶片 5~13 片，薄纸质，顶部长渐尖，叶缘具细钝齿及缘毛，叶背仅基部中脉两侧密被长柔毛。圆锥状聚伞花序顶生；花数 5 片；花瓣紫绿色。核果蓝黑色，径约 1cm。（栽培园地：SCBG, IBCAS, WHIOB, XJB, CNBG, IAE）

Phellodendron amurense 黄檗

Phellodendron chinense Schneid. **川黄檗**

乔木。树皮具厚、纵裂的木栓层，内皮黄色。叶轴及叶柄密被褐锈色短柔毛；小叶 7~15 片，叶背面密被长柔毛或至少在叶脉上被毛。果多数密集成团，成熟时蓝黑色。（栽培园地：WHIOB, KIB, CNBG, GXIB）

Phellodendron chinense 川黄檗

Phellodendron chinense Schneid. var. **glabriusculum** Schneid. **秃叶黄檗**

本变种与原变种的区别为：叶轴、叶柄及小叶柄无毛或被疏毛，小叶叶面仅中脉具短毛，有时嫩叶叶面疏具短毛，叶背沿中脉两侧被疏少柔毛；果序上的果常较疏散。（栽培园地：KIB, XTBG）

Phellodendron chinense var. **glabriusculum 秃叶黄檗**

Poncirus 枳属

该属共计 2 种，在 5 个园中有种植

Poncirus polyandra S. Q. Ding, X. N. Zhang, Z. R. Bao et M. Q. Liang **富民枳**

常绿小乔木。叶腋具一个芽和一枚短尖刺。指状三出叶，叶柄具窄叶翼。单花腋生，花白色；花瓣 5~9 片，被绒毛；雄蕊 35~43 枚。果幼嫩时扁圆球形，绿色。（栽培园地：KIB）

Poncirus polyandra 富民枳

Poncirus trifoliata (L.) Raf. **枳**

落叶小乔木。枝具刺。叶柄具狭长的翼叶，常指状三出叶，稀 4~5 小叶。花单朵或成对腋生，先叶开放；花瓣白色，无毛；雄蕊通常 20 枚。果近圆球形或梨形，果皮暗黄色，果肉甚酸且苦。（栽培园地：IBCAS, WHIOB, KIB, LSBG, CNBG）

Poncirus trifoliata 枳

Psilopeganum 裸芸香属

该属共计 1 种，在 4 个园中有种植

Psilopeganum sinense Hemsl. **裸芸香**

多年生宿根草本。指状三出叶，密生透明油点，小叶无毛，背面灰绿色。单花腋生，花两性；花瓣黄色。蓇葖果顶部呈口状凹陷并开裂，2 室。（栽培园地：WHIOB, XTBG, SZBG, GXIB）

Psilopeganum sinense 裸芸香

Ptelea 榆橘属

该属共计 2 种，在 2 个园中有种植

Ptelea serrata Small **齿叶榆橘**

灌木。小叶片相对较大，边缘具锐锯齿。花 4 数。翅果椭圆形，长 16~19mm，两端急尖，被油腺点。（栽培园地：IBCAS）

Ptelea trifoliata 榆橘（图 1）

Ptelea trifoliata 榆橘（图 2）

Ptelea trifoliata L. **榆橘**

落叶小乔木。指状三出叶，有透明油点，小叶无柄，卵形至长椭圆形。伞房状聚伞花序；花淡绿色或黄白色，略芳香。翅果外形似榆钱，扁圆，径 1.5~2cm 或更大。（栽培园地：SCBG, IBCAS）

Ravenia

该属共计 1 种，在 1 个园中有种植

Ravenia spectabilis (Lindl.) Engl. **古巴拉贝木**

灌木。复叶具小叶 3 片，小叶片长椭圆形，全缘，具光泽。聚伞花序顶生，具 2~6 朵花；小苞片 2 枚，卵状心形，花紫红色，冠檐裂片 5 片，近长椭圆形。（栽培园地：XTBG）

Ruta 芸香属

该属共计 1 种，在 7 个园中有种植

Ruta graveolens L. **芸香**

多年生草本，具浓烈特殊气味。2~3 回羽状复叶，小叶片短匙形或狭长圆形，灰绿色或带蓝绿色。花瓣

Ruta graveolens 芸香

4片，金黄色，边缘撕裂如流苏状；雄蕊8枚，着生于大而明显的花盘基部四周。成熟蓇葖果开裂为4个分果瓣。（栽培园地：SCBG, IBCAS, WHIOB, KIB, CNBG, GXIB, XMBG）

Skimmia 茵芋属

该属共计4种，在6个园中有种植

Skimmia arborescens Anders. **乔木茵芋**

小乔木。单叶互生，全缘，常聚生于枝的上部，密生透明油点，两面无毛，侧脉每边7~10条。花单性或杂性；花瓣5片，水平展开或斜向上张开；雄花的退化雌蕊顶端3~4裂。核果蓝黑色。（栽培园地：SCBG, KIB）

Skimmia arborescens 乔木茵芋

Skimmia japonica Thunb. **日本茵芋**

常绿灌木。顶芽红色。叶片长圆状椭圆形，亮绿色，全缘，顶端渐尖。花多为雌雄异株；圆锥花序，花密集，白色具香味。果熟时鲜红色，具光泽。（栽培园地：SCBG）

Skimmia japonica 日本茵芋

Skimmia laureola Siebold et Zucc. ex Walp. **月桂茵芋**

灌木，具柑橘叶的芳香气味。叶片长圆状披针形，聚生于枝的近顶部，全缘，侧脉不显。花单性或杂性；花瓣5片。核果红色。（栽培园地：XTBG）

Skimmia reevesiana Fort. **茵芋**

灌木。叶具柑橘叶的香气，集生于枝上部，叶片革质，中脉具细毛。圆锥花序顶生，花密集；花常两性，淡黄白色，芳香。果红色。（栽培园地：SCBG, WHIOB, LSBG, CNBG）

Skimmia reevesiana 茵芋

Toddalia 飞龙掌血属

该属共计1种，在5个园中有种植

Toddalia asiatica (L.) Lam. **飞龙掌血**

木质攀援藤本。枝干多钩刺。叶互生，指状三出叶，

Toddalia asiatica 飞龙掌血（图 1）

Toddalia asiatica 飞龙掌血（图 2）

小叶片无柄，密生透明油点。花单性，淡黄白色；雄花序为伞房状圆锥花序；雌花序呈聚伞圆锥花序。核果橙红色或朱红色，径 8~10mm。（栽培园地：SCBG, WHIOB, KIB, XTBG, GXIB）

Vepris

该属共计 1 种，在 1 个园中有种植

Vepris undulata Verdoorn et C. A. Smith **披针叶白铁木**

常绿灌木或小乔木，全株各部无毛。叶互生，指状三出叶，小叶片狭椭圆形，无柄，密生油腺点，边缘波状。花单性，花 4 数；雄花雄蕊 8 枚，着生于花盘四周。果直径约 5mm，熟时黑色。（栽培园地：XTBG）

Zanthoxylum 花椒属

该属共计 28 种，在 10 个园中有种植

Zanthoxylum acanthopodium DC. **刺花椒**

小乔木，枝、叶均无毛或嫩枝疏具短毛。枝具锐刺。

Zanthoxylum acanthopodium 刺花椒（图 1）

Zanthoxylum acanthopodium 刺花椒（图 2）

奇数羽状复叶有小叶 3~9 片，翼叶明显；小叶片对生，无柄，叶缘具疏离细裂齿，齿缝处具 1 个油点。花被片 6~8 片，淡黄绿色。蓇葖果紫红色，油点大，凸起，单个分果瓣径约 4mm，无毛。（栽培园地：KIB, XTBG）

Zanthoxylum acanthopodium DC. var. **timbor** Hook. f. **毛刺花椒**

本变种与原变种的区别为：枝、叶均密被锈色短柔毛，分果瓣亦被毛。（栽培园地：KIB）

Zanthoxylum ailanthoides Siebold et Zucc. **椿叶花椒**

落叶乔木。茎干具鼓钉状锐刺，花序轴及小枝顶部

Zanthoxylum acanthopodium var. **timbor** 毛刺花椒

Zanthoxylum ailanthoides 椿叶花椒

具散生短直刺，各部无毛。奇数羽状复叶有小叶 11~27 片或稍多；小叶片背面有灰白色粉霜，油点多且大。萼片及花瓣均 5 片；花瓣淡黄白色。蓇葖果，分果瓣淡红褐色。（栽培园地：SCBG, WHIOB, GXIB）

Zanthoxylum armatum DC. **竹叶花椒**

落叶小乔木；嫩枝梢及花序轴均无毛。茎枝多锐刺。

Zanthoxylum armatum 竹叶花椒

奇数羽状复叶具小叶 3~9 片，稀 11 片，翼叶明显；小叶片披针形或卵形，仅背面基部中脉两侧具丛状柔毛。花被片 6~8 片。蓇葖果紫红色，具微凸起的少数油点。（栽培园地：SCBG, WHIOB, KIB, XTBG, LSBG, CNBG, GXIB）

Zanthoxylum armatum DC. var. **ferrugineum** (Rehd. et Wils.) Huang **毛竹叶花椒**

本变种与原变种的区别为：嫩枝梢及花序轴、有时叶轴均具褐锈色短柔毛。（栽培园地：WHIOB, XTBG）

Zanthoxylum armatum var. **ferrugineum** 毛竹叶花椒

Zanthoxylum austrosinense Huang **岭南花椒**

小乔木或灌木，各部无毛。枝具刺。奇数羽状复叶具小叶 5~11 片；小叶片披针形，对生，油点清晰。花单性或杂性同株；花被片 7~9 片，上部暗紫红色，下部淡黄绿色。蓇葖果暗紫红色。（栽培园地：WHIOB, GXIB）

Zanthoxylum austrosinense 岭南花椒

Zanthoxylum avicennae (Lam.) DC. **簕欓花椒**

落叶乔木。树干具鸡爪状刺。奇数羽状复叶有小叶

Zanthoxylum avicennae 簕欓花椒（图 1）

Zanthoxylum avicennae 簕欓花椒（图 2）

11~21 片；小叶片明显不对称。花序顶生，花多；花瓣黄白色。蓇葖果，分果瓣淡紫红色，油点大且多，微凸起。（栽培园地：SCBG, XTBG, GXIB, XMBG）

Zanthoxylum beecheyanum K. Koch **胡椒木**

常绿灌木。奇数羽状复叶具小叶 5~13 片，叶基具 2 枚短刺，叶轴具狭翼；小叶片对生，倒卵形，长约

Zanthoxylum beecheyanum 胡椒木

1cm，叶面深绿色，具光泽，全叶密生腺体。花雌雄异株，雄花黄色，雌花橘红色。果椭圆形，绿褐色。（栽培园地：SCBG, IBCAS, WHIOB, KIB, SZBG, GXIB）

Zanthoxylum bungeanum Maxim. **花椒**

落叶小乔木。枝具短刺。奇数羽状复叶有小叶 5~13 片，叶轴常具狭的叶翼；小叶片仅叶缘及齿缝处有油点。花被片 6~8 片，黄绿色。蓇葖果紫红色，散生微凸起的油点。（栽培园地：SCBG, IBCAS, WHIOB, KIB, XTBG, CNBG, GXIB）

Zanthoxylum bungeanum 花椒

Zanthoxylum calcicola Huang **石山花椒**

直立或攀附性灌木。一年生枝被微柔毛及灰白色薄片状蜡鳞层，嫩枝及叶轴具少数短钩刺。奇数羽状复叶有小叶 9~31 片；小叶片披针形或斜长圆形，长 2~5cm，宽 0.7~2.5cm。花序腋生，萼片及花瓣均为 4 片。（栽培园地：XTBG, GXIB）

Zanthoxylum calcicola 石山花椒

Zanthoxylum dissitum Hemsl. **砚壳花椒**

攀援藤本；枝干、叶轴及小叶下面中脉上均具刺。奇数羽状复叶有小叶 5~9 片，稀 3 片；小叶片长不超

Zanthoxylum dissitum 砚壳花椒

过其宽度的6倍，全缘，叶缘棕红色。萼片及花瓣均4片，萼片紫绿色，花瓣淡黄绿色。蓇葖果棕色，长10~15mm，密集于果序上，外果皮比内果皮宽大。（栽培园地：SCBG, WHIOB, XTBG, GXIB）

Zanthoxylum echinocarpum Hemsl. **刺壳花椒**

攀援藤本；枝、叶具刺。奇数羽状复叶具小叶5~11片，稀3片；小叶片仅在叶背中脉被短柔毛。萼片及花瓣均4片，萼片淡紫绿色。蓇葖果，分果瓣密生长短不等且有分枝的刺。（栽培园地：WHIOB）

Zanthoxylum esquirolii Lévl. **贵州花椒**

小乔木或灌木。小枝披垂，干后淡红紫色而略被白色粉霜，枝及叶轴具小钩刺，各部无毛。奇数羽状复叶有小叶5~13片；小叶中脉在叶面凹陷。萼片及花瓣均4片。蓇葖果，分果瓣紫红色，径约5mm。（栽培园地：KIB）

Zanthoxylum laetum Drake **拟砚壳花椒**

攀援藤本，嫩叶叶轴、小叶柄及中脉具短微柔毛。茎枝具钩刺。奇数羽状复叶有小叶5~13片；小叶片互生，全缘，中脉在叶面平坦或微凹陷。萼片与花瓣均4片，

Zanthoxylum esquirolii 贵州花椒

萼片淡紫绿色，花瓣黄绿色。蓇葖果红褐色，单个分果瓣长7~8mm。（栽培园地：XTBG）

Zanthoxylum micranthum Hemsl. **小花花椒**

落叶乔木。茎枝疏具短锐刺，花序轴及上部小枝均无刺或少刺。奇数羽状复叶有小叶9~17片；小叶片对生，披针形，两面无毛，油点多。萼片及花瓣均5片；花瓣淡黄白色。蓇葖果，分果瓣淡紫红色。（栽培园地：WHIOB）

Zanthoxylum molle Rehd. **朵花椒**

落叶乔木。茎干具鼓钉状锐刺，花序轴及枝顶部散生短直刺。奇数羽状复叶具小叶13~19片；小叶片对生，阔卵形或椭圆形，两侧对称，叶背密被白灰色或黄灰色毡状绒毛，油点不显。萼片及花瓣均5片；花瓣白色。蓇葖果果柄及分果瓣淡紫红色。（栽培园地：WHIOB）

Zanthoxylum myriacanthum Wall. ex Hook. f. **大叶臭花椒**

落叶乔木。枝、叶、果均有浓烈花椒香气或特殊气味。奇数羽状复叶有小叶7~17片；小叶片对生，两面无毛，油点多且大，干后微凸起，变红色或黑褐色。顶生花序多花；萼片及花瓣均5片，花瓣白色。蓇葖果，分果瓣红褐色。（栽培园地：SCBG, XTBG, GXIB）

Zanthoxylum myriacanthum Wall. ex Hook. f. var. **pubescens** (Huang) Huang **毛大叶臭花椒**

本变种与原变种的区别为：叶轴、小叶柄、小叶片两面及花序轴均被长柔毛，成叶叶面的毛较稀疏。（栽培园地：XTBG）

Zanthoxylum nitidum (Roxb.) DC. **两面针**

攀援藤本或直立灌木；茎枝及叶轴均具弯钩锐刺。奇数羽状复叶有小叶5~11片，小叶片对生硬革质，顶端凹口处具油点，两面中脉常具锐刺。花4数；萼片上部紫绿色；花瓣淡黄绿色。蓇葖果红褐色。（栽培园地：SCBG, XTBG, SZBG, GXIB, XMBG）

Zanthoxylum myriacanthum 大叶臭花椒

Zanthoxylum nitidum 两面针（图 1）

Zanthoxylum nitidum 两面针（图 2）

Zanthoxylum nitidum 两面针（图 3）

Zanthoxylum ovalifolium Wight **异叶花椒**

落叶乔木。叶有小叶 2~5 片或具指状 3 小叶，有时为单小叶，叶缘无针状锐刺。花被 6~8 片，稀 5 片，不等大，倒卵形。蓇葖果，分果瓣紫红色，油点少，顶侧具短芒尖。（栽培园地：WHIOB, KIB）

Zanthoxylum ovalifolium Wight var. **spinifolium** (Rehd. et Wlis.) Huang **刺异叶花椒**

本变种与原变种的区别为：小叶的叶缘具针状锐刺。（栽培园地：WHIOB）

Zanthoxylum oxyphyllum Edgew. **尖叶花椒**

小乔木或灌木。小枝披垂，具刺，叶轴背面的刺较多。奇数羽状复叶有小叶 11~19 片；小叶片略厚而硬，油点多而大，叶缘具锯齿状锐齿。伞房状聚伞花序顶生；萼片紫绿色，4 片。果梗长 1~1.5cm；蓇葖果，分果瓣紫红色。（栽培园地：WHIOB, KIB）

Zanthoxylum oxyphyllum 尖叶花椒

Zanthoxylum piasezkii Maxim. **川陕花椒**

灌木或小乔木；刺多，各部无毛。奇数羽状复叶具小叶 7~17 片；小叶片顶端圆或钝，侧脉不显。花序顶生；花被 6~8 片。蓇葖果紫红色，具少数凸起的油点。（栽培园地：SCBG, WHIOB）

Zanthoxylum piasezkii 川陕花椒

Zanthoxylum scandens Blume **花椒簕**

攀援藤本或直立灌木。奇数羽状复叶常具小叶 5~11 片，小叶片全缘或叶缘的上半段具细裂齿。萼片及花瓣均 4 片；萼片淡紫绿色；花瓣淡黄绿色。蓇葖果，分果瓣紫红色，干后灰褐色或乌黑色，径 4.5~5.5mm。（栽培园地：WHIOB, XTBG）

Zanthoxylum schinifolium Siebold et Zucc. **青花椒**

灌木。茎枝具短刺，嫩枝暗紫红色。奇数羽状复叶具小叶 7~19 片；小叶片细小，宽 4~6mm，叶面被短毛或毛状凸体。萼片及花瓣均 5 片；花瓣淡黄白色。蓇葖果，分果瓣红褐色，干后变暗苍绿色或褐黑色，径 4~5mm，顶端几无芒尖，油点小。（栽培园地：WHIOB, LSBG, CNBG）

Zanthoxylum schinifolium 青花椒

Zanthoxylum simulans Hance **野花椒**

灌木或小乔木。奇数羽状复叶具小叶 5~15 片，叶轴具狭的翼叶；小叶片密布油点，叶面常具刚毛状细刺，背面无毛或沿中脉两侧被疏柔毛。花被 5~8 片，淡黄绿色。蓇葖果红褐色，分果瓣基部变狭略延长呈柄状。（栽培园地：IBCAS, WHIOB, LSBG, CNBG）

Zanthoxylum stenophyllum Hemsl. **狭叶花椒**

小乔木或灌木。小枝多刺。奇数羽状复叶具小叶 9~23 片；小叶互生，叶片披针形或狭长披针形，背面中脉上常具锐刺，小叶柄及中脉至少下半段被微柔毛。伞房状聚伞花序顶生；萼片及花瓣均 4 片。蓇葖果，分果瓣淡紫红色或鲜红色，顶端芒尖长达 2.5mm。（栽培园地：WHIOB）

Zanthoxylum stenophyllum 狭叶花椒

Zanthoxylum xichouense Huang **西畴花椒**

攀援藤本。嫩枝暗紫红色。奇数羽状复叶具小叶 3~7 片；小叶对生，叶片薄纸质，椭圆形或倒卵形，全缘，叶背沿小支脉两侧具水泡状圆点。蓇葖果圆球形，密集成团，深红色，径约 5.5mm，顶端具芒尖。（栽培园地：WHIOB）

Sabiaceae 清风藤科

该科共计 28 种，在 8 个园中有种植

乔木、灌木或攀援木质藤本。叶互生，单叶或奇数羽状复叶；无托叶。花两性或杂性异株，常排聚伞花序或圆锥花序或有时单生；萼片、花瓣常 5 片；雄蕊 5 枚，与花瓣对生；花盘小，杯状或环状；子房上位，无柄。核果由 1 或 2 个成熟心皮组成；种子单生。

Meliosma 泡花树属

该属共计 16 种，在 7 个园中有种植

Meliosma angustifolia Merr. **狭叶泡花树**

常绿乔木。幼枝、叶柄、小叶柄和花序被淡褐色展开柔毛。奇数羽状复叶，小叶片狭椭圆形、椭圆状披针形或披针形，全缘或具 1~2 个小齿；仅叶背沿中脉有稀疏平伏毛。圆锥花序，花芳香，密集，内面 2 片花瓣稍短于雄蕊的花丝，2 裂。核果倒卵形，长 4~6mm。（栽培园地：SCBG）

Meliosma arnottiana (Wight) Walp. **南亚泡花树**

常绿乔木。小枝褐色。奇数羽状复叶，小叶片卵形、卵状披针形至狭椭圆形，叶背及花序被展开柔毛或绒毛。圆锥花序具 3 次分枝，侧枝扁；花淡黄色，内面 2 片花瓣与花丝等长或稍短，深裂达中部，叉开。核果倒卵形，直径 4~7mm。（栽培园地：XTBG）

Meliosma beaniana Rehd. et Wils. **珂楠树**

乔木。幼枝被褐色短绒毛，翌年枝淡灰白色。羽状复叶具小叶 5~13 枚，小叶片卵形或狭卵形，叶背面侧脉腋具髯毛。圆锥花序长 12~30cm，花序总轴的皮孔不明显；内面 2 片花瓣约与花丝等长，2 尖裂至 1/4。核果球形，直径 6~7mm。（栽培园地：WHIOB, GXIB）

Meliosma beaniana 珂楠树

Meliosma cuneifolia Franch. **泡花树**

落叶灌木或乔木。叶为单叶，叶片倒卵状楔形或狭倒卵状楔形，约 3/4 以上具侧脉伸出的锐尖齿，叶面被细毛，背面被白色平伏毛。圆锥花序长 15~20cm，内面 2 片花瓣 2 裂达中部，裂片狭卵形，锐尖。核果扁球形，直径 6~7mm。（栽培园地：WHIOB, XTBG）

Meliosma flexuosa Pamp. **垂枝泡花树**

小乔木。芽、嫩枝、嫩叶中脉、花序轴均被淡褐色长柔毛，腋芽常两枚并生。单叶，叶片倒卵形或倒卵状椭圆形，边缘粗锯齿。圆锥花序向下弯垂，主轴及侧枝具明显“之”字形曲折，侧枝向下弯垂；内面 2 片花瓣 2 裂或有时 3 裂，裂片仅顶端具缘毛。果近卵形，

Meliosma cuneifolia 泡花树

长约 5mm。（栽培园地：SCBG, WHIOB, LSBG）

Meliosma fordii Hemsl. **香皮树**

乔木，小枝、叶柄、叶背及花序被褐色平伏柔毛。单叶，叶片倒披针形或披针形，全缘或近顶部具数锯齿。圆锥花序宽广，具 3~4 回分枝，花梗长 1~1.5mm，内面 2 片花瓣 2 裂达中部，裂片线形，广叉开。果近球形或扁球形，直径 3~5mm。（栽培园地：SCBG, GXIB）

Meliosma fordii 香皮树

Meliosma henryi Diels **贵州泡花树**

小乔木。小枝无毛，具明显白色皮孔。单叶，叶片革质，披针形或狭椭圆形，全缘。圆锥花序长 10~20cm，具 2 或 3 次分枝，花梗长 1~4mm，内面 2 片花瓣不分裂，卵状狭椭圆形，稍长于发育雄蕊。核果倒卵形，直径 7~8mm。（栽培园地：WHIOB）

Meliosma myriantha Siebold et Zucc. var. **discolor** Dunn **异色泡花树**

落叶乔木。幼枝及叶柄被褐色平伏柔毛。单叶，叶片倒卵状椭圆形至长圆形，叶缘锯齿不达基部；侧脉每边 12~24 条，叶背疏被毛或仅中脉及侧脉被毛。圆锥花序被毛，内面 2 片花瓣披针形，约与外花瓣等长。核果倒卵形或球形，直径 4~5mm。（栽培园地：LSBG）

Meliosma myriantha Siebold et Zucc. var. **pilosa** (Lecomte) Law **柔毛泡花树**

本变种与异色泡花树的区别为：叶缘锯齿常在中部以上；侧脉每边具 10~20 条，叶背密被长柔毛，叶面亦被毛。（栽培园地：LSBG）

Meliosma oldhamii Maxim. **红柴枝**

落叶乔木。羽状复叶具小叶 7~15 片，叶柄、小叶柄及叶两面均被褐色柔毛，小叶片卵形、倒卵形或长圆状倒卵形，具尖头，边缘具疏离锯齿；侧脉每边 7~8 条。圆锥花序被褐色短柔毛；花白色，内面 2 片花瓣稍短于花丝，2 裂达中部或有时 3 裂。核果球形，直径 4~5mm。（栽培园地：SCBG, WHIOB, LSBG, CNBG, GXIB）

Meliosma oldhamii 红柴枝

Meliosma paupera Hand.-Mazz. **狭序泡花树**

乔木。幼枝褐色，被平伏细毛，后脱落。单叶，叶片倒披针形或狭椭圆形，边缘稍向外卷，全缘或中部以上具 1~4 枚疏锯齿，叶柄具狭翅，叶面仅中脉具细毛，叶背具平伏细毛。圆锥花序呈疏散扫帚状，下弯；内面 2 片花瓣先端浅 2 裂，广叉开。果球形，直径 4~5mm。（栽培园地：WHIOB）

Meliosma rigida Siebold et Zucc. **笔罗子**

乔木。幼枝、叶背、叶柄及花序均被绣色绒毛。单叶，叶片倒披针形或狭倒卵形，全缘或中部以上具数个尖锯齿。圆锥花序主轴具 3 棱，具 3 次分枝，内面 2 片花瓣长约为花丝之 1/2，2 裂达中部。核果球形，直径 5~8mm。（栽培园地：SCBG, WHIOB, XTBG）

Meliosma simplicifolia (Roxb.) Walp. **单叶泡花树**

乔木。小枝、叶柄、叶面中脉被褐色细柔毛。单

Meliosma rigida 笔罗子

叶，叶片倒卵形或倒卵状长圆形，全缘或具小齿，叶背脉腋具髯毛；叶柄长 1.5~2.5cm。圆锥花序中轴稍具 3 棱，花近无梗，内面 2 片花瓣稍短于雄蕊，分裂过半，稍叉开。核果球形，直径 3.5~6mm。（栽培园地：XTBG）

Meliosma thorelii Lecomte **山様叶泡花树**

乔木。小枝密具圆或椭圆点状皮孔。单叶，叶片革质，倒披针状椭圆形或倒披针形，基部狭楔形下延至柄，全缘或中上部具小锯齿。圆锥花序长 15~18cm，侧枝平展，内面 2 片花瓣狭披针形，不分裂，较外面的稍短，子房密被柔毛。核果球形，直径 6~9mm。（栽培园地：XTBG）

Meliosma thorelii 山様叶泡花树

Meliosma velutina Rehd. et Wils. **毛泡花树**

乔木。幼枝、叶柄至叶背中脉、花序均被褐色绒毛。单叶，叶片纸质，倒披针形或倒卵形，基部 2/3 以下渐狭成楔形，全缘或近顶端具数枚锯齿。圆锥花序长 20~26cm，具 2~3 分枝。花白色，近无梗；内面 2 片花瓣长约 0.8mm，2 浅裂，裂片三角形。（栽培园地：XTBG）

Meliosma velutina 毛泡花树

Meliosma yunnanensis Franch. **云南泡花树**

乔木。幼枝、叶柄及叶背中脉被平伏柔毛。单叶，叶片狭倒卵状椭圆形、倒卵状披针形或倒披针形，中部以上疏具刺状锯齿。圆锥花序被黄色短绒毛，花白色，内面 2 片花瓣约与发育雄蕊的花丝等长，2 浅裂，裂片卵形。核果近球形，稍扁，直径 3.5~5mm。（栽培园地：KIB）

Meliosma yunnanensis 云南泡花树

Sabia dielsii 平伐清风藤（图 2）

Sabia 清风藤属

该属共计 12 种，在 8 个园中有种植

Sabia campanulata Wall. ex Roxb. ssp. **ritchieae** (Rehd. et Wils.) Y. F. Wu **鄂西清风藤**

落叶藤本。叶片膜质，披针形、狭卵状披针形至长圆状卵形，叶面深绿色，背面灰绿色，叶柄长 4~10mm，被长柔毛。花深紫色，花梗长 1~1.5cm，花瓣长 5~6mm，果时不增大、不宿存而早落；花盘肿胀，高长于宽，基部最宽，边缘环状。（栽培园地：WHIOB, LSBG）

Sabia dielsii Lévl. **平伐清风藤**

落叶藤本。叶片纸质，卵状披针形、长圆状卵形或椭圆状卵形，叶面深绿色，背面淡绿色，两面无毛；叶柄长 3~10mm。聚伞花序有花 2~6 朵，总花梗长 1.5~3cm，花梗长 5~10mm；花瓣 5 片，卵形或卵状椭圆形，具脉纹；花盘杯状；子房卵球形。分果爿近肾形。（栽培园地：WHIOB, GXIB）

Sabia dielsii 平伐清风藤（图 1）

Sabia discolor Dunn **灰背清风藤**

常绿藤本。嫩枝具纵条纹，老枝深褐色，具白蜡层。叶片纸质，卵形、椭圆状卵形或椭圆形，两面无毛，叶面绿色，干后黑色，叶背苍白色。聚伞花序呈伞状，有 4~5 朵花。分果爿红色，倒卵状圆形或倒卵形，长约 5mm；核中肋显著凸起，呈翅状。（栽培园地：SCBG）

Sabia emarginata Lecomte **凹萼清风藤**

落叶藤本。小枝黄绿色，老枝褐色，具纵条纹，无毛。叶片纸质，长圆状狭卵形、长圆状狭椭圆形或卵形，叶面绿色，叶背苍白色，两面无毛。聚伞花序有花 2 朵，稀 3 朵，萼片稍不等大，近倒卵形，最大的一片顶端常具微缺，其他萼片顶端圆形；花瓣近圆形或倒卵形，长 3~4mm，宽约 4mm。（栽培园地：WHIOB）

Sabia fasciculata Lecomte ex L. Chen **簇花清风藤**

常绿藤本。叶片革质，长圆形、椭圆形至倒卵状长圆形，叶面深绿色，背面淡绿色。聚伞花序有 3~4 朵花，再排成伞房花序；总花梗短，长 1~2mm，花瓣具红色斑点。分果爿红色，倒卵形或阔倒卵形，长 0.8~1cm；核中肋凸起，呈狭翅状。（栽培园地：XTBG）

Sabia fasciculata 簇花清风藤

Sabia japonica Maxim. **清风藤**

落叶藤本。老枝常留木质化成单刺状或双刺状叶柄基部。叶片近纸质，卵状椭圆形、卵形或阔卵形。花单生于叶腋，基部具苞片 4 枚，倒卵形，花瓣淡黄绿色。分果爿近圆形或肾形，直径约 5mm；核具明显中肋。（栽培园地：WHIOB, XTBG, CNBG, GXIB, XMBG）

Sabia japonica 清风藤

Sabia limoniacea Wall. ex Hook. f. et Thomson **柠檬清风藤**

常绿藤本。嫩枝、叶、花序无毛。叶片革质，椭圆形、长圆状椭圆形或卵状椭圆形。聚伞花序有2~4朵花，再排成狭长圆锥花序，直径不到2cm；花淡绿色、黄绿色或淡红色。分果爿近圆形或近肾形，长1~1.7cm，红色；果核中肋不明显。（栽培园地：SCBG, WHIOB, XTBG, GXIB）

Sabia limoniacea 柠檬清风藤

Sabia parviflora Wall. **小花清风藤**

常绿藤本。叶片纸质或近薄革质，卵状披针形、狭长圆形或长圆状椭圆形，叶面深绿色或榄绿色，背面灰绿色。聚伞花序集成圆锥花序式，有花10~25朵，直径2~5cm，长3~7cm，总花梗长2~6cm，花绿色或黄绿色；果核中肋不明显。（栽培园地：XTBG）

Sabia schumanniana Diels **四川清风藤**

落叶藤本。叶片纸质，长圆状卵形，两面无毛，叶面深绿色，背面淡绿色。聚伞花序有花1~3朵，总花梗长2~3cm；花淡绿色，萼片、花瓣、花丝及花盘均无红色腺点；花盘的肋状凸起不明显。分果爿倒卵形或近圆形，长约6mm，核的中肋呈狭翅状。（栽培园地：WHIOB）

Sabia swinhoei Hemsl. **尖叶清风藤**

常绿藤本；花序、嫩枝、嫩叶及叶柄均被灰黄色绒毛或柔毛。叶片纸质，椭圆形、卵状椭圆形或卵形，顶端长渐尖，叶背被短柔毛或仅在脉上具柔毛。聚伞花序有花2~7朵，总花梗长0.7~1.5cm，花瓣浅绿色。分果爿深蓝色，近圆形或倒卵形，长8~9mm；果核中肋不明显。（栽培园地：SCBG, WHIOB）

Sabia swinhoei 尖叶清风藤

Sabia yunnanensis Franch. **云南清风藤**

落叶藤本。叶片膜质或近纸质，卵状披针形、长圆状卵形，长3~7cm，宽1.5~3.5cm。聚伞花序有2~4朵花，总花梗长1.5~3cm，花瓣绿色或黄绿色，无缘毛，基部具紫色斑点；花盘肋状凸起中部具凸起的褐色腺点。分果爿近肾形，径6~8mm；果核具中肋。（栽培园地：KIB）

Sabia yunnanensis 云南清风藤

Sabia yunnanensis Franch. ssp. **latifolia** (Rehd. et Wils.) Y. F. Wu **阔叶清风藤**

本亚种与原亚种的区别为：叶片较宽，椭圆状长圆形、椭圆状倒卵形或倒卵状圆形，长5~14cm，宽2~7cm；花瓣常具缘毛，基部无紫红色斑点；花盘中部无凸起的褐色腺点。（栽培园地：WHIOB）

Salicaceae 杨柳科

该科共计43种，在10个园中有种植

落叶乔木或灌木。常单叶互生，叶片不分裂或浅裂，全缘或具齿。花单性，雌雄异株；葇荑花序，花常比叶先开放或同时开放。蒴果2~4瓣裂。种子微小，基部被白色丝状长毛。

Chosenia 钻天柳属

该属共计1种，在1个园中有种植

Chosenia arbutifolia (Pall.) A. Skv. **钻天柳**

乔木。叶片长圆状披针形至披针形，两面无毛，背面苍白色，常具白粉，近全缘或稍具锯齿。雌、雄花序轴无毛；雄花、雌花苞片均外面无毛，边缘具长缘毛，雄花苞片倒卵形，不脱落，雌花苞片倒卵状椭圆形，脱落；子房近卵状长圆形。（栽培园地：SCBG）

Chosenia arbutifolia 钻天柳

Populus 杨属

该属共计14种，在8个园中有种植

Populus adenopoda Maxim. **响叶杨**

乔木。叶片卵状圆形或卵形，顶端长渐尖或尾状尖，边缘具内曲圆锯齿；叶柄顶端具2腺点。雄花序苞片条裂，具长缘毛。蒴果卵状长椭圆形，无毛。种子倒卵状椭圆形，暗褐色。（栽培园地：WHIOB, KIB, LSBG）

Populus adenopoda 响叶杨

Populus alba L. **银白杨**

乔木。树冠宽阔，树皮白色至灰白色，小枝斜展。萌枝和长枝的叶片卵圆形，掌状3~5浅裂，裂片顶端钝尖，不对称。雄花苞片膜质，宽椭圆形；雌花花柱短，柱头2裂。蒴果细圆锥形，无毛。（栽培园地：IBCAS, XJB）

Populus euphratica Oliv. **胡杨**

乔木。苗期和萌枝的叶片披针形或线状披针形，全缘或不规则的疏波状齿牙缘；成年树叶形多变，卵圆形、卵圆状披针形或肾形，具2枚腺点，两面同色。雄花序细圆柱形，花盘膜质，早落；子房长卵形，鲜红色或淡黄绿色。蒴果长卵圆形。（栽培园地：SCBG, XJB）

Populus lasiocarpa Oliv. **大叶杨**

乔木。叶片卵形，较大，边缘具反卷圆腺锯齿。雄花轴具柔毛；苞片倒披针形，赤褐色。蒴果卵形，密被绒毛；种子棒状，暗褐色。（栽培园地：WHIOB）

Populus nigra L. var. **italica** (Moench) Koehne **钻天杨**

乔木。树冠圆柱形。长枝叶片扁三角形，常宽大于长，边缘具钝圆锯齿；短枝叶片菱状三角形或菱状卵圆形。蒴果2瓣裂，顶端尖，果柄细长。（栽培园地：XJB）

Populus pruinosa Schrenk **灰胡杨**

小乔木。树冠开展。萌枝叶片椭圆形，两面被灰绒毛；短枝叶肾脏形，全缘或顶端具2~3疏齿牙，两

Populus euphratica 胡杨

面灰蓝色，密被短绒毛。果序轴、果柄和蒴果均密被短绒毛。蒴果长卵圆形。（栽培园地：XJB）

Populus purdomii Rehder **冬瓜杨**

乔木。树冠圆形。叶片卵形或宽卵形，边缘具细锯齿或圆锯齿，齿端具腺点，叶面亮绿色，背面带白色；萌枝叶片长卵形。果序无毛；蒴果球状卵形，无梗或近无梗。（栽培园地：IBCAS）

Populus rotundifolia Griff. var. **bonati** (Levl.) C. Wang et Tung **滇南山杨**

乔木。短枝叶片卵状圆形或三角状圆形，边缘波状钝锯齿，叶面绿色，背面灰绿色，幼时两面被白柔毛；

Populus rotundifolia var. **bonati 滇南山杨**

萌枝叶片大，宽卵状圆形。花柱明显，柱头2宽瓣裂，再3裂。果序长约10cm，果序轴被毛；蒴果长卵形。（栽培园地：KIB）

Populus simonii Carr. **小叶杨**

乔木。树冠近圆形。叶片菱状卵形、菱状椭圆形或菱状倒卵形，边缘具细锯齿，叶面淡绿色，背面灰绿色或微白色，无毛。雌雄花序均无毛。蒴果小，无毛。（栽培园地：CNBG）

Populus simonii Carr. var. **tsinlingensis** C. Wang et C. Y. Yu **秦岭小叶杨**

本变种的叶片革质，卵状披针形，顶端渐尖，基部宽楔形或近圆形，叶脉隆起，中部以上叶缘疏具细腺齿。（栽培园地：WHIOB）

Populus szechuanica Schneid. var. **tibetica** Schneid. **藏川杨**

乔木。叶初时两面被短柔毛，后仅沿脉多少有柔毛或近光滑，微具棱的小枝，芽和叶柄均有短柔毛；其他形态特征与川杨相同或相似。（栽培园地：IBCAS）

Populus tomentosa Carr. **毛白杨**

乔木。树冠圆锥形至卵圆形或圆形。长枝叶片阔卵形或三角状卵形，边缘深齿牙缘或波状齿牙缘，背面密生毡毛；短枝叶片较小，卵形或三角状卵形，背面

Populus tomentosa 毛白杨

光滑，具深波状齿牙缘。雄花苞片密生长毛；雌花苞片沿边缘有长毛。蒴果圆锥形或长卵形，2 瓣裂。（栽培园地：WHIOB, CNBG）

Populus wilsonii Schneid. **椅杨**

乔木。树冠阔塔形。叶片宽卵形、近圆形至宽卵状长椭圆形，边缘具腺状圆齿牙，叶面暗蓝绿色，背面初被绒毛，后渐光滑，灰绿色，叶脉隆起。蒴果卵形，具短柄，近光滑。（栽培园地：SZBG）

Populus wilsonii 椅杨

Populus yunnanensis Dode **滇杨**

乔木。叶片纸质，卵形、椭圆状卵形、广卵形或三角状卵形，边缘具细腺圆锯齿，初有睫毛，后无毛，叶面绿色，具光泽，背面灰白色；短枝叶卵形，较大。苞片掌状，丝状条裂，光滑，赤褐色。蒴果 3~4 瓣裂，近无柄。（栽培园地：KIB）

Populus yunnanensis 滇杨

Salix 柳属

该属共计 28 种，在 9 个园中有种植

Salix alba L. **白柳**

乔木。叶片披针形、线状披针形、阔披针形或倒卵状披针形，幼叶两面有银白色绢毛，成叶叶面常无毛，背面稍有绒毛或近无毛，边缘有细锯齿。花序与叶同时开放；花药较疏，鲜黄色；雌花较疏，子房卵状圆锥形。（栽培园地：XJB）

Salix argyracea E. Wolf **银柳**

大灌木。叶片倒卵形，长圆状倒卵形，边缘具细腺锯齿，叶背面密被绒毛，叶面有光泽。花先叶开放，雄花序几无梗，雌花序具短花序梗；子房卵状圆锥形，苞片卵圆形。（栽培园地：SCBG, WHIOB）

Salix babylonica L. **垂柳**

乔木。树冠开展而疏散。叶片狭披针形或线状披针形，背面色较淡，边缘具锯齿。花序先叶开放或与叶同时开放；雌、雄花序梗具毛；花丝与苞片近等长或较长；子房椭圆形；苞片披针形。蒴果绿黄褐色。（栽培园地：SCBG, IBCAS, WHIOB, KIB, XTBG, XJB, SZBG, GXIB）

Salix babylonica 垂柳

Salix caprea L. **黄花柳**

灌木或小乔木。叶片卵状长圆形、宽卵形至倒卵状长圆形，叶面无毛，背面被白绒毛或柔毛。雄花序椭圆形或宽椭圆形；雌花序短圆柱形，具短梗；子房狭圆锥形，具柔毛；雌、雄花苞片披针形，两面密被白色长毛。（栽培园地：IBCAS）

Salix cavaleriei Lévl. **云南柳**

乔木。叶片宽披针形、椭圆状披针形或狭卵状椭圆形，顶端渐尖至长渐尖。雄花序轴具粗糙柔毛；苞片卵圆形至三角形，两面具柔毛及缘毛；雌花序的子房卵形，具长柄；苞片同雄花。蒴果卵形。（栽培园地：KIB）

Salix chaenomeloides Kimura **腺柳**

小乔木。叶片椭圆形、卵圆形至椭圆状披针形，两面光滑，背面苍白色或灰白色，边缘具腺锯齿。雄花序梗和轴具柔毛；苞片小，卵形；雌花序轴被绒毛，子房狭卵形，无毛；苞片椭圆状倒卵形。蒴果卵状椭圆形。（栽培园地：WHIOB）

Salix cheilophila Schneid. **乌柳**

灌木或小乔木。叶片线形或线状倒披针形，叶面绿色，疏被柔毛，背面灰白色，密被绢状柔毛，中脉显著突起，边缘外卷，上部具腺锯齿。雄花苞片倒卵状长圆形，基部具柔毛；雌花子房卵形或卵状长圆形，密被短毛；苞片近圆形。（栽培园地：WHIOB, XJB）

Salix cupularis Rehder **杯腺柳**

小灌木。叶片椭圆形或倒卵状椭圆形，叶面暗绿色，背面稍带白色，全缘，两面无毛。雄花序具短梗；苞片倒卵形，两面具柔毛；雌花序梗较明显；子房长卵形，无毛；苞片卵形或宽卵形，基部具疏毛。（栽培园地：WHIOB）

Salix dunnii Schneid. **长梗柳**

灌木或小乔木。叶片椭圆形或椭圆状披针形，背面灰白色，密生平伏长柔毛，叶缘具腺锯齿。雄花序疏花；轴具密灰白色柔毛；苞片卵形或倒卵形；雌花序轴具密短柔毛；子房狭卵形至披针形，无毛；苞片特征同雄花。（栽培园地：SCBG）

Salix dunnii 长梗柳

Salix gilgiana Seemen

灌木。幼枝和嫩叶黄褐色或带红色。叶片椭圆状披针形，顶端渐尖。（栽培园地：IBCAS）

Salix gordejevii Y. L. Chang et Skv. **黄柳**

灌木。叶片线形或线状披针形，边缘具腺锯齿，叶面绿色，背面淡绿色。花序椭圆形至短圆柱形，无梗；苞片长圆形，两面被灰色长毛；子房长卵形，被极疏柔毛。蒴果无毛，淡褐黄色。（栽培园地：XJB）

Salix gracilistyla Miq. **细柱柳**

灌木。叶片椭圆状长圆形、倒卵状长圆形或长圆形，叶面深绿色，无毛，背面灰色，具绢质柔毛，边缘具锯齿。花序先叶开花，无花序梗，苞片椭圆状披针形，两面密生长毛；子房椭圆形，被绒毛，无柄。蒴果被密毛。（栽培园地：CNBG）

Salix hypoleuca Seemen **小叶柳**

灌木。叶片椭圆形、披针形或椭圆状长圆形，稀卵形，叶面深绿色，无毛或近无毛，背面苍白色，无毛，全缘。雄花苞片倒卵形，褐色，无毛；雌花密花，花序梗短；子房长卵圆形；苞片宽卵形，无毛。蒴果卵圆形，近无柄。（栽培园地：WHIOB）

Salix integra Thunb. **杞柳**

灌木。叶近对生或对生，萌枝叶有时3叶轮生，叶片椭圆状长圆形，全缘或上部具尖齿，两面无毛。花先叶开放，苞片倒卵形，褐色至近黑色，被柔毛；子房长卵圆形，具柔毛。蒴果，被毛。（栽培园地：SCBG, WHIOB）

Salix integra 杞柳

Salix koreensis Anderss. **朝鲜柳**

乔木。叶片披针形、卵状披针形或长圆状披针形，叶面绿色，背面苍白色，边缘具腺锯齿。花序近无梗；

雄花序狭圆柱形，轴具毛；苞片卵状长圆形；雌花序椭圆形至短圆柱形，子房卵圆形，具柔毛；苞片卵状长圆形或卵形。（栽培园地：IBCAS）

Salix matsudana Koidz. **旱柳**

乔木。叶片披针形，叶面绿色，背面苍白色或带白色，具细腺锯齿缘，幼叶有丝状柔毛。雄花序圆柱形，轴具长毛；苞片卵形，黄绿色，基部具短柔毛；雌花序较雄花序短，轴具长毛；子房长椭圆形；苞片同雄花。（栽培园地：WHIOB, KIB, XJB, CNBG）

Salix matsudana Koidz. f. **tortuosa** (Vilm.) Rehd. **龙爪柳**

本变型与原变型的区别为：枝卷曲。（栽培园地：SCBG, WHIOB, KIB, XJB, CNBG, GXIB）

Salix matsudana f. **tortuosa** 龙爪柳

Salix matsudana Koidz. f. **umbraculifera** Rehd. **馒头柳**

本变型与原变型的区别为：其树冠为半圆形，如同馒头状。（栽培园地：XJB）

Salix mesnyi Hance **粤柳**

小乔木。叶片革质，长圆形、狭卵形或长圆状披针形，近无毛，叶缘具粗腺锯齿。雄花序轴具密灰白色短柔毛；苞片宽卵圆形，内面及边缘具短柔毛，外面近无毛；子房卵状圆锥形；苞片同雄花。蒴果卵形，无毛。（栽培园地：WHIOB）

Salix nankingensis C. Wang et Tung **南京柳**

灌木或小乔木。叶片披针形或长圆状披针形，边缘具细腺锯齿，两面无毛，幼叶具褐灰色密毛。雄花序无花序梗，花密，轴被毛；苞片卵圆形，外面光滑，内面具疏毛；雌花序轴被密毛；子房卵状椭圆形；苞片卵形，两面具毛。（栽培园地：CNBG）

Salix paraplesia Schneid. **康定柳**

小乔木。叶片倒卵状椭圆形或椭圆状披针形，两面均无毛，背面带白色，边缘具细腺锯齿。花序轴具柔毛；雌、雄花苞片长圆形或椭圆形，两面有毛；子房长卵形或卵状圆锥形。蒴果卵状圆锥形，具光泽。（栽培园地：WHIOB）

Salix psammophila C. Wang et Ch. Y. Yang **北沙柳**

灌木。叶片线形，边缘疏具锯齿，背面带灰白色，幼叶微具绒毛，后脱落。花序具短梗和小叶片，轴有绒毛；苞片卵状长圆形，无毛；子房卵圆形，无柄，被绒毛，花柱明显。（栽培园地：XJB）

Salix sclerophylla Anderss. **硬叶柳**

灌木。叶片革质，常椭圆形、倒卵形或广椭圆形，两面具柔毛或近无毛，背面浅绿色，全缘。花序椭圆形至长圆状椭圆形；雌、雄花苞片椭圆形或倒卵形，常具短缘毛；子房狭卵形或卵形，密具柔毛。蒴果卵状圆锥形，具柔毛。（栽培园地：SCBG）

Salix songarica Anderss. **准噶尔柳**

小乔木。叶片披针形或狭披针形，两面无毛，全缘或微具浅齿。花序轴稍有毛或近无毛；雄花苞片阔倒卵形，具疏毛；子房卵状圆锥形，无毛；雌花苞片狭倒卵形，具疏毛。（栽培园地：IBCAS）

Salix sungkianica Y. L. Chou et Skv. **松江柳**

大灌木。叶片披针形或倒披针形，背面苍白色，两面无毛，边缘具腺锯齿。雄花苞片倒卵形；雌花序圆柱形；子房圆锥形，被丝状短柔毛，柄短，花柱明显。（栽培园地：WHIOB）

Salix tetrasperma Roxb. **四子柳**

乔木。叶片卵状至线状披针形，背面苍白色，具白粉，无毛，边缘具细锯齿。雌、雄花序轴密生短柔毛，苞片椭圆形，两面密生灰白色柔毛；子房具长柄卵形。蒴果较大，无毛。（栽培园地：XTBG）

Salix variegata Franch. **秋华柳**

灌木。叶形多变，常为长圆状倒披针形或倒卵状长

Salix tetrasperma 四子柳

圆形，叶面散生柔毛，背面伏生绢毛，全缘或具锯齿。花序梗短，雌、雄花苞片椭圆状披针形，外面具长柔毛；雌花序较粗；子房卵形，无柄，密生柔毛。蒴果狭卵形。（栽培园地：WHIOB）

Salix wilsonii Seemen **紫柳**

乔木。叶片椭圆形、广椭圆形至长圆形，背面苍白色，边缘具圆锯齿或圆齿。雌、雄花序轴密生白柔毛，苞片椭圆形，具柔毛和缘毛；子房狭卵形或卵形，无毛；蒴果卵状长圆形。（栽培园地：WHIOB，XTBG）

Salix variegata 秋华柳

Salix wilsonii 紫柳

Salvadoraceae 刺茉莉科

该科共计 1 种，在 1 个园中有种植

乔木或灌木。托叶退化呈刚毛状；单叶对生，全缘。花小，两性或单性，排列总状花序或圆锥花序；花萼钟形或卵形，3~4 齿或 4 浅裂；花瓣 4 片；雄蕊 4 枚，与花瓣互生；无花盘，但具 4 枚鳞片状腺体，子房上位，2 个心皮，1~2 室。果为浆果或核果；种子常 1 枚。

Azima 刺茉莉属

该属共计 1 种，在 1 个园中有种植

Azima tetracantha Lam. **针叶树**

直立或攀援灌木。叶揉之具腐败气味，具腋生刺。单叶对生，全缘。雌雄异株，花小，花梗无或极短，排列成顶生或腋生的总状花序、圆锥花序或成腋生的密伞花序。浆果球形，径约 1cm，具 1~2 枚种子。种子盘状，棕色至黑色。（栽培园地：XTBG）

Santalaceae 檀香科

该科共计 15 种，在 6 个园中有种植

草本或灌木，稀小乔木，常寄生或半寄生。单叶，无托叶。花小，辐射对称，两性、单性或败育的雌雄异株，稀雌雄同株，集成聚伞花序、伞形花序、圆锥花序、总状花序、穗状花序或簇生，有时单花腋生；花被常稍肉质；子房 1 室或 5~12 室（由横生隔膜形成）；胚珠 1~3 个。核果或小坚果，具肉质外果皮和脆骨质或硬骨质内果皮；种子 1 枚。

Buckleya 米面蓊属

该属共计 1 种，在 1 个园中有种植

Buckleya lanceolata (Siebold et Zucc.) Miq. **日本米面蓊**

灌木。茎直立，多分枝，枝被微柔毛或无毛，幼枝具棱或具条纹。叶片卵形、披针形或披针状长圆形，无毛或嫩时疏被短柔毛，全缘。核果椭圆状或倒圆锥状，宿存苞片披针形或倒披针形。（栽培园地：WHIOB）

Dendrotrophe 寄生藤属

该属共计 3 种，在 2 个园中有种植

Dendrotrophe frutescens (Benth.) Danser **寄生藤**

寄生木质藤本；叶片厚，倒卵形至阔椭圆形，基部收狭而下延成叶柄，基出脉 3 条，侧脉大致沿边缘内侧分出，干后明显。花常单性，雌雄异株。核果卵形或卵圆形，带红色，长 1~1.2cm，顶端具内拱形宿存花被，熟时棕黄色至红褐色。（栽培园地：SCBG, XTBG）

Dendrotrophe frutescens (Benth.) Danser var. **subquinquenervia** (P. C. Tam) P. C. Tam **叉脉寄生藤**

本变种的侧脉在基部附近分出支脉，其支脉各沿叶边缘延伸，近似五出脉，叶片背面密被黑色小腺点；茎具小疣瘤状腺点。（栽培园地：XTBG）

Dendrotrophe polyneura (Hu) D. D. Tao **多脉寄生藤**

寄生木质藤本。小枝圆柱状，具条纹，有泡状小疣瘤，老时尤密。叶片纸质，常倒卵形至近圆形，微皱波状，基出脉 7~9 条，在两面稍隆起。花单性，雌雄异株；雄花 6 朵簇生，雌花单生或 2~5 朵聚生。核果卵圆形，具不明显的棱，黄色。（栽培园地：XTBG）

Osyris 沙针属

该属共计 1 种，在 3 个园中有种植

Osyris wightiana Wall. **沙针**

灌木或小乔木。枝细长，幼时呈三棱形。花小，雄花常 2~4 朵集成小聚伞花序；雌花和两性花常单生；胚珠；常 3 枚，柱头 3 裂。核果近球形，顶端具圆形花盘残痕，熟时橙黄色至红色，径 8~10mm。（栽培园地：WHIOB, KIB, XTBG）

Osyris wightiana 沙针

Phacellaria 重寄生属

该属共计 2 种，在 1 个园中有种植

Phacellaria compressa Benth. **扁序重寄生**

花序疏生（不密集），不分枝或很少分枝；苞片覆瓦状排列，卵形或倒卵形。花单性，常雌雄异株。核果卵状长圆形，无毛，顶端具宿存花被，基部稍宽。（栽培园地：XTBG）

Phacellaria rigidula Benth. **鳞叶寄生木**

花序簇生，细长，圆柱状，坚硬。花单性，雌雄同株，散生；花盘略呈圆锥状；柱头常外伸。果长圆形，具 5 棱，基部较上部宽阔，宿存花柱稍外伸。（栽培园地：XTBG）

Pyrularia 檀梨属

该属共计 1 种，在 2 个园中有种植

Pyrularia edulis (Wall.) A. DC. **檀梨**

小乔木或灌木。芽被绢毛。叶片卵状长圆形。核果

梨形，长 3.8~5cm，基部骤狭与果柄相接，顶端近截形，具脐状突起；外果皮肉质并有黏胶质。种子近球形，胚乳油质；果柄粗壮，长 1.2cm。（栽培园地：KIB, XTBG）

Santalum 檀香属

该属共计 4 种，在 3 个园中有种植

Santalum album L. **檀香**

常绿小乔木。枝圆柱状，带灰褐色，具条纹，具多数皮孔和半圆形的叶痕。叶片椭圆状卵形，膜质，长 4~8cm，宽 2~4cm。三歧聚伞式圆锥花序腋生或顶生。核果长 1~1.2cm，径约 1cm，外果皮肉质多汁，熟时深紫红色至紫黑色。（栽培园地：SCBG, XTBG, GXIB）

Santalum album 檀香

Santalum ellipticum Gaudich. **滨海夏威夷檀香**

常绿灌木或小乔木。叶片革质或带肉质，椭圆形、卵圆形或倒卵形，长 2.5~6cm，宽 1.7~4cm，两面均为灰绿色；叶柄长 1~1.5cm。花密，聚成顶生或腋生的复聚伞花序，具香气，花梗长约 1cm，花被 4 枚，淡黄绿色，子房半下位，核果卵球形，径 1.2~1.9cm。（栽培园地：XTBG）

Santalum papuanum Summerh. **巴布亚檀香**

常绿乔木。小枝丛集，细长，圆柱状，灰红褐色，具纵条纹，二年生枝有落叶疤痕。叶片椭圆状披针形。小聚伞花序腋生；花长 5~7.5mm，绿色，花被管钟形。核果卵球形，熟时黄红色，顶端缢缩，花被残痕径 2~2.5mm，宿存花柱基呈脐状突起。（栽培园地：SCBG）

Santalum spicatum A. DC. **大果澳洲檀香**

常绿灌木。叶片披针形至狭椭圆形，灰绿色，钝尖，基部楔形。花排成顶生圆锥花序，具芳香；花被筒钟状，子房下位。核果球形。（栽培园地：XTBG）

Scleropyrum 硬核属

该属共计 2 种，在 2 个园中有种植

Scleropyrum wallichianum (Wight et Arn.) Arn. **硬核**

常绿乔木。枝圆柱状，灰绿带黄色，枝刺长达 8cm。叶片长圆形或椭圆形，叶面深绿色，背面浅绿色，中脉在上面凹陷，在背面隆起。花序长 2~2.5cm，被黄色绒毛；花淡黄色至红黄色，花被裂片 5，卵圆形，外被短柔毛。核果近椭圆形，长 3~3.5cm，顶端宿存花被呈乳突状。（栽培园地：KIB, XTBG）

Scleropyrum wallichianum (Wight et Arn.) Arn. var. **mekongense** (Gagnep.) Lecomte **无刺硬核**

本变种与原变种的区别为：茎或枝无刺；叶被疏毛，基部楔形；雄花被外面具绒毛。（栽培园地：XTBG）

Thesium 百蕊草属

该属共计 1 种，在 1 个园中有种植

Thesium chinense Turcz. **百蕊草**

多年生柔弱草本，全株被白粉，无毛。茎细长，具纵沟。叶片线形，具单脉。花单朵腋生，花数 5，花被绿白色。坚果椭圆状或近球形，淡绿色，表面有隆起的网脉，顶端宿存花被近球形。（栽培园地：LSBG）

Sapindaceae 无患子科

该科共计 52 种，在 11 个园中有种植

乔木或灌木，稀藤本。常羽状复叶互生。聚伞圆锥花序，花小，杂性；花瓣基部常有毛或鳞片；花盘发达；雄蕊常 8 枚；子房上位，3 室。果为室背开裂的蒴果或呈不开裂的浆果状或核果状。

Allophylus 异木患属

该属共计 7 种，在 2 个园中有种植

Allophylus caudatus Radlk. **波叶异木患**

大灌木或小乔木。三出复叶；顶生小叶片长圆状披针形，背面脉腋内无毛，边缘具浅波状粗齿。花序总状，主轴不分枝；花瓣狭楔形，鳞片深 2 裂。果近球形，直径 7~8mm，红色。（栽培园地：SCBG, XTBG）

Allophylus caudatus 波叶异木患

Allophylus cobbe (L.) Raeusch. var. **velutinus** Corner **滇南异木患**

灌木。三出复叶；顶生小叶片椭圆形或椭圆状披针形，边缘疏具小锯齿，两面脉上被短柔毛。花雌雄同株，花序总状，不分枝；花小，白色；花瓣匙形，鳞片 2 裂。果近圆球形，直径 5~7mm，红色。（栽培园地：XTBG）

Allophylus hirsutus Radlk. **云南异木患**

灌木，小枝、叶柄和花序轴均密被褐黄色硬毛。三出复叶；侧生小叶片边缘自基部即具锐利锯齿，背面密被散乱、具光泽的硬毛。花序总状，不分枝；花雌雄异株；花瓣阔楔形，鳞片 2 裂。果阔倒卵形，长约 9mm，红色。（栽培园地：XTBG）

Allophylus longipes Radlk. **长柄异木患**

大灌木或小乔木。三出复叶；顶生小叶片披针形或长椭圆状披针形，顶端尾状渐尖，边缘具小锯齿。花序复总状，常具 2 至多个分枝；花瓣短楔形，鳞片 2 裂。果椭圆形，长 9~10mm，红色。（栽培园地：XTBG）

Allophylus timorensis (DC.) Blume **海滨异木患**

灌木。三出复叶；顶生小叶片阔卵形，侧生小叶背面侧脉脉腋内簇生柔毛。花序复总状，常主轴下部具 1 对短小分枝；花瓣匙形，鳞片浅 2 裂。果倒卵形或近球形，长 8~10mm，红色。（栽培园地：SCBG）

Allophylus timorensis 海滨异木患

Allophylus trichophyllus Merr. et Chun **毛叶异木患**

灌木。小枝被灰黄色柔毛。三出复叶，顶生小叶片长圆状阔披针形至椭圆状倒卵形，背面密被柔毛，侧生小叶仅中部以上具小锯齿。花序总状，主轴不分枝；

花雌雄同株；花瓣长圆状倒卵形，鳞片2裂。果近球形，直径5~6cm，红色。（栽培园地：XTBG）

Allophylus viridis Radlk. **异木患**

灌木。三出复叶；顶生小叶片长椭圆形或披针状长椭圆形，背面脉腋内簇生柔毛，边缘具小锯齿。花序总状，主轴不分枝，密花；花瓣阔楔形，鳞片深2裂。果近球形，直径6~7mm，红色。（栽培园地：SCBG）

Allophylus viridis 异木患

Amesiodendron 细子龙属

该属共计3种，在3个园中有种植

Amesiodendron chinense (Merr.) Hu **细子龙**

乔木。偶数羽状复叶具小叶3~7对；小叶片卵形、长圆状披针形或披针形，长6~12cm，宽1.5~3.5cm，边缘皱波状，具深锯齿。花单性；花瓣白色，卵形，鳞片全缘。蒴果的发育果爿近球状，直径2~2.5cm，黑色或茶褐色，具瘤状凸起和淡褐色皮孔。（栽培园地：SCBG, XTBG, GXIB）

Amesiodendron integrifoliolatum H. S. Lo **龙州细子龙**

乔木。偶数羽状复叶具小叶3~4对；小叶片长圆状披针形或长圆形，长5~13cm，宽1.5~3.8cm，全缘，两面无毛。花杂性，雌花和两性花同株；花瓣5片，红色。蒴果的发育果爿近球状，直径约2cm，外面无瘤状凸起。（栽培园地：XTBG）

Amesiodendron chinense 细子龙

Amesiodendron tienlinense H. S. Lo **田林细子龙**

乔木。偶数羽状复叶具小叶3~7对，小叶片长圆状披针形，长5~8cm，宽1.5~2.5cm，中部以上疏具小锯齿。花单性；花瓣白色，鳞片大，顶部2裂。蒴果的发育果爿近球状，直径1.3~1.5cm，褐色。（栽培园地：SCBG, GXIB）

Amesiodendron tienlinense 田林细子龙

Aphania 滇赤才属

该属共计 2 种，在 2 个园中有种植

Aphania oligophylla (Merr. et Chun) H. S. Lo **赛木患**

常绿灌木或小乔木。羽状复叶具小叶 1~4 片；小叶片长圆状椭圆形或长椭圆形，长 6~14cm，宽 2~4.5cm，全缘，两面无毛。聚伞圆锥花序；花单性，绿白色。核果的发育果爿近球形或阔倒卵形，长 1.2~1.4mm，宽 10~12mm。（栽培园地：SCBG）

Aphania oligophylla 赛木患

Aphania rubra (Roxb.) Radlk. **滇赤才**

常绿乔木或大灌木。偶数羽状复叶具小叶 3~6 对，叶片卵形或卵状披针形。聚伞圆锥花序腋生；花紫红色。核果的发育果爿椭圆形，长约 1.6cm，宽约 8mm，紫红色。（栽培园地：XTBG）

Arytera 滨木患属

该属共计 1 种，在 2 个园中有种植

Arytera littoralis Blume **滨木患**

常绿小乔木或灌木。偶数羽状复叶具小叶 2~3 对，

Arytera littoralis 滨木患（图 1）

Arytera littoralis 滨木患（图 2）

小叶片长圆状披针形至披针状卵形。聚伞圆锥花序腋生，常紧密多花；花单性，芳香；花瓣 5 片。蒴果的发育果爿椭圆形，长 1~1.5cm，宽 7~9cm，红色或橙黄色。（栽培园地：SCBG, XTBG）

Boniodendron 黄梨木属

该属共计 1 种，在 2 个园中有种植

Boniodendron minus (Hemsl.) T. Chen **黄梨木**

小乔木。偶数羽状复叶聚生于小枝顶端；小叶 10~20 片，叶片披针形或椭圆形，长 2~3cm，宽 1~

Boniodendron minus 黄梨木

1.5cm，基部偏斜，边缘具钝锯齿。聚伞圆锥花序顶生；花淡黄色至近白色。蒴果轮廓近球形，具3翅，直径1.8~2.3cm。（栽培园地：SCBG, WHIOB）

Cardiospermum 倒地铃属

该属共计1种，在7个园中有种植

Cardiospermum halicacabum L. **倒地铃**

草质藤本，茎、枝具5~6棱和同数的直槽。二回三出复叶；小叶片轮廓为三角形，边缘疏具锯齿或羽状分裂。圆锥花序少花；花瓣乳白色。蒴果梨形、陀螺状倒三角形或有时近长球形，褐色。（栽培园地：SCBG, KIB, XTBG, LSBG, SZBG, GXIB, XMBG）

Cardiospermum halicacabum 倒地铃（图1）

Cardiospermum halicacabum 倒地铃（图2）

Delavaya 茶条木属

该属共计1种，在5个园中有种植

Delavaya toxocarpa Franch. **茶条木**

灌木或小乔木。树皮褐红色。掌状复叶具小叶3片，小叶片边缘具稍粗的锯齿。聚伞圆锥花序狭窄，疏花；

Delavaya toxocarpa 茶条木

花单性，雌雄异株；花瓣5片，白色或粉红色，具爪，内面基部具一枚2裂的鳞片。蒴果深紫色，裂片长1.5~2.8cm。（栽培园地：SCBG, WHIOB, KIB, XTBG, GXIB）

Dimocarpus 龙眼属

该属共计3种，在10个园中有种植

Dimocarpus confinis (How et Ho) H. S. Lo **龙荔**

常绿大乔木。偶数羽状复叶互生；小叶3~5对，叶面深绿色，具光泽，背面被毛。圆锥花序和花萼被绒毛，常无花瓣或具发育不全的花瓣1~4片。核果卵圆形，长2~2.3cm，具圆锥状短刺。（栽培园地：SCBG, XTBG, GXIB, XMBG）

Dimocarpus confinis 龙荔

Dimocarpus longan Lour. **龙眼**

常绿乔木。偶数羽状复叶互生；小叶4~5对，小叶片长圆状椭圆形至长圆状披针形，两面无毛。大型聚伞圆锥花序，花序和花萼被星状毛；花瓣5片，乳白色。果球形，直径1.2~2.5cm，常黄褐色至灰黄色，外面

Dimocarpus longan 龙眼

稍粗糙或微具瘤状突起。（栽培园地：SCBG, IBCAS, WHIOB, KIB, XTBG, LSBG, CNBG, SZBG, GXIB, XMBG）

Dimocarpus yunnanensis (W. T. Wang) C. Y. Wu et T. L. Ming **滇龙眼**

常绿乔木。小枝带红褐色，具直槽纹。偶数羽状复叶互生，小叶4对，小叶片长圆状披针形或披针形，两面无毛。核果近球形或扁球形，长约1.8cm，宽达2.1cm，果皮干时脆壳质，外面具疣状小突起，褐色。（栽培园地：XTBG）

Diploglottis

该属共计1种，在1个园中有种植

Diploglottis bracteata Leenh. **昆士兰罗望子**

小乔木，小枝、叶轴和花梗被短柔毛。复叶具小叶4~7对；小叶片椭圆状长圆形，顶端钝或短渐尖，叶面

Diploglottis bracteata 昆士兰罗望子

无毛，背面被疏柔毛。花序长15~31cm；苞片外面灰白色；小花直径5~6mm，花瓣5片。蒴果近球形，直径2.5~4.5cm，3瓣裂。（栽培园地：SCBG）

Dodonaea 车桑子属

该属共计2种，在7个园中有种植

Dodonaea viscosa (L.) Jacq. **车桑子**

灌木或小乔木。小枝扁，具狭翅或棱角，具胶状黏液。单叶互生，纸质，形状、大小多变，两面具黏液，无毛。花单性，雌雄异株；萼片4片，披针形或长椭圆形，长约3mm，顶端钝；无花瓣。蒴果倒心形或扁球形，具2~3翅，长1.5~2.2cm，连翅宽1.8~2.5cm。（栽培园地：SCBG, WHIOB, KIB, XTBG, SZBG, GXIB, XMBG）

Dodonaea viscosa 车桑子（图1）

Dodonaea viscosa 车桑子（图2）

Dodonaea viscosa (L.) Jacq. ssp. **angustifolia** (L. f.) J. G. West **明油子**

本亚种与原亚种的区别为：叶片披针形，顶端圆或急尖。（栽培园地：WHIOB）

Erioglossum 赤才属

该属共计 1 种，在 2 个园中有种植

Erioglossum rubiginosum (Roxb.) Blume **赤才**

常绿灌木或小乔木，嫩枝、花序和叶轴均密被锈色绒毛。偶数羽状复叶互生；小叶 2~8 对，小叶片椭圆状卵形至长椭圆形，顶端钝或圆。复总状花序；花芳香，直径约 5mm；花瓣 4 片，具爪，鳞片兜状。果的发育果爿长 12~14mm，宽 5~7mm，红色。（栽培园地：SCBG, XTBG）

Erioglossum rubiginosum 赤才

Eurycorymbus 伞花木属

该属共计 1 种，在 7 个园中有种植

Eurycorymbus cavaleriei (Lévl.) Rehd. et Hand.-Mazz. **伞花木**

落叶乔木，小枝、叶轴和花序被绒毛或柔毛。偶数羽状复叶互生；小叶 4~10 对，小叶片长圆状披针形或长圆状卵形，边缘具锯齿。聚伞圆锥花序半球状，稠密而多花；花芳香。蒴果的发育果爿长约 8mm，宽约 7mm，被绒毛。（栽培园地：SCBG, IBCAS, WHIOB, KIB, XTBG, CNBG, GXIB）

Eurycorymbus cavaleriei 伞花木（图 1）

Eurycorymbus cavaleriei 伞花木（图 2）

Handeliodendron 掌叶木属

该属共计 1 种，在 3 个园中有种植

Handeliodendron bodinieri (Lévl.) Rehd. **掌叶木**

落叶乔木或灌木。掌状复叶对生；小叶 4~5 片，小叶片椭圆形至倒卵形，顶端常尾状骤尖，背面散生黑色腺点。聚伞圆锥花序顶生，多花，花梗散生圆形小鳞秕；花两性，两侧对称。蒴果棒状或近梨状，长 2.2~3.2cm。（栽培园地：SCBG, WHIOB, GXIB）

Handeliodendron bodinieri 掌叶木

Harpullia 假山萝属

该属共计 1 种，在 3 个园中有种植

Harpullia cupanioides Roxb. **假山萝**

乔木，小枝仅嫩部被金黄色绒毛。偶数羽状复叶互生；小叶3~6对，小叶片斜披针形，两侧不对称，两面无毛。聚伞圆锥花序疏散，花芳香，花瓣5片，楔形，稍肉质。蒴果两侧扁，长约2cm，宽2~3cm，常2室，室间具凹槽，成熟时褐色。（栽培园地：SCBG, XTBG, SZBG）

Koelreuteria 栾树属

该属共计4种，在9个园中有种植

Koelreuteria bipinnata Franch. **复羽叶栾树**

乔木。二回羽状复叶；小叶9~17片，互生，稀对生，小叶片斜卵形，基部略偏斜，边缘具内弯小锯齿。大型圆锥花序；花瓣4片，具爪，鳞片深2裂；花丝被白色、开展的长柔毛。蒴果膨胀，椭圆形或近球形，具3棱，淡紫红色，熟时褐色。（栽培园地：SCBG, WHIOB, KIB, XTBG, CNBG, SZBG, GXIB）

Koelreuteria bipinnata 复羽叶栾树（图1）

Koelreuteria bipinnata 复羽叶栾树（图2）

Koelreuteria bipinnata Franch. var. **integrifoliola** (Merr.) T. Chen **全缘叶栾树**

本变种与原变种的区别为：小叶常全缘，有时一侧近顶部边缘具锯齿。（栽培园地：IBCAS, WHIOB, KIB, CNBG）

Koelreuteria elegans (Seem.) A. C. Smith **台湾栾树**

乔木。二回羽状复叶；小叶5~13片，小叶片长圆状卵形，顶端长渐尖至尾尖，基部极偏斜，边缘具稍内弯锯齿或中部以下齿不明显而近全缘。大型圆锥花序顶生；花黄色，直径约5mm；花瓣5片。蒴果膨胀，椭圆形，具3棱，长约4cm。（栽培园地：SCBG, WHIOB, CNBG）

Koelreuteria elegans 台湾栾树（图1）

Koelreuteria elegans 台湾栾树（图2）

Koelreuteria paniculata Laxm. **栾树**

落叶乔木或灌木。一回、不完全二回或偶具二回羽状复叶；小叶 11~18 片，顶生小叶有时与最上部 1 对小叶在中部以下合生，小叶片卵形、阔卵形至卵状披针形，边缘具不规则钝锯齿，有时近基部的齿疏离呈缺刻状。聚伞圆锥花序密被微柔毛，花淡黄色，稍芬芳；花瓣 4 片。蒴果圆锥形，具 3 棱，长 4~6cm，顶端渐尖。（栽培园地：IBCAS, WHIOB, KIB, XTBG, XJB, CNBG, GXIB）

Koelreuteria paniculata 栾树（图 1）

Koelreuteria paniculata 栾树（图 2）

Lepisanthes 鳞花木属

该属共计 2 种，在 2 个园中有种植

Lepisanthes alata (Blume) Leenh. **马来樱桃**

小乔木。羽状复叶；小叶 3~6 对，常下垂，小叶片披针形，顶端长渐尖，边缘具不明显钝圆锯齿。花单性；花瓣 5 片，紫色。浆果倒卵形，直径 3~4cm，熟时暗紫色，具白色肉质假种皮；种子 1~4 枚，椭圆形。（栽培园地：XTBG）

Lepisanthes fruticosa (Roxb.) Leenh. **大托叶鳞花木**

灌木或小乔木。嫩枝红色。偶数羽状复叶，叶柄基部具 1 对椭圆状叶状附属物，小叶 3~6 对，小叶片长椭圆形至披针形，顶端渐尖或具尾尖，全缘。花序腋生或顶生；花两性；萼片 4~5 枚；花瓣紫红色，4~5 枚。果直径 2~3cm，熟时暗红色至黑色。（栽培园地：XTBG, SZBG）

Litchi 荔枝属

该属共计 1 种，在 9 个园中有种植

Litchi chinensis Sonn. **荔枝**

常绿乔木。偶数羽状复叶互生；小叶 2~3 对，小叶

Litchi chinensis 荔枝（图 1）

Litchi chinensis 荔枝（图 2）

片披针形或卵状披针形，全缘。聚伞圆锥花序顶生，被金黄色短绒毛；无花瓣；雄蕊6~7枚。果卵圆形至近球形，长2~3.5cm，果皮革质，外面具龟甲状裂纹及散生圆锥状小突起，熟时暗红色至鲜红色，具白色肉质假种皮。（栽培园地：SCBG, WHIOB, KIB, XTBG, LSBG, CNBG, SZBG, GXIB, XMBG）

Majidea

该属共计1种，在1个园中有种植

Majidea zanguebarica J. Kirk ex Oliv. **黑珍珠**

小乔木。羽状复叶互生，小叶多达10对，小叶片长椭圆形。聚伞圆锥花序顶生；花瓣红色。蒴果3室，每室有种子1~2枚；种子呈椭圆形或卵形，蓝黑色。（栽培园地：XTBG）

Mischocarpus 柄果木属

该属共计2种，在4个园中有种植

Mischocarpus pentapetalus (Roxb.) Radlk. **褐叶柄果木**

常绿乔木。小枝粗壮，具沟槽，仅嫩部被短绒毛。偶数羽状复叶；小叶常3~5对，稀2对，小叶片披针形、长圆状披针形至长圆形，全缘。聚伞圆锥花序常多分枝；花丝和花盘被毛。蒴果梨状或棒状，长1.2~2.5cm，着生种子部份直径7~10mm。（栽培园地：SCBG, WHIOB, XTBG, GXIB）

Mischocarpus sundaicus Blume **柄果木**

常绿小乔木。小枝暗红色，无毛。偶数羽状复叶；小叶常2对，有时1对，小叶片卵形或长圆状卵形。复总状花序；无花瓣；花丝和花盘均无毛。蒴果梨状，长8~9mm。（栽培园地：SCBG, XTBG）

Mischocarpus sundaicus 柄果木

Nephelium 韶子属

该属共计3种，在3个园中有种植

Nephelium chryseum Blume **韶子**

常绿乔木。小枝具直纹，嫩部被锈色短柔毛。偶数羽状复叶互生；小叶常4对，小叶片长圆形，背面粉绿色，被柔毛，侧脉9~14对或更多。花序多分枝，花盘、花丝被柔毛。果椭圆形，红色，连刺长4~5cm，宽3~4cm，刺长于1cm。（栽培园地：SCBG, XTBG）

Nephelium chryseum 韶子

Nephelium lappaceum L. **红毛丹**

常绿乔木。小枝圆柱形，具皱纹，仅嫩部被锈色微柔毛。偶数羽状复叶；小叶2~3对，稀1对或4对，小叶片椭圆形或倒卵形，两面无毛，侧脉7~9对。聚伞圆锥花序被锈色短绒毛。果阔椭圆形，红黄色，连刺长约5cm，宽约4.5cm，刺长约1cm。（栽培园地：SCBG, XTBG, CNBG）

Nephelium lappaceum 红毛丹

Nephelium topengii (Merr.) H. S. Lo **海南韶子**

常绿乔木。小枝常被微柔毛。偶数羽状复叶互生；

小叶 2~4 对，小叶片长圆形或长圆状披针形，背面粉绿色，被柔毛，侧脉 10~15 对。果椭圆形，红黄色，连刺长约 3cm，宽不超过 2cm，刺长 3.5~5mm。（栽培园地：SCBG）

Paranephelium 假韶子属

该属共计 1 种，在 1 个园中有种植

Paranephelium hystrix W. W. Smith **云南假韶子**

乔木。奇数羽状复叶；小叶 7~11 片，小叶片长圆形至披针形，全缘，两面无毛，侧脉 15~18 对。花序生老茎上，常多个簇生；花瓣 5 片，被短绒毛；子房被红色绒毛。蒴果木质，黄色，常椭圆形，宽达 3cm，密覆粗壮圆锥状刺状凸起。（栽培园地：XTBG）

Paullinia

该属共计 1 种，在 1 个园中有种植

Paullinia cupana Kunth **呱呱拉**

木质藤本。羽状复叶，小叶 3~7 片，互生，小叶片厚纸质，长椭圆形，叶缘具粗锯齿，侧脉 6~7 对。圆锥花序腋生，长 15~25cm，花密集，白色。果近椭圆形或球形，顶端具喙状突起，熟时红色。（栽培园地：XTBG）

Pavieasia 檀栗属

该属共计 1 种，在 1 个园中有种植

Pavieasia yunnanensis H. S. Lo **云南檀栗**

乔木。小枝粗壮而中空，具沟槽和钝棱，被硬化短毛。偶数羽状复叶；小叶 5~6 对，小叶片长圆状卵形或长圆状披针形，边缘疏具钝锯齿。聚伞圆锥花序；花瓣 5 片，红色；雄蕊 7~8 枚，紫红色。蒴果短纺锤形，具 3 棱，有时顶端具喙。（栽培园地：XTBG）

Pometia 番龙眼属

该属共计 2 种，在 4 个园中有种植

Pometia pinnata J. R. et G. Forst. **番龙眼**

常绿大乔木，具发达板根。小枝具直槽，有时被短硬毛。偶数羽状复叶较大，连柄长可至 1.5m；小叶 5~9 对，小叶片长椭圆形或长圆状披针形，第 1 对小，托叶状，边缘具锯齿。聚伞圆锥花序具粗壮、挺直的分枝；花萼被柔毛；花瓣 5 片，长约为花萼的 1 倍。果椭圆形或有时近球形，长 3cm，宽 2cm。（栽培园地：XTBG, XMBG）

Pometia tomentosa (Blume) Teysm. et Binn. **绒毛番龙眼**

常绿大乔木。板根发达；小枝、花序、叶轴和小叶被绒毛。偶数羽状复叶，连柄长 30~100cm；小叶 4~13 对，小叶片长圆形，第 1 对小，半月形或钻形。聚伞圆锥花序具细长、俯垂的分枝；花萼被茸毛；花瓣与花萼近等长或短，果狭椭圆形，长 3cm，宽 1.6cm。（栽培园地：SCBG, KIB, XTBG）

Pometia tomentosa 绒毛番龙眼（图 1）

Pometia tomentosa 绒毛番龙眼（图 2）

Sapindus 无患子属

该属共计 4 种，在 8 个园中有种植

Sapindus delavayi (Franch.) Radlk. **川滇无患子**

落叶乔木。偶数羽状复叶；小叶 4~7 对，小叶片卵形或卵状长圆形，背面被柔毛或近无毛。花序顶生，直立；花两侧对称；萼片和花瓣外面被疏柔毛；花瓣 4 片，无爪，内面基部具 1 枚大型鳞片。发育果爿近球形，直径约 2.2cm，黄色。（栽培园地：SCBG, WHIOB, KIB, XTBG, CNBG）

Sapindus delavayi 川滇无患子

Sapindus mukorossi Gaertn. **无患子**

落叶大乔木。偶数羽状复叶互生；小叶 5~8 对，小叶片长椭圆状披针形或镰形，稍不对称。圆锥花序顶生；花辐射对称；花瓣 5 片，具长爪，内面基部具 2 枚耳状小鳞片。发育果爿近球形，直径 2~2.5cm，橙黄色。（栽培园地：SCBG, WHIOB, KIB, XTBG, LSBG, CNBG, SZBG, GXIB）

Sapindus mukorossi 无患子

Sapindus rarak DC. **毛瓣无患子**

落叶大乔木。偶数羽状复叶互生；小叶 7~12 对，小叶片长圆形或卵状披针形，两面无毛。花序顶生，尖塔形；花稍大，两侧对称；萼片和花瓣外面密被绢质绒毛；花瓣 4 片，无爪，内面基部具 1 枚大型鳞片。发育果爿球形，直径约 2.5cm，暗红色或橙红色。（栽培园地：WHIOB, KIB, XTBG）

Sapindus rarak 毛瓣无患子

Sapindus trifoliatus L. **三叶无患子**

乔木。羽状复叶具小叶 2~3 对，小叶片椭圆状披针形，全缘，无柄。圆锥花序顶生，被黄褐色短绒毛；花瓣 5 片，卵形，淡绿色至白色；雄蕊 8 枚；子房 3 室。蒴果长 1.3~2cm，熟时 2~3 爿裂。（栽培园地：XTBG）

Sarcotoechia

该属共计 1 种，在 1 个园中有种植

Sarcotoechia serrata S. T. Reynolds **蕨叶罗望子**

小乔木，顶芽和嫩枝淡棕色，具卷曲或直立柔毛。

Sarcotoechia serrata 蕨叶罗望子

偶数羽状复叶；小叶 6~12 对，小叶片狭披针形，边缘具波状锯齿，小叶柄短或近无。花径 5~10mm；花瓣卵形或渐尖。果扁椭圆球形或倒卵球形，长 12~23mm，宽 12~25mm，常 2 裂。（栽培园地：SCBG）

Schleichera 久树属

该属共计 1 种，在 1 个园中有种植

Schleichera trijuga Willd. **久树**

乔木。偶数羽状复叶具小叶 2~3 对，小叶片长椭圆形，全缘，无柄。圆锥花序近顶端腋生，花小；花瓣 6~9 片；雄蕊 5 枚。果近卵形，密被短绒毛，顶端具短喙。（栽培园地：XTBG）

Xanthoceras 文冠果属

该属共计 1 种，在 2 个园中有种植

Xanthoceras sorbifolium Bunge **文冠果**

落叶灌木或小乔木。小枝粗壮，褐红色。奇数羽状复叶；小叶 4~8 对，小叶片披针形或近卵形，边缘具锐锯齿，顶生小叶常 3 深裂。总状花序；花瓣 5 片，白色，基部紫红色或黄色，具清晰脉纹，长约 2cm，爪两侧具须毛。蒴果近椭圆形，长达 6cm，具 3 棱。（栽培园地：IBCAS, XJB）

Xerospermum 干果木属

该属共计 1 种，在 2 个园中有种植

Xerospermum bonii (Lecomte) Radlk. **干果木**

小乔木。偶数羽状复叶，叶柄和叶轴均为红褐色；小叶常 2 对，稀 3 对，小叶片卵形、椭圆状披针形或近卵形，两面无毛。聚伞圆锥花序顶生，长约 10cm 或过之；萼片 4 片；花瓣 4 片，匙形，内面及边缘被褐色长柔毛；子房覆有小瘤体和白色绒毛。果卵圆形，覆有圆锥状小突体。（栽培园地：XTBG, GXIB）

Xerospermum bonii 干果木

Sapotaceae 山榄科

该科共计 26 种，在 9 个园中有种植

乔木或灌木。单叶互生或对生，叶片常革质，全缘。花单生或数朵簇生，排成聚伞花序，稀成总状或圆锥花序，常为两性花；花萼裂片覆瓦状排列；花冠裂片与花萼裂片同数或为其 2 倍。浆果，有时为核果状。种子褐色，硬而光亮。

Chrysophyllum 金叶树属

该属共计 3 种，在 5 个园中有种植

Chrysophyllum cainito L. **星萍果**

乔木。叶散生，叶片坚纸质，长圆形、卵形至倒卵形，幼时两面被锈色绢毛，老时上面无毛，中脉在背面凸起，不具缘脉。花数朵簇生叶腋；小苞片圆形；花冠黄白色，长约 4mm；子房圆锥形。果倒卵状球形，长达 5.5cm。（栽培园地：SCBG, XTBG, CNBG, XMBG）

Chrysophyllum lanceolatum (Blume) A. DC. var. **stellatocarpon** van Royen **金叶树**

乔木。叶散生，叶片坚纸质，长圆形或长圆状披针形，无毛，具缘脉。花较小，数朵簇生叶腋；小苞片卵形；花冠阔钟形，长 1.8~3mm，无毛；子房近圆球形，无毛。果近球形，干时褐色至紫黑色。（栽培园地：SCBG, XTBG）

Chrysophyllum oliviforme L. **金枣李**

灌木或小乔木。叶片卵形，叶面暗绿色，具光泽，背面浅棕色，羽状脉。花较小，黄色，簇生。果成熟

Chrysophyllum cainito 星苹果

Chrysophyllum oliviforme 金枣李

时呈暗紫色，果肉白色。（栽培园地：SCBG, XTBG, SZBG）

Eberhardtia 梭子果属

该属共计2种，在4个园中有种植

Eberhardtia aurata (Pierre ex Dubard) Lec. **锈毛梭子果**

乔木。叶片近革质，长圆形、倒卵状长圆形或椭

Eberhardtia aurata 锈毛梭子果

圆形，叶背面、小枝、叶柄密被锈色绒毛。花数朵簇生叶腋；花冠乳白色，无毛；子房被灰白色绒毛。果核果状，近球形，长2.5~3.5cm。（栽培园地：SCBG, KIB, XTBG, GXIB）

Eberhardtia tonkinensis Lec. **梭子果**

乔木。小枝、叶柄略被毛。叶片近革质，椭圆形、长圆形或倒卵形，背面被金红色平伏丝状绒毛，具光泽。花簇生于叶腋，花冠白色，无毛。果球形至卵形，

Eberhardtia tonkinensis 梭子果

长 4~4.5cm，熟时褐色，被锈色绒毛。（栽培园地：XTBG）

Lucuma 蛋黄果属

该属共计 1 种，在 7 个园中有种植

Lucuma nervosa A. DC. **蛋黄果**

小乔木。叶片坚纸质，狭椭圆形，两面无毛。花 1 或 2 朵生于叶腋，花梗被褐色细绒毛；花萼裂片卵形或阔卵形，外被黄白色细绒毛，内面无毛；子房圆锥形。果倒卵形，熟时黄色，无毛。（栽培园地：SCBG, WHIOB, KIB, XTBG, CNBG, SZBG, XMBG）

Lucuma nervosa 蛋黄果

Madhuca 紫荆木属

该属共计 3 种，在 4 个园中有种植

Madhuca hainanensis Chun et How **海南紫荆木**

乔木。叶聚生于小枝顶端，叶片革质，长圆状倒卵形或长圆状倒披针形，背面幼时被锈红色、紧贴的短绢毛。花 1~3 朵腋生；花萼裂片长椭圆形或卵状三角形，两面密被锈色毡毛；花冠白色，较大，无毛；能育雄蕊 28~30 枚；子房卵球形。果绿黄色，卵球形至近球形。（栽培园地：SCBG, XMBG）

Madhuca hainanensis 海南紫荆木

Madhuca longifolia (J. Koenig ex L.) J. F. Macbr. **长叶马府油**

乔木。叶散生或簇生于枝条顶端，叶片椭圆形或披针形，顶端渐尖，基部楔形，被绒毛。花萼卵形，被毛，花冠白色，雄蕊 20 枚以上。浆果被棕色绒毛。（栽培园地：SCBG, XTBG, XMBG）

Madhuca longifolia 长叶马府油

Madhuca pasquieri (Dubard) Lam. **紫荆木**

大乔木。叶互生，叶片革质，倒卵形或倒卵状长圆形，顶端阔渐尖具钝头或骤然收缩，两面无毛。花数朵簇生叶腋；花萼裂片卵形，长 3~6mm；花冠黄绿色，较小，无毛；能育雄蕊常 18~22 枚。果椭圆形或小球形。（栽培园地：SCBG, XTBG, GXIB）

Madhuca pasquieri 紫荆木

Manilkara 铁线子属

该属共计 1 种，在 8 个园中有种植

Manilkara zapota (L.) van Royen **人心果**

乔木。叶互生，叶片革质，长圆形或卵状椭圆形，顶端急尖或钝，两面无毛。花 1~2 朵生于枝顶叶腋；花萼裂片长圆状卵形；花冠白色，裂片卵形；子房圆锥形。浆果较大，纺锤形、卵形或球形。（栽培园地：SCBG, IBCAS, WHIOB, KIB, XTBG, CNBG, SZBG, XMBG）

Manilkara zapota 人心果

Mimusops 香榄属

该属共计 2 种，在 3 个园中有种植

Mimusops elengi L. **香榄**

常绿乔木。单叶互生，叶片薄革质，卵形或椭圆状卵形，边波状。花常簇生叶腋，萼片 8 枚，2 轮，花瓣白色，线状披针形，雄蕊 8 枚，退化雄蕊 8 枚，子房 8 室。浆果卵状橙黄色，长 2.5~3cm。（栽培园地：SCBG, XTBG, XMBG）

Mimusops elengi 香榄

Mimusops zeyheri Sond. **德兰士瓦红乳树**

常绿乔木。叶片革质，全缘，叶柄和幼叶被短绒毛，具乳汁。果成熟时黄色，表面光滑。（栽培园地：XTBG）

Planchonella 山榄属

该属共计 1 种，在 1 个园中有种植

Planchonella obovata (R. Br.) Pierre **山榄**

小乔木或灌木，叶柄、花梗、花萼裂片外面均被毛。

Planchonella obovata 山榄

叶散生于枝上，叶片倒卵形、倒卵状长圆形、卵形至披针形，无毛。花数朵成簇腋生，雌性或两性，绿色或白色，花萼裂片圆形或阔卵形；子房圆锥形或倒卵圆形。果较大，倒卵形或球形，无毛。（栽培园地：SCBG）

Pouteria 桃榄属

该属共计 1 种，在 3 个园中有种植

Pouteria grandifolia (Wall.) Baehni **龙果**

乔木。叶较大，互生，叶片薄革质，长圆状倒卵形，两面无毛，背面色较淡。花 3~10 朵簇生叶腋；花萼裂片圆形至广卵形，外面被淡黄色柔毛，内面无毛，但裂片边缘膜质和流苏状；子房圆柱形，被淡黄色长柔毛。果球形，熟时黄色。（栽培园地：SCBG, WHIOB, XTBG）

Pouteria grandifolia 龙果

Sarcosperma 肉实树属

该属共计 4 种，在 3 个园中有种植

Sarcosperma arboreum Hook. f. **大肉实树**

高大乔木。叶对生或近对生，叶片长圆形，稀椭圆形，无毛，全缘，叶背侧脉腋内具腺槽。圆锥花序或总状花序，被绒毛；花簇生于节上，苞片卵形；花萼裂片卵形或阔卵形；花冠裂片倒卵形或长圆形。核果长圆形，无毛。（栽培园地：WHIOB, XTBG）

Sarcosperma griffithii Hook. f. **小叶肉实树**

乔木。叶近对生，叶片革质，披针形，近于无毛。圆锥花序或稀为总状花序腋生，单生或 2~3 朵簇生于花序轴上，被褐色绒毛；花萼裂片卵圆形；花冠裂片近圆形；子房卵圆形或近球形。（栽培园地：XTBG）

Sarcosperma kachinense (King et Prain) Exell **绒毛肉实树**

乔木或小乔木。叶近对生，叶片纸质，长圆形、椭圆形或倒卵状椭圆形，无毛；叶柄顶端具叶耳。总状或圆锥花序，密被绒毛；花簇生；花萼裂片阔卵形，外面密被绒毛；子房卵形，无毛。核果长圆形，干时为暗褐色。（栽培园地：XTBG）

Sarcosperma laurinum (Benth.) Hook. f. **肉实树**

乔木。叶片近革质，倒卵形或倒披针形，两面无毛。总状花序或圆锥花序腋生，无毛；花单生或 2~3 朵簇生；花萼裂片阔卵形或近圆形，外被绒毛；子房卵球形，无毛。核果长圆形或椭圆形。（栽培园地：SCBG, XTBG）

Sarcosperma laurinum 肉实树

Sideroxylon

该属共计 1 种，在 1 个园中有种植

Sideroxylon inerme L. **海岸乳树**

常绿乔木。树冠圆形，树皮常灰褐色至黑色。幼枝具细绒毛。叶片革质，椭圆形，叶面深绿色，具光泽，背面黄绿色。聚伞花序，花小，绿白色，具浓郁气味。浆果小而圆，熟时紫黑色。（栽培园地：XTBG）

Sinosideroxylon 铁榄属

该属共计 2 种，在 5 个园中有种植

Sinosideroxylon pedunculatum (Hemsl.) H. Chuang **铁榄**

乔木。叶互生，叶片革质，卵形或卵状披针形，无毛。总状花序，花序梗长 1~3cm，被柔毛；花萼裂片三角形或近卵形；子房近圆形，无毛。浆果卵球形，长约 2.5cm。（栽培园地：SCBG, WHIOB, XTBG, GXIB,

Sinosideroxylon pedunculatum 铁榄

XMBG）

Sinosideroxylon wightianum (Hook. et Arn.) Aubr. **革叶铁榄**

乔木，稀灌木。幼叶薄，老时革质，叶片椭圆形、披针形或倒披针形，叶柄无毛。花绿白色，单生或2~5朵簇生于叶腋，花梗被绒毛；花萼裂片卵形或披针形，外面被绒毛；子房卵形。果椭圆形，长1~1.5cm。（栽培园地：SCBG, WHIOB）

Sinosideroxylon wightianum 革叶铁榄

Synsepalum 神秘果属

该属共计1种，在8个园中有种植

Synsepalum dulcificum Daniell **神秘果**

灌木。叶常簇生于枝顶，叶片常革质，倒卵形、椭圆形至倒卵状披针形，全缘，无毛。花小，黄白色。果熟时红色，长约2cm。（栽培园地：SCBG, WHIOB, KIB, XTBG, CNBG, SZBG, GXIB, XMBG）

Synsepalum dulcificum 神秘果

Xantolis 刺榄属

该属共计4种，在2个园中有种植

Xantolis boniana (Dubard) van Royen **越南刺榄**

乔木，具乳汁。叶互生，叶片近革质，椭圆形、卵形或倒卵形，长6~11cm，宽3~5.5cm，无毛，侧脉每边5~6条。（栽培园地：XTBG）

Xantolis boniana (Dubard) van Royen var. **rostrata** (Merr.) van Royen **喙果刺榄**

本变种与原变种的区别为：果为橄榄形，顶端具喙

状尖突。（栽培园地：XTBG）

Xantolis stenosepala (Hu) van Royen **滇刺榄**

乔木。叶片革质，披针形、倒披针形或长圆状披针形。花单生或几朵簇生叶腋，花梗被绢毛；花萼裂片披针形或卵状披针形，被绢毛；子房卵球形，密被柔毛。果长圆状卵形，被锈色绢毛或短柔毛，熟时褐色。（栽培园地：SCBG, XTBG）

Xantolis stenosepala (Hu) van Royen var. **brevistylis** C. Y. Wu **短柱滇刺榄**

本变种与原变种的区别为：花萼裂片卵形；花柱较短，基部无毛；花瓣长圆形。果近无毛。（栽培园地：XTBG）

Xantolis stenosepala 滇刺榄

Sargentodoxaceae 大血藤科

该科共计 1 种，在 2 个园中有种植

落叶木质藤本。茎常红褐色。三出复叶，互生。花单性异株，花小，辐射对称，花瓣 6 片，花萼 6 片，花瓣状。果为聚合果，由多个肉质小浆果组成。

Sargentodoxa 大血藤属

该属共计 1 种，在 2 个园中有种植

Sargentodoxa cuneata (Oliv.) Rehd. et Wils. **大血藤**

藤本，全株无毛。当年枝条暗红色，老藤纵裂。三出复叶或兼具单叶，小叶片近棱状倒卵圆形或斜卵形，侧生小叶无柄。总状花序长 6~12cm，雄花与雌花同序或异序，花丝长仅为花药的 1/2 或更短。浆果近球形，熟时黑蓝色。（栽培园地：SCBG, CNBG）

Sargentodoxa cuneata 大血藤

Sarraceniaceae 瓶子草科

该科共计 2 种，在 2 个园中有种植

多年生食虫草本。叶丛生于基部，筒状，前侧伸出 1 翅，筒内下部常具下向的毛。花大，两性，单生或少数呈总状花序；花被 2 列，萼片 4~6 片，花瓣 5 片，稀缺，黄色、红色或紫色，雄蕊多数，雌蕊 1 枚，子房上位，由 3~5 个心皮组成。蒴果，室背开裂；种子小。

Sarracenia 瓶子草属

该属共计 2 种，在 2 个园中有种植

Sarracenia leucophylla Raf. **长叶瓶子草**

多年生草本。具匍匐根状茎，叶基生呈莲座状。叶长筒状，长可达 60~90cm，边缘具一狭翼，捕虫瓶漏斗形，瓶口唇大，下部绿色，近开口处白色，具网纹，口盖阔卵形，褶边缘明显，捕虫叶全为白色，具红色脉纹。（栽培园地：WHIOB, CNBG）

Sarracenia purpurea L. **紫瓶子草**

多年生草本。叶基生呈莲座状，长筒状，绿色带紫红色，长约 30cm，边缘具一宽 2~12mm 的翼。捕虫瓶漏斗形，瓶口处宽 2~4cm，口盖直立，略呈半圆形，两侧向内卷曲，呈圆锥状，外缘波状，内表面具 2~5mm 的下向毛。花瓣圆形，紫红色；萼片尖，紫色。（栽培园地：CNBG）

Saururaceae 三白草科

该科共计 5 种，在 10 个园中有种植

多年生草本。茎直立或葡匐状，具明显的节。单叶互生，托叶贴生于叶柄上。花两性，集成稠密的穗状花序或总状花序，苞片显著，无花被；雄蕊常 3、6 或 8 枚；雌蕊由 3~4 个心皮所组成，花柱离生。果为分果爿或蒴果顶端开裂。

Gymnotheca 裸蒴属

该属共计 2 种，在 3 个园中有种植

Gymnotheca chinensis Decne. **裸蒴**

草本，全株无毛。叶片肾状心形，长 3~6.5cm，宽 4~7.5cm，顶端阔短尖或圆，基部具 2 耳，全缘或具细圆齿。花序单生，花序基部无叶状大苞片，子房长倒卵形，花柱线形，外卷。（栽培园地：SCBG, WHIOB, KIB）

Gymnotheca chinensis 裸蒴

Gymnotheca involucrata Pei **白苞裸蒴**

草本，全株无毛。叶片心形或肾状心形，长 18cm，宽 6~10cm，顶端阔短尖，基部具 2 深耳，边全缘或有不明显的细圆齿。花序单生，花序基部有 3~4 片白色、叶状大苞片。子房倒锥形，花柱线形，外弯而不卷。（栽培园地：SCBG）

Houttuynia 蕺菜属

该属共计 1 种，在 10 个园中有种植

Houttuynia cordata Thunb. **蕺菜**

草本，全株具腥臭。叶片卵形或阔卵形，基部心形，叶具腺点，背面尤甚，两面仅叶脉有时被毛。花序长约 2cm，总苞片长圆形或倒卵形，白色；雄蕊长于子

Houttuynia cordata 蕺菜（图 1）

Houttuynia cordata 蕺菜（图 2）

房，花丝长为花药的 3 倍。蒴果长 2~3mm，具宿存花柱。（栽培园地：SCBG, IBCAS, WHIOB, KIB, XTBG, LSBG, CNBG, SZBG, GXIB, XMBG）

Saururus 三白草属

该属共计 2 种，在 9 个园中有种植

Saururus cernuus L. **垂花三白草**

湿生草本，全株具柑橘香味。叶片卵状心形，长 7.5~15cm，基部具 2 耳，有时略重叠，顶端钝尖。总状花序呈锥形，下垂，长 10~30cm，花小，白色，具芳香。果圆形，绿色。（栽培园地：SZBG）

Saururus chinensis (Lour.) Baill. **三白草**

湿生草本，除花序轴和苞片被毛外其余无毛。茎粗壮，具粗棱和沟槽。叶片阔卵形至卵状披针形，长 10~20cm，宽 5~10cm，基部心形或斜心形，密生腺点，茎顶端叶花期常为白色，呈花瓣状。花序白色，长 12~20cm；花丝较花药略长。果近球形，直径约 3mm。（栽培园地：SCBG, IBCAS, WHIOB, KIB, XTBG, CNBG, SZBG, GXIB, XMBG）

Saururus cernuus 垂花三白草

Saururus chinensis 三白草（图 1）

Saururus chinensis 三白草（图 2）

Saxifragaceae 虎耳草科

该科共计 120 种，在 12 个园中有种植

多年生草本，灌木，小乔木或藤本。单叶或复叶，互生或对生，无托叶。花序常为聚伞状、圆锥状或总状花序；花常两性；萼片有时花瓣状；花冠常辐射对称，花瓣一般离生。蒴果、浆果、小蓇葖果或核果。

Aceriphyllum 槭叶草属

该属共计 1 种，在 1 个园中有种植

Aceriphyllum rossii (Oliv.) Koidz. **槭叶草**

多年生草本。根状茎粗壮，具暗褐色鳞片。叶均基生，叶片阔卵形至近圆形，掌状 5~7（~9）裂，裂片近卵形，顶端急尖，边缘有锯齿，两面均无毛。多歧聚伞花序具多花；萼片狭卵状长圆形；花瓣白色，披针形。蒴果果瓣顶端外弯，果柄弯垂。（栽培园地：SCBG）

Aceriphyllum rossii 槭叶草

Astilbe chinensis 落新妇

Astilbe 落新妇属

该属共计 5 种，在 5 个园中有种植

Astilbe chinensis (Maxim.) Franch. et Sav. **落新妇**

多年生草本。根状茎暗褐色，茎无毛。基生叶为 2~3 回三出羽状复叶，边缘具重锯齿，顶端常短渐尖至急尖。圆锥花序，花序轴密被褐色卷曲长柔毛；第一回分枝与花序轴常成 15°~30° 角斜上；花瓣淡紫色至紫红色。蒴果；种子褐色。（栽培园地：IBCAS, WHIOB, KIB, LSBG）

Astilbe grandis 大落新妇

Astilbe grandis Stapf ex Wils. **大落新妇**

多年生草本。根状茎粗壮。小叶片卵形、狭卵形至长圆形，顶生小叶菱状椭圆形，边缘具重锯齿。圆锥花序顶生，花序宽可达 17cm；第一回分枝与花序轴成 35°~50° 角斜上；花序轴与花梗均被腺毛。（栽培园地：

SCBG, IBCAS, WHIOB, LSBG）

Astilbe rivularis Buch.-Ham. ex D. Don **溪畔落新妇**

多年生草本。茎被褐色长腺柔毛，2~3 回羽状复叶。圆锥花序多花，长约 40m；苞片 3 片，近椭圆形，边缘疏生褐色柔毛；萼片 4~5 片，背面无毛，近膜质，卵形、椭圆形至长圆形，无花瓣。（栽培园地：WHIOB）

Astilbe rivularis Buch.-Ham. ex D. Don var. **myriantha** (Diels) J. T. Pan **多花落新妇**

本变种的小叶片常卵形、阔卵形至阔椭圆形，无花瓣或有时具 1~（2~5）枚退化花瓣。（栽培园地：IBCAS, WHIOB）

Astilbe rubra Hook. f. et Thomson **腺萼落新妇**

多年生草本。茎疏生褐色卷曲长腺毛。叶为三回三出复叶。圆锥花序长 24.5~28cm；花梗及托杯外面均被腺毛；萼片 5 片，卵形，背面和边缘具腺毛；花瓣 5 片，粉红色至红色，线形。（栽培园地：WHIOB）

Bergenia 岩白菜属

该属共计 4 种，在 6 个园中有种植

Bergenia crassifolia (L.) Fritsch **厚叶岩白菜**

多年生草本。叶片革质，顶端钝圆，边缘具波状齿。聚伞花序圆锥状，具多花；萼片在花期直立，革质，倒卵形至三角状阔倒卵形；花瓣椭圆形至阔卵形；花序分枝、花梗、托杯和萼片疏生腺毛。（栽培园地：XJB）

Bergenia pacumbis (Buch.-Ham.) C. Y. Wu et J. T. Pan **舌岩白菜**

多年生草本。叶均基生，叶片革质，圆形、阔卵形至阔倒卵形。聚伞花序圆锥状；萼片阔卵形。（栽培园地：KIB）

Bergenia purpurascens (Hook. f. et Thomson) Engl. **岩白菜**

多年生草本。叶均基生，叶片革质，圆形、阔卵形至阔倒卵形，顶端钝圆，近全缘或边缘具不明显圆齿，具硬睫毛，基部稍心形，两面无毛。聚伞花序圆锥状；萼片阔卵形；花瓣白色或粉红色，近圆形。（栽培园地：SCBG, KIB, LSBG, XMBG）

Bergenia scopulosa T. P. Wang **秦岭岩白菜**

多年生草本。叶片革质，圆形、阔卵形至阔椭圆形，边缘波状或具波状齿。聚伞花序；萼片革质，卵形至阔卵形；花瓣椭圆形、阔卵形至近圆形；花梗、托杯

Bergenia pacumbis 舌岩白菜

Bergenia purpurascens 岩白菜

和萼片均无毛。（栽培园地：XTBG）

Brexia 伯力木属

该属共计 1 种，在 3 个园中有种植

Brexia madagascariensis (Lam.) Thouars ex Ker Gawl. **伯力木**

灌木或小乔木。多分枝，茎光滑。叶片形状变化大。花序具小花 3~12 朵，萼片全缘；花瓣卵形，肉质。核果卵形至长圆形；种子棕色或黑色，椭圆形。（栽培园地：SCBG, XTBG, XMBG）

Brexia madagascariensis 伯力木

Cardiandra 草绣球属

该属共计 1 种，在 2 个园中有种植

Cardiandra moellendorffii (Hance) Migo **草绣球**

灌木。叶片纸质，椭圆形或倒长卵形，边缘具粗长牙齿状锯齿，叶面被短糙伏毛。伞房状聚伞花序顶生，萼片阔卵形至近圆形；孕性花萼筒杯状，萼齿阔卵形。蒴果近球形或卵球形；种子棕褐色，种子两端的翅色深且与种子同。（栽培园地：WHIOB, LSBG）

Chrysosplenium 金腰属

该属共计 6 种，在 7 个园中有种植

Chrysosplenium davidianum Decne. ex Maxim. **锈毛金腰**

多年生草本。叶片顶端钝圆，边缘具圆齿，叶面具褐色长柔毛；互生。聚伞花序具密集多花；苞叶圆状扇形，边缘具圆齿；花黄色，萼片常近圆形，无毛。种子黑棕色，卵球形。（栽培园地：SCBG, KIB）

Chrysosplenium davidianum 锈毛金腰

Chrysosplenium hydrocotylifolium Lévl. et Vant. **天葫荽金腰**

多年生草本。叶片近圆形，边缘波状或具圆齿，两面无毛。多歧聚伞花序；花序分枝长达 7.5cm；苞叶阔卵形，边缘具圆齿；花绿色。种子黑褐色，近卵球形。（栽培园地：WHIOB）

Chrysosplenium japonicum (Maxim.) Makino **日本金腰**

多年生草本。基生叶肾形，边缘具浅齿，背面近无毛。聚伞花序分枝疏生柔毛；苞叶阔卵形至近扇形，无毛；花绿色；萼片阔卵形，顶端钝或急尖，无毛。种子黑棕色，椭球形，被微柔毛。（栽培园地：LSBG）

Chrysosplenium macrophyllum Oliv. **大叶金腰**

多年生草本。不育枝叶互生，阔卵形至近圆形，边缘具圆齿；基生叶数枚，革质，倒卵形，全缘或具不明显小圆齿；两种叶片均腹面疏生褐色柔毛，背面无毛。

Chrysosplenium macrophyllum 大叶金腰

多歧聚伞花序；苞叶卵形至阔卵形；萼片近卵形至阔卵形。种子黑褐色，近卵球形。（栽培园地：SCBG, WHIOB, LSBG, CNBG, SZBG）

Chrysosplenium serreanum Hand.-Mazz. **互叶金腰**

多年生草本。根状茎细，具多数须根。叶片肾状圆形，互生，边缘具 5~8 个浅圆齿。聚伞花序密集；萼片 4 片，半圆形。蒴果与萼片近等长。种子椭圆形，黑褐色。（栽培园地：IBCAS）

Chrysosplenium sinicum Maxim. **中华金腰**

多年生草本。不育枝发达，叶对生，叶片常阔卵形，边缘具钝齿，两面无毛。聚伞花序具 4~10 朵花，苞叶阔卵形、卵形至近狭卵形；花黄绿色；萼片阔卵形至近阔椭圆形。种子黑褐色，椭球形至阔卵球形。（栽培园地：LSBG）

Decumaria 赤壁木属

该属共计 1 种，在 1 个园中有种植

Decumaria sinensis Oliv. **赤壁木**

攀援灌木。叶片薄革质，倒卵形或椭圆形，全缘或上部具锯齿或波状，近无毛。伞房状圆锥花序；花白色；萼筒陀螺形；花瓣长圆状椭圆形。种子细小，两端尖，具白翅。（栽培园地：WHIOB）

Deinanthe 叉叶蓝属

该属共计 1 种，在 1 个园中有种植

Deinanthe caerulea Stapf **叉叶蓝**

多年生草本。叶常 4 片聚生于茎顶，近轮生，叶片膜质，阔椭圆形、卵形或倒卵形，边缘具锐尖齿。伞房状聚伞花序顶生；苞片数枚，披针形；萼片蓝色，圆形或卵圆形；花萼和花冠蓝色或稍带红色；萼筒宽陀螺状；花瓣卵圆形或扁圆形。（栽培园地：WHIOB）

Deutzia 溲疏属

该属共计 17 种，在 6 个园中有种植

Deutzia calycosa Rehd. **大萼溲疏**

灌木。叶片纸质或厚纸质，卵状长圆形，边缘具疏离锯齿，疏被星状毛。伞房状聚伞花序紧缩或开展，有花 9~12 朵；花萼裂片膜质，长于杯状的萼筒；花瓣白色或稍粉红色，卵状长圆形。蒴果半球形，褐色。（栽培园地：KIB）

Deutzia crenata Siebold et Zucc. **齿叶溲疏**

灌木。叶片纸质，卵形或卵状披针形。圆锥花序多花；花冠直径 1.5~2.5cm；萼筒杯状，高约 2.5mm，直径约 2mm，裂片卵形；花梗和萼筒均密被黄褐色星状毛；花瓣白色，狭椭圆形。蒴果半球形。（栽培园地：WHIOB, CNBG）

Deutzia calycosa 大萼溲疏

Deutzia discolor Hemsl. **异色溲疏**

灌木。叶片纸质，椭圆状披针形或长圆状披针形，长 5~10cm，宽 2~3cm，背面灰绿色。聚伞花序多花；萼筒杯状；花瓣白色，椭圆形，花丝齿尖。蒴果半球形，褐色。（栽培园地：WHIOB, KIB）

Deutzia discolor 异色溲疏

Deutzia glauca Cheng **黄山溲疏**

灌木。叶片纸质，卵状长圆形或卵状椭圆形，叶背面无毛，边缘具细锯齿。圆锥花序具多花，花枝无毛；萼筒杯状；花瓣白色，长圆形或狭椭圆状菱形。蒴果半球形。（栽培园地：WHIOB, LSBG, CNBG）

Deutzia glomeruliflora Franch. **球花溲疏**

灌木。叶片纸质，卵状披针形或披针形，边缘具细锯齿，叶背面浅绿色，疏被 4~7 分枝辐线星状毛。聚伞花序，有花 3~18 朵；萼筒杯状；花瓣白色，倒卵状椭圆形。蒴果半球形，褐色。（栽培园地：SCBG, KIB）

Deutzia glauca 黄山溲疏

Deutzia grandiflora Bunge **大花溲疏**

灌木。叶对生，叶片卵形或卵状披针形，叶背面密被辐线星状毛，紧贴而细；叶缘具大小相间或不整齐锯齿。聚伞花序，花较大，花瓣白色，长圆形或倒卵状长圆形。蒴果半球形。（栽培园地：IBCAS, WHIOB）

Deutzia longifolia Franch. **长叶溲疏**

灌木。叶片近革质或厚纸质，披针形、椭圆状披针形，边缘具细锯齿，叶面被辐线星状毛，叶脉上兼具中央长辐线。聚伞花序具多花；萼筒杯状；花瓣紫红色或粉红色，椭圆形或倒卵状椭圆形。蒴果近球形，褐色。（栽培园地：KIB）

Deutzia longifolia 长叶溲疏

Deutzia ningpoensis Rehd. **宁波溲疏**

灌木。叶片厚纸质，卵状长圆形或卵状披针形，疏被 4~7 分枝辐线星状毛。聚伞状圆锥花序多花；萼筒杯状，裂片卵形或三角形；花瓣白色，长圆形。蒴果半球形，密被星状毛。（栽培园地：IBCAS, LSBG, CNBG）

Deutzia ningpoensis 宁波溲疏

Deutzia parviflora Bunge **小花溲疏**

灌木。叶片纸质，卵形、椭圆状卵形或卵状披针形；叶面被 5(~6) 分枝辐线星状毛，背面疏被 6~12 分枝辐线星状毛，边缘具细锯齿。伞房花序多花；萼筒杯状，裂片三角形；花瓣白色，阔倒卵形或近圆形；花丝钻形或近截形，内轮具齿。蒴果球形。（栽培园地：IBCAS, WHIOB）

Deutzia pulchra Vidal **美丽溲疏**

灌木或小乔木。叶片近革质，卵状长圆形或长圆形，叶面绿色，疏被 6~12 分枝辐线星状毛；花枝上叶柄长 5~10mm，其余长 10~15mm。圆锥花序多花；花冠直径 1.8~2.2cm；萼筒杯状，裂片三角形；花瓣白色，长圆形或狭椭圆形。蒴果半球形。（栽培园地：IBCAS）

Deutzia purpurascens (Franch. ex L. Henry) Rehd. **紫花溲疏**

灌木。叶片纸质，阔卵状披针形或卵状长圆形，叶面被 3~5 分枝辐线星状毛，背面浅绿色，被 4~8 分枝辐线星状毛，毛斜伏。伞房状聚伞具 3~12 朵花；萼筒杯状，裂片披针形；花瓣粉红色，倒卵形或椭圆形。蒴果半球形，褐色。（栽培园地：IBCAS, KIB）

Deutzia purpurascens 紫花溲疏

Deutzia rubens Rehd. **粉红溲疏**

灌木。花枝常具 4 片叶。叶片膜质，长圆形或卵状长圆形，顶端急尖；边缘具细锯齿。伞房状聚伞花序有花 6~10 朵；萼筒杯状，裂片卵形；花瓣粉红色，倒卵形。蒴果半球形。（栽培园地：SCBG）

Deutzia rubens 粉红溲疏

Deutzia scabra Thunb. **溲疏**

落叶灌木。叶对生，叶片卵形至卵状披针形，顶端尖，基部稍圆，边缘具小齿。直立圆锥状聚伞花序多花，花白色或带粉红色斑点；萼杯状，花瓣长圆形或长圆状卵形；花柱 3 裂。蒴果近球形，顶端扁平。（栽培园地：SCBG, IBCAS, WHIOB, LSBG, CNBG）

Deutzia scabra 溲疏

Deutzia schneideriana Rehd. **长江溲疏**

灌木。叶片纸质，卵形，边缘具细锯齿。聚伞状圆锥花序，被星状毛；萼筒浅杯状，高约 3mm；直径约 4mm，裂片三角形；花梗和花萼被毛灰绿色；花瓣白色，长圆形。蒴果半球形，灰黑色，被星状毛。（栽培园地：IBCAS, LSBG, CNBG）

Deutzia setchuenensis Franch. **四川溲疏**

灌木。叶片纸质或膜质，卵形，叶背面黄绿色或淡

Deutzia setchuenensis 四川溲疏

绿色，网脉不隆起。伞房状聚伞花序，具6~20朵花；花瓣白色；萼筒杯状，裂片阔三角形。蒴果球形。（栽培园地：SCBG, WHIOB）

Deutzia staminea R. Br. ex Wall. **长柱溲疏**

灌木。叶片纸质，卵形或狭卵形，边缘具细锯齿，背面密被9~14分枝辐线星状毛。聚伞花序有9~25朵花；萼筒杯状，裂片卵形或卵状披针形；花瓣白色，长圆形或椭圆形。蒴果半球形。（栽培园地：WHIOB）

Deutzia staminea 长柱溲疏

Deutzia vilmorinae Lemoine et Bois **长梗溲疏**

落叶灌木。幼枝被星状毛。叶片长圆状披针形，边缘被锐锯齿，叶面疏被放射状星状柔毛，背面毛密，沿脉被长毛。伞房花序；花白色，花数5；萼片披针形，长于萼筒，被星状毛；花瓣卵形。蒴果半球形，具宿存萼片和花柱。种子小，暗褐色。（栽培园地：IBCAS, WHIOB）

Dichroa 常山属

该属共计3种，在7个园中有种植

Dichroa daimingshanensis Y. C. Wu **大明常山**

灌木。叶片纸质，椭圆形、长圆状椭圆形或倒卵状椭圆形。伞房状聚伞花序；花萼倒圆锥形，裂片钝三角形，长约1mm，无毛；花瓣阔披针形或长圆状卵形，无毛。果实近球形；种子梨形，浅褐色。（栽培园地：WHIOB）

Dichroa febrifuga Lour. **常山**

灌木；小枝、叶柄和叶脉均被皱卷短柔毛或无毛。叶形状大小变异大，常椭圆形、倒卵形等，边缘具齿。伞房状圆锥花序顶生，花蓝色或白色；花萼倒圆锥形，裂片阔三角形；花瓣长圆状椭圆形。浆果蓝色，干时黑色。（栽培园地：SCBG, WHIOB, KIB, XTBG, LSBG, SZBG, GXIB）

Dichroa daimingshanensis 大明常山

Dichroa febrifuga 常山

Dichroa yaoshanensis Y. C. Wu **罗蒙常山**

灌木。叶片纸质，椭圆形或卵状椭圆形，顶端急尖，边缘具齿。伞房状聚伞花序，花瓣长圆状披针形，花瓣两面均被长硬毛或内面无毛。果实近球形，疏被长柔毛。（栽培园地：WHIOB）

Heuchera 矾根属

该属共计1种，在1个园中有种植

Heuchera americana L. **美洲矾根**

多年生草本植物。叶片心形，5~7裂，叶色多为红色、紫色和绿色。圆锥花序；花小，钟状，绿白色。（栽培园地：IBCAS）

Hydrangea 绣球属

该属共计16种，在9个园中有种植

Hydrangea aspera D. Don **马桑绣球**

灌木或小乔木。叶片纸质，长卵形、卵状披针形或长椭圆形，密被灰白色、直或稍弯、彼此略交结的短柔毛，脉上的毛稍长。伞房状聚伞花序；孕性花萼筒钟状；花瓣长卵形，花柱3裂。蒴果坛状；种子褐色，阔椭圆形或近圆形。（栽培园地：WHIOB, KIB）

Hydrangea bretschneideri Dipp. **东陵绣球**

小灌木。一、二年生小枝无皮孔；叶片薄纸质或纸质，卵形、长卵形或长椭圆形；叶背面被灰白色长柔毛或脱落。伞房状聚伞花序较短小；孕性花萼筒杯状；花瓣白色，卵状披针形或长圆形。蒴果卵球形；种子淡褐色，狭椭圆形或长圆形。（栽培园地：IBCAS）

Hydrangea chinensis Maxim. **中国绣球**

灌木。叶片薄纸质至纸质，长圆形或狭椭圆形，顶端具尾尖或短尖头，两面被短柔毛或仅脉上被毛。伞形花序或伞房状聚伞花序顶生；分枝3或5，被短柔毛；花瓣黄色，椭圆形或倒披针形。蒴果卵球形。（栽培园地：SCBG, WHIOB, LSBG）

Hydrangea chinensis 中国绣球

Hydrangea davidii Franch. **西南绣球**

灌木。叶片纸质，长圆形或狭椭圆形。伞房状聚伞花序顶生，花序无总花梗，分枝3，中间的常较两侧的粗而长；花瓣狭椭圆形或倒卵形。蒴果近球形，宿存花柱外弯。种子淡褐色，倒卵形或椭圆形，无翅。（栽培园地：SCBG, WHIOB）

Hydrangea heteromalla D. Don **微绒绣球**

灌木至小乔木。叶片纸质，椭圆形、阔卵形至长卵形，叶背面密被微绒毛。伞房状聚伞花序具总花梗；花瓣淡黄色，长卵形。蒴果卵球形或近球形，直径不超过3mm。种子黄褐色。（栽培园地：IBCAS）

Hydrangea kwangsiensis Hu **粤西绣球**

灌木。叶片纸质，披针形，边缘略反卷，全缘或上部有仅具硬尖头的稀疏小齿，叶面无毛，背面疏被微柔毛。伞房状聚伞花序分枝3，不等长，中间的远比两侧的短；花瓣长椭圆形。种子棕黄色。（栽培园地：SCBG）

Hydrangea lingii Hoo **狭叶绣球**

灌木。叶片纸质，狭椭圆形，长5~9cm，宽1.5~2.5cm。伞房状聚伞花序短小，孕性花花瓣淡黄色，倒卵形或阔倒卵形，仅具1中脉；萼齿卵状三角形，萼筒杯状；花瓣淡黄色，倒卵形或阔倒卵形。种子褐色，椭圆形或倒卵形。（栽培园地：WHIOB）

Hydrangea longipes Franch. **莼兰绣球**

灌木。叶片膜质或薄纸质，阔卵形或倒卵形，背面被近贴伏的疏短柔毛，中脉和叶柄亦被短疏柔毛。伞房状聚伞花序顶生；不育花和孕性花白色；萼筒杯状。蒴果杯状；种子淡棕色，扁平，卵状三角形或狭三角形。（栽培园地：WHIOB）

Hydrangea macrophylla (Thunb.) Ser. **绣球**

落叶灌木。叶片纸质或近革质，倒卵形或阔椭圆形，顶端骤尖，具短尖头。伞房状聚伞花序近球形，花多数为不育花。花色多变。萼筒倒圆锥状；花瓣长圆形。（栽培园地：SCBG, IBCAS, WHIOB, KIB, LSBG, CNBG, SZBG, GXIB, XMBG）

Hydrangea macrophylla 绣球

Hydrangea paniculata Siebold **圆锥绣球**

灌木或小乔木。叶片纸质，对生或轮生。圆锥状聚伞花序尖塔形；不育花较多，白色；孕性花萼筒陀螺状，花瓣白色；雄蕊不等长。蒴果椭圆形；种子褐色，两端具翅。（栽培园地：SCBG, WHIOB, LSBG, CNBG, GXIB）

Hydrangea quercifolia Bartram **栎叶绣球**

落叶灌木。叶片宽卵形或宽卵状圆形，叶背面具白色绒毛。圆锥状花序，直立，开花初期花瓣白色，后渐转变成粉红色。（栽培园地：CNBG）

Hydrangea paniculata 圆锥绣球

Hydrangea serrata f. acuminata 泽八绣球

Hydrangea robusta Hook. f. et Thomson **粗枝绣球**

落叶灌木或小乔木。叶片纸质，常宽卵形，边缘具小牙齿，齿端硬尖，两面具伏毛。伞房状聚伞花序顶生；花二型；孕性花小；萼筒近无毛，尖齿状。蒴果近半球形；种子近椭圆形，两端突然收缩成短翅。（栽培园地：WHIOB）

Hydrangea serrata (Thunb.) Ser. f. **acuminata** (Siebold et Zucc.) E. H. Wilson **泽八绣球**

本变型的叶片椭圆形，边缘具刺齿。圆锥花序，花蓝色或粉红色。（栽培园地：SCBG）

Hydrangea stenophylla Merr. et Chen **柳叶绣球**

灌木。叶片纸质，狭披针形或披针形，叶面光滑无毛。伞房状聚伞花序，总花梗长4~12cm；孕性花绿白色，萼筒浅杯状；花瓣狭椭圆形或椭圆形，长3~4mm。蒴果阔椭圆状。种子淡褐色，卵圆形或椭圆形，无翅。（栽培园地：WHIOB）

Hydrangea strigosa Rehd. **蜡莲绣球**

灌木。叶片纸质，常长圆形或卵状披针形，背面密被灰白色糙伏毛。伞房状聚伞花序大；不育花萼片4~5枚，白色或淡紫红色；孕性花淡紫红色，萼筒钟状；花瓣长卵形，花柱2枚。蒴果坛状；种子褐色，阔椭圆形，有翅。（栽培园地：SCBG, WHIOB, CNBG）

Hydrangea xanthoneura Diels **挂苦绣球**

灌木至小乔木。叶片纸质至厚纸质，叶面淡黄绿色，无毛，仅中脉和侧脉被小糙伏毛，叶脉淡黄色。伞房状聚伞花序顶生；不育花萼片4枚，淡黄绿色；孕性花萼筒浅杯状，与萼筒近等长；花瓣白色或淡绿色，长卵形。蒴果卵球形；种子褐色，具翅。（栽培园地：IBCAS）

Itea 鼠刺属

该属共计10种，在6个园中有种植

Itea chinensis Hook. et Arn. **鼠刺**

灌木或小乔木。叶片薄革质，倒卵形或卵状椭圆形，边缘具浅圆齿状齿，稀波状或近全缘，侧脉4~5对，无毛。腋生总状花序，花多数；苞片线状钻形，短于花梗；萼筒浅杯状，被毛；花瓣白色，披针形。蒴果长圆状披针形。（栽培园地：SCBG, WHIOB, SZBG, GXIB）

Itea chinensis 鼠刺

Itea coriacea Y. C. Wu **厚叶鼠刺**

灌木，稀小乔木。叶片厚革质，椭圆形或倒卵状长圆形，网脉明显；叶柄粗壮，长 1.5~2.5cm。总状花序腋生或稀兼顶生，具多数花；萼筒浅杯状，黄绿色，被微柔毛；花瓣白色。蒴果锥形，被疏柔毛。（栽培园地：SCBG, WHIOB）

Itea coriacea 厚叶鼠刺

Itea glutinosa Hand.-Mazz. **腺鼠刺**

灌木或小乔木；小枝、花序轴、花梗、苞片和萼均被红色无柄或近有柄的腺体。叶厚革质，长圆状椭圆形。总状花序单生叶腋，短于叶片；雄蕊明显长于花瓣和子房。（栽培园地：WHIOB）

Itea ilicifolia Oliv. **冬青叶鼠刺**

灌木。叶片厚革质，宽椭圆形、椭圆状长圆形至圆形，具硬刺状粗锯齿，无毛。顶生总状花序；苞片钻形；花多数；萼筒浅钟状；花瓣黄绿色；花萼及花梗无毛。蒴果卵状披针形。（栽培园地：WHIOB）

Itea macrophylla Wall. ex Roxb. **大叶鼠刺**

小乔木。叶片薄革质，阔卵形或宽椭圆形，两面无毛。

Itea macrophylla 大叶鼠刺

总状花序腋生；花序轴及花梗被短柔毛；萼筒杯状；萼片三角状披针形；花瓣白色，反折，花丝及子房均无毛。蒴果狭锥形。（栽培园地：WHIOB, XTBG）

Itea oblonga Hand.-Mazz. **矩形叶鼠刺**

灌木或小乔木。叶片薄革质，倒卵形或矩圆状倒卵形，两面无毛。腋生总状花序；苞片三角状披针形

Itea oblonga 矩形叶鼠刺

或倒披针形；萼筒浅杯状，萼片三角状披针形；花瓣白色，披针形；雄蕊与花瓣等长或长于花瓣。蒴果被柔毛。（栽培园地：SCBG, WHIOB）

Itea parviflora Hemsl. **小花鼠刺**

常绿灌木或小乔木。小枝纤细，无毛。叶片膜质或薄纸质，披针形或长圆状披针形，边缘具圆齿状齿，稀波状或全缘，两面无毛或仅背面脉腋有疏髯毛。腋生总状花序，花多数；萼筒浅漏斗状，萼片三角形；花瓣白色，无毛。（栽培园地：XTBG）

Itea parviflora 小花鼠刺

Itea riparia Coll. et Hemsl. **河岸鼠刺**

灌木。叶片薄革质，常密集于枝端，近簇生；边缘具腺齿。顶生总状花序，下垂，常长于叶；花序轴及花梗有微柔毛；苞片线状披针形；萼筒浅杯状；花瓣白色，三角状披针形。蒴果卵状锥形，无毛。（栽培园地：XTBG）

Itea yangchunensis S. Y. Jin **阳春鼠刺**

灌木。叶片厚革质，长圆形或长圆状椭圆形，顶端极钝或圆形，叶柄较短，长不超过7mm，侧脉和网脉极明显。总状花序腋生，花较少数，2~3个簇生单生；萼筒浅杯状；萼片矩圆形。蒴果锥状，干时黑色。（栽培园地：SCBG）

Itea yangchunensis 阳春鼠刺

Itea yunnanensis Franch. **滇鼠刺**

灌木或小乔木。叶片薄革质，卵形或椭圆形，具刺状细锯齿。顶生总状花序，花多数；苞片钻形；萼筒浅杯状；花瓣淡绿色，花萼和花梗被短柔毛。蒴果锥状，无毛。（栽培园地：SCBG, WHIOB, KIB）

Itea yunnanensis 滇鼠刺

Parnassia 梅花草属

该属共计4种，在3个园中有种植

Parnassia amoena Diels **南川梅花草**

多年生草本。基生叶3~5枚，叶片肾形；茎生叶3~6枚，较基生叶小，近肾形或近圆形。花单生于茎顶；萼片长圆形或长椭圆形；花瓣雪白色，花瓣边缘中部以下流苏状。蒴果顶端压扁球形；种子多数，褐色。（栽培园地：WHIOB）

Parnassia crassifolia Franch. **鸡心梅花草**

多年生草本。基生叶2~4枚；叶片卵状心形，近革质，长2~4.5cm，宽1.8~3.5cm；近中部有1茎生叶，基部心形。花单生于茎顶，萼筒管陀螺状；萼片宽卵

Parnassia crassifolia 鸡心梅花草

形；花瓣白色。蒴果；种子多数，褐色。（栽培园地：SCBG）

Parnassia delavayi Franch. **突隔梅花草**

多年生草本。基生叶 3~4 枚；叶片肾形或近圆形。花单生于茎顶；萼筒倒圆锥形；花瓣白色；退化雄蕊顶端 3 裂，裂片长度达 2/5 或 1/2。蒴果 3 裂；种子多数，褐色。（栽培园地：KIB）

Parnassia delavayi 突隔梅花草

Parnassia wightiana Wall. ex Wight et Arn. **鸡肫梅花草**

多年生草本。基生叶 2~4 枚，叶片宽心形长度和宽度几相等，茎生叶与基生叶同形。花单生于茎顶；萼片卵状披针形或卵形；花瓣白色；退化雄蕊 5 浅裂至中裂。蒴果倒卵球形，褐色；种子长圆形，褐色，具光泽。（栽培园地：SCBG, KIB）

Parnassia wightiana 鸡肫梅花草

Penthorum 扯根菜属

该属共计 1 种，在 3 个园中有种植

Penthorum chinense Pursh **扯根菜**

多年生草本。叶互生，叶片披针形至狭披针形。聚伞花序具多花；花序分枝与花梗均被褐色腺毛；苞片小，卵形至狭卵形；花小型，黄白色；萼片 5 片；无花瓣。蒴果红紫色；种子多数，卵状长圆形。（栽培园地：SCBG, WHIOB, GXIB）

Penthorum chinense 扯根菜

Philadelphus 山梅花属

该属共计 12 种，在 8 个园中有种植

Philadelphus brachybotrys Koehne ex Vilm. et Bois **短序山梅花**

灌木。叶片卵形或卵状长圆形，两面被毛。总状花序有 3~5 朵花，花序轴长 2~4cm；花萼黄绿色；花冠盘状；花瓣白色。蒴果椭圆形。（栽培园地：CNBG）

Philadelphus coronarius L. **欧洲山梅花**

灌木。叶片卵形至矩圆状卵形，长 4~8cm，边缘具疏锯齿。花朵乳白色，总状花序具 5~7 朵花，花序下部的花梗长 5~10mm，花柱分裂至 1/2。（栽培园地：IBCAS）

Philadelphus delavayi L. Henry **云南山梅花**

灌木。叶片长圆状披针形或卵状披针形。花序有 5~9 朵花，呈聚伞状或总状排列；花序轴长 5~9cm，花萼外面无毛，常具白粉，无棱或仅基部稍具棱；花瓣白色。蒴果倒卵形；种子具稍长喙。（栽培园地：IBCAS, KIB）

Philadelphus delavayi 云南山梅花

Philadelphus henryi Koehne **滇南山梅花**

灌木。叶片纸质，卵形或卵状长圆形，边缘具锯齿，叶面被刚毛。总状花序有 5~22 朵花；花萼暗紫色；花瓣白色，圆形或长圆形。蒴果倒卵形。（栽培园地：KIB）

Philadelphus incanus Koehne **山梅花**

灌木。叶片卵形或阔卵形。总状花序有 5~7 朵花；花萼外面密被紧贴糙伏毛；萼筒钟形，裂片卵形；花瓣白色，卵形或近圆形；花药无毛。蒴果倒卵形；

Philadelphus delavayi 云南山梅花

Philadelphus incanus 山梅花

种子具短喙。（栽培园地：SCBG, IBCAS, WHIOB, CNBG）

Philadelphus inodorus L. **大花山梅花**

灌木。叶片卵形至卵状椭圆形，顶端渐尖至长渐尖，边缘疏具锯齿。花大，花瓣白色，4 片。蒴果近圆形，熟时 4 片裂。（栽培园地：IBCAS）

Philadelphus pekinensis Rupr. **太平花**

灌木。叶片卵形或阔椭圆形，两面均无毛或仅背面脉腋被毛，边缘具锯齿。总状花序有 5~7 朵花；花序轴长 3~5cm，黄绿色，无毛；花瓣白色，倒卵形。蒴果近球形或倒圆锥形；种子具短喙。（栽培园地：IBCAS, WHIOB, LSBG, CNBG, IAE）

Philadelphus schrenkii Rupr. **东北山梅花**

灌木。叶片卵形或椭圆状卵形。总状花序有 5~7 朵花；花萼黄绿色；花瓣白色，倒卵形或长圆状倒卵形，无毛。蒴果椭圆形；种子长约 2mm，具短喙。（栽培园地：IBCAS）

Philadelphus pekinensis 太平花

Philadelphus sericanthus var. kulingensis 牯岭山梅花

Philadelphus schrenkii Rupr. var. **mandshuricus** (Maxim.) Kitagawa **毛盘山梅花**

本变种与原变种的区别为：叶片阔卵形，长 6~8cm，宽 4~5cm，顶端急尖；花瓣近圆形；花盘和花柱均被微柔毛。（栽培园地：IBCAS）

Philadelphus sericanthus Koehne **绢毛山梅花**

灌木。叶片纸质，椭圆形或椭圆状披针形，背面疏被毛或仅沿叶脉被毛，边缘具锯齿；叶脉稍离基 3~5 条。总状花序有 7~15 朵花；花瓣白色，倒卵形或长圆形。蒴果倒卵形；种子具短喙。（栽培园地：WHIOB, LSBG, GXIB）

Philadelphus sericanthus 绢毛山梅花

Philadelphus sericanthus Koehne var. **kulingensis** (Koehne) Hand.-Mazz. **牯岭山梅花**

本变种与原变种的区别为：叶片卵状椭圆形，叶面无毛或近无毛，边缘明显具 9~12 齿；花萼疏被糙伏毛。（栽培园地：LSBG）

Philadelphus tenuifolius Rupr. ex Maxim. **薄叶山梅花**

灌木。叶片卵形，边缘具疏离锯齿。总状花序有 3~7 朵花；花萼黄绿色，花萼外面疏被微柔毛；裂片卵形；花瓣白色，卵状长圆形。蒴果倒圆锥形；种子具短喙。（栽培园地：IBCAS）

Pileostegia 冠盖藤属

该属共计 2 种，在 3 个园中有种植

Pileostegia tomentella Hand.-Mazz. **星毛冠盖藤**

常绿攀援灌木。小枝、叶背面、叶柄和花序密被锈色星状绒毛；叶革质，长圆形或倒卵状长圆形，基部

Pileostegia tomentella 星毛冠盖藤

圆形或稍浅心形。伞房状圆锥花序顶生花白色；花瓣卵形。蒴果陀螺状，平顶；种子细小，棕色。（栽培园地：SCBG, WHIOB）

Pileostegia viburnoides Hook. f. et Thomson **冠盖藤**

常绿攀援状灌木；小枝、叶和花序无毛或极少被星状绒毛或柔毛。叶对生，叶片薄革质，椭圆状倒披针形或长椭圆形。伞房状圆锥花序顶生；花白色；萼筒圆锥状；花瓣卵形。蒴果圆锥形。（栽培园地：SCBG, WHIOB, LSBG）

Pileostegia viburnoides 冠盖藤

Platycrater 蛛网萼属

该属共计 1 种，在 3 个园中有种植

Platycrater arguta Siebold et Zucc. **蛛网萼**

落叶灌木。叶片膜质至纸质，披针形或椭圆形，边缘具粗锯齿或小齿。伞房状聚伞花序近无毛；花少数；萼片 3~4 片，阔卵形；花瓣稍厚，卵形。蒴果倒圆锥状；种子暗褐色，椭圆形。（栽培园地：LSBG, CNBG, GXIB）

Platycrater arguta 蛛网萼

Polyosma 多香木属

该属共计 1 种，在 1 个园中有种植

Polyosma cambodiana Gagnep. **多香木**

乔木。叶片薄革质，长椭圆状倒披针形或长椭圆形。花白色；萼筒被毛，萼片细小，卵状三角形；花瓣 4 片，线形。果卵圆形，具 1 粒种子。（栽培园地：XTBG）

Ribes 茶藨子属

该属共计 19 种，在 6 个园中有种植

Ribes alpestre Wall. ex Decne. **长刺茶藨子**

落叶灌木。叶片宽卵圆形，叶下部的节上着生 3 枚粗壮刺。花两性，2~3 朵组成短总状花序或花单生于叶腋；花萼绿褐色或红褐色；萼筒钟形；花瓣椭圆形或长圆形，带白色；花柱分裂至中部，花药顶端具 1 蜜腺。子房和果实具腺毛，无小刺。（栽培园地：SCBG, IBCAS, WHIOB）

Ribes alpestre 长刺茶藨子

Ribes alpestre Wall. ex Decne. var. **giganteum** Jancz. **大刺茶藨子**

本变种的枝刺较粗壮，有时长达 3cm，稀短小；花萼外面无毛或几无毛；子房和果实无柔毛，无腺毛。（栽培园地：KIB）

Ribes alpinum L. **高山茶藨子**

落叶灌木。叶片轮廓近圆形或椭圆形，掌状 3~5 裂，裂片顶端钝或圆，边缘疏具圆齿，叶面疏被糙毛。雌

Ribes alpestre var. giganteum 大刺茶藨子

雄异株；花小，黄绿色。果圆形，光滑，熟时红色，顶端花萼宿存。（栽培园地：IBCAS）

Ribes burejense Fr. Schmidt **刺果茶藨子**

落叶灌木。叶片宽卵圆形，边缘具粗钝锯齿，节上着生 3~7 枚轮状排列的粗刺。花两性，单生于叶腋或 2~3 朵组成短总状花序；花萼浅褐色至红褐色；花瓣匙形或长圆形；子房和果实具小刺，无腺毛；花柱仅顶端 2 浅裂，花药顶端无蜜腺。果实圆球形。（栽培园地：IBCAS）

Ribes cynosbati L. **北美刺茶藨**

灌木，具直立的主茎。叶片具 3~5 裂，被腺毛。花序具多花，花瓣淡绿白色。果白色至浅绿色。（栽培园地：IBCAS）

Ribes fasciculatum Siebold et Zucc. **簇花茶藨子**

落叶灌木。枝无刺。叶片近圆形，叶缘具裂，顶生裂片稍长或几与侧生裂片近等长。花单性，雌雄异株，组成几无总梗的伞形花序，具花 2~9 朵或花数朵簇生，稀单生；苞片长圆形；花萼黄绿色；花瓣近圆形或扇形；果实近球形，红褐色，无毛。（栽培园地：IBCAS）

Ribes fasciculatum Siebold et Zucc. var. **chinense** Maxim. **华蔓茶藨子**

本变种与原变种的区别为：嫩枝、叶两面和花梗均被较密柔毛；叶较大，直径可达 10cm，冬季常不凋落。（栽培园地：WHIOB, CNBG）

Ribes fasciculatum var. chinense 华蔓茶藨子

Ribes glabricalycinum L. T. Lu **光萼茶藨子**

落叶小灌木。叶片宽卵圆形，边缘具钝重锯齿；叶柄、叶两面、花序轴和花梗被细短柔毛和短腺毛。花单性，雌雄异株，组成短总状花序；花萼绿色或黄绿色；萼片卵圆形或舌形；花瓣小，倒卵圆形或扇形，顶端圆钝。果实球形。（栽培园地：SCBG）

Ribes glaciale Wall. **冰川茶藨子**

落叶灌木。叶片长卵圆形，稀近圆形，顶生裂片比侧生裂片长 2~3 倍，顶端长渐尖，边缘具粗大单锯齿。花单性，雌雄异株，组成直立总状花序；花萼近辐状，褐红色；萼片卵圆形或舌形；花瓣近扇形或楔状匙形。果实近球形或倒卵状球形。（栽培园地：WHIOB）

Ribes komarovii Pojark. **长白茶藨子**

落叶灌木。叶片宽卵圆形或近圆形，两面无毛，

Ribes komarovii 长白茶藨子

稀疏生腺毛，顶生裂片顶端急尖。花单性，雌雄异株，排成直立短总状花序；花萼绿色；萼筒杯形；萼片卵圆形或长卵圆形；花瓣很小。果实球形或倒卵球形。（栽培园地：SCBG, IBCAS, IAE）

Ribes longiracemosum Franch. **长序茶藨子**

落叶灌木。叶片卵圆形。花两性；总状花序，具15~20朵花；花萼绿色带紫红色；萼筒钟状短圆筒形，带红色，萼片绿色，长圆形或近舌形；花瓣近扇形。果实球形。（栽培园地：WHIOB）

Ribes mandshuricum (Maxim.) Kom. **东北茶藨子**

落叶灌木。叶片宽大，裂片顶端急尖至短渐尖，边缘具粗锐锯齿或重锯齿。花两性；总状花序，具多达40~50朵花，花托内部具5个分离的突出体；萼片倒卵状舌形或近舌形；花瓣近匙形，浅黄绿色。果实球形，红色；种子多数，圆形。（栽培园地：IBCAS）

Ribes mandshuricum (Maxim.) Kom. var. **subglabrum** Kom. **光叶东北茶藨子**

本变种的叶片幼时叶面无毛，背面灰绿色，沿叶脉稍有柔毛，仅在脉腋间毛较密；花序较短；萼片狭小。（栽培园地：IBCAS）

Ribes maximowiczii Batalin **华西茶藨子**

落叶灌木。叶片宽卵圆形，长6~10cm，边缘具粗大钝锯齿或重锯齿。花单性，雌雄异株，成直立总状花序；雄花序长7~15cm，具15~30余朵密集排列的花，花萼黄绿色略带红色；花瓣近扇形。果实卵球形。（栽培园地：IBCAS）

Ribes moupinense Franch. **宝兴茶藨子**

落叶灌木。叶片卵圆形或宽三角状卵圆形，边缘具齿，幼枝和叶两面无毛或叶仅具腺毛，稀叶背面沿叶脉具短柔毛。花两性，总状花序，具9~25朵花；苞片宽卵圆形或近圆形；萼筒钟形，萼片卵圆形或舌形，雄蕊着生在与花瓣同一水平上；花瓣倒三角状扇形。（栽培园地：WHIOB）

Ribes odoratum Wendl. **香茶藨子**

落叶灌木。叶片圆状肾形至倒卵圆形，掌状3~5深裂，边缘具粗钝锯齿。花两性，总状花序，具5~10朵花；苞片卵状披针形或椭圆状披针形；花萼黄色，萼筒管形，萼片长圆形或匙形；花瓣近匙形或近宽倒卵形，浅红色。果实球形或宽椭圆形，无毛。（栽培园地：IBCAS）

Ribes rubrum L. **红茶藨子**

落叶灌木。叶片近圆形，掌状3~5浅裂，边缘具粗锐锯齿。花两性；总状花序，具花5~15朵；苞片小，宽卵圆形，无毛；花萼浅绿色或浅绿褐色，萼片匙状圆形；花瓣小，近匙形或近扇形，浅紫红色。果实圆形，红色。（栽培园地：IBCAS）

Ribes setchuense Jancz. **四川茶藨子**

落叶灌木。叶片卵圆形或宽三角状卵圆形，边缘具不整齐粗锐锯齿，幼枝和叶两面具短柔毛。花两性；总状花序；花萼浅绿色；萼筒钟形；萼片舌形，萼片顶端微尖内弯，雄蕊着生在低于花瓣处；花瓣倒三角状扇形。果实球形，红色。（栽培园地：SCBG）

Ribes setchuense 四川茶藨子

Ribes takare D. Don **渐尖茶藨子**

落叶灌木。叶片较大，宽卵圆形或近圆形，边缘深裂，顶生裂片长于侧生裂片，两面无毛或疏生腺毛。花单性，雌雄异株，组成总状花序，雄花序长6~10cm；苞片披针形；花萼红褐色，萼片直立，具3脉；花瓣小，近扇形或楔状圆形。果实卵球形，浅黄绿色转红褐色。（栽培园地：WHIOB）

Rodgersia 鬼灯檠属

该属共计4种，在5个园中有种植

Rodgersia aesculifolia Batalin **七叶鬼灯檠**

多年生草本。掌状复叶；小叶片顶端不裂，倒卵形至倒披针形，边缘具重锯齿，腹面疏生近无柄之腺毛。多歧聚伞花序圆锥状；萼片近三角形，顶端短渐尖，腹面无毛或具近无柄之腺毛，边缘和背面具短腺毛和柔毛，具弧曲脉和羽状脉。蒴果卵形。（栽培园地：SCBG, IBCAS, WHIOB, KIB）

Rodgersia pinnata Franch. **羽叶鬼灯擎**

多年生草本。近羽状复叶；基生叶和下部茎生叶常具6~9枚小叶；小叶片椭圆形、长圆形至狭倒卵形，

Rodgersia aesculifolia 七叶鬼灯檠

Rodgersia pinnata 羽叶鬼灯擎

边缘有重锯齿，腹面无毛，背面沿脉具褐色柔毛。多歧聚伞花序圆锥状，具多花；花瓣缺。蒴果紫色。（栽培园地：KIB）

Rodgersia podophylla Gray **鬼灯檠**

多年生草本。根状茎粗壮，横走。掌状复叶，小叶

Rodgersia podophylla 鬼灯檠

片 5~7 片，近倒卵形，顶端 3（~5）浅裂，腹面无毛，边缘具粗锯齿；茎生叶互生，较小。圆锥花序顶生，多花；萼片 7~5 片，顶端渐尖，腹面无毛，边缘和背面疏生短腺毛，具羽状脉，脉于顶端不汇合。花瓣缺。（栽培园地：SCBG, WHIOB, SZBG）

Rodgersia sambucifolia Hemsl. **西南鬼灯檠**

多年生草本。羽状复叶；基生叶和下部茎生叶常具顶生小叶片 3 枚，侧生小叶片 6~7 枚；小叶倒卵形、长圆形至披针形，边缘具重锯齿，腹面被糙伏毛。聚伞花序圆锥状；萼片 5 片，近卵形，腹面无毛。花瓣缺。（栽培园地：KIB）

Rodgersia sambucifolia 西南鬼灯檠

Saxifraga 虎耳草属

该属共计 6 种，在 9 个园中有种植

Saxifraga aculeata Balf. f. **卵心叶虎耳草**

多年生草本。基生叶具长柄，叶片革质，常卵形，边缘具波状粗齿，基生叶非盾状着生，两面均被糙腺毛，叶片与叶柄连结处具芽。茎生叶 1~4 枚，披针形至卵形，

Saxifraga aculeata 卵心叶虎耳草

单脉。聚伞花序圆锥状，具12~30朵花；萼片开花时至反曲，卵形；花瓣白色。（栽培园地：WHIOB, KIB, GXIB）

Saxifraga fortunei Hook. f. **齿瓣虎耳草**

多年生草本。叶均基生，基生叶背面无毛，叶面和叶柄被腺柔毛；叶片肾形至近心形，具掌状达缘脉序。多歧聚伞花序圆锥状，具多花；苞片狭三角形；萼片近卵形；花瓣白色至淡红色，较长的花瓣边缘常具锯齿和腺睫毛。（栽培园地：SCBG, WHIOB）

Saxifraga fortunei 齿瓣虎耳草

Saxifraga mengtzeana Engl. et Irmsch. **蒙自虎耳草**

多年生草本。基生叶具柄，叶片革质，卵形至阔卵形，边缘具粗圆齿，盾状着生，腹面无毛；茎生叶披针形，叶片与叶柄连结处无芽。聚伞花序圆锥状；萼片在花期开展至反曲，狭卵形；花瓣白色，三角状卵形。（栽培园地：KIB）

Saxifraga rufescens Balf. f. **红毛虎耳草**

多年生草本。叶均基生，叶片肾形、圆肾形至心形，具齿牙，基生叶两面被腺毛。多歧聚伞花序圆锥状，具10~31朵花；萼片卵形至狭卵形；花瓣白色至粉红色，5枚，披针形至狭披针形。（栽培园地：SCBG, KIB）

Saxifraga rufescens 红毛虎耳草

Saxifraga stolonifera Curt. **虎耳草**

多年生草本，具匍匐枝。基生叶具长柄，叶片近心形、肾形至扁圆形；茎生叶披针形。聚伞花序圆锥状，具7~61朵花；萼片卵形；花瓣白色，卵形，5枚，具羽状脉序。花盘半围绕于子房一侧，半环状，具小瘤突。（栽培园地：SCBG, IBCAS, WHIOB, KIB, LSBG, CNBG, SZBG, GXIB, XMBG）

Saxifraga unguipetala Engl. et Irmsch. **鄂西虎耳草**

多年生草本。茎生叶约 7 枚，叶片狭长圆形至长圆状匙形，小主轴之叶具 5~9 窝孔。花单生于茎顶；萼片在花期直立，革质，阔卵形，仅腹面无毛，顶端、背面和边缘均具腺毛，具 8~9 脉；花瓣白色，具 6~9 脉。（栽培园地：WHIOB）

Schizophragma 钻地风属

该属共计 2 种，在 3 个园中有种植

Schizophragma hydrangeoides Siebold et Zucc. **绣球钻地风**

落叶木质藤本。叶片阔卵形至卵状心形，长达 16cm，边缘疏具齿刺。伞房状聚伞花序大型；花小而密，具白色叶状苞片，花瓣小，白色，雄蕊多枚，花丝纤细，长约为花瓣的 3~4 倍。（栽培园地：LSBG）

Schizophragma integrifolium Oliv. **钻地风**

木质藤本或攀援灌木。叶片纸质，椭圆形、长椭圆形或阔卵形，无毛。伞房状聚伞花序密被褐色；不育花萼片单生或偶有 2~3 片聚生于花柄上，卵状披针形，黄白色；孕性花萼筒陀螺状，萼齿三角形；花瓣长卵形。蒴果钟状或陀螺状，较小。（栽培园地：WHIOB, KIB, LSBG）

Tiarella 黄水枝属

该属共计 1 种，在 4 个园中有种植

Tiarella polyphylla D. Don **黄水枝**

多年生草本。根状茎横走，深褐色。基生叶心形，掌状 3~5 浅裂；茎生叶通常 2~3 枚，与基生叶同型，叶柄较短。总状花序；萼片卵形；无花瓣。种子黑褐色。（栽培园地：SCBG, WHIOB, KIB, XTBG）

Tiarella polyphylla 黄水枝

Schisandraceae 五味子科

该科共计 20 种，在 11 个园中有种植

木质藤本。单叶互生，常具透明腺点；叶柄细长，无托叶。雌雄异株；花单性，单生于叶腋，有时数朵聚生于叶腋或短枝上；花被片 6~24 片，排成 2 至多轮；雄花：雄蕊 120 枚，少有 4 或 5 枚，分离或合生成肉质的雄蕊群，花丝短或无；雌花：雌蕊 12~300 枚，离生，排成球形或椭圆形的雌蕊群，每心皮常具倒生胚珠 2~5 颗，稀 11 颗，聚合果球状或穗状。

Kadsura 南五味子属

该属共计 7 种，在 9 个园中有种植

Kadsura ananosma Kerr **中泰南五味子**

木质藤本，全株各部无毛。叶片纸质，椭圆形，背面褐色，密布突起的腺点；叶柄粗壮。花单生于小枝近基部叶腋；雄花花被片黄绿色，花托顶端伸长，具分枝的附属体。（栽培园地：XTBG）

Kadsura coccinea (Lem.) A. C. Smith **黑老虎**

藤本，全株无毛。叶片革质，长椭圆形至卵状披针形，全缘。花单生于叶腋，雄花花被片红色，花托顶端具 1~20 条分枝的钻状附属体；雌花花被片与雄花相似，花柱短钻状。聚合果近球形，红色或暗紫色。（栽培园地：SCBG, WHIOB, XTBG, SZBG, GXIB）

Kadsura heteroclita (Roxb.) Craib **异形南五味子**

常绿木质藤本，全株无毛。叶片卵状椭圆形至阔椭圆形，全缘或上部边缘疏具小锯齿，干时两面异色，叶柄狭翅不明显。花单生于叶腋，花被片白色或浅黄色；雄花花丝与药隔连成近宽扁四方形，药室约与雄蕊等长，花丝极短。聚合果近球形。（栽培园地：

Kadsura coccinea 黑老虎

Kadsura heteroclita 异形南五味子

SCBG, WHIOB, SZBG, GXIB）

Kadsura interior A. C. Smith **凤庆南五味子**

常绿木质藤本，全株无毛。叶片椭圆形或卵状椭圆形，干时两面近同色；叶柄具明显狭翅。花单性同株，花被片乳黄色，雄花花丝与药隔连成宽扁倒梯形，药室长为雄蕊长的2/3，具明显花丝；雌花花被片稍大。聚合果近球形。（栽培园地：XTBG）

Kadsura japonica (L.) Dunal **日本南五味子**

藤本，全株无毛。叶片纸质，倒卵状椭圆形或长椭圆形，全缘或具疏锯齿。花单生叶腋，雌雄异株；雄花花被片淡黄色，具腺点；雄蕊群近球形或卵球形，直径5~7mm，具雄蕊34~35枚。小浆果近球形，顶端不增厚。（栽培园地：KIB）

Kadsura longipedunculata Finet et Gagnep. **南五味子**

藤本，全株无毛。叶片椭圆状披针形、倒卵状披针形或卵状椭圆形。雌雄异株；花单生于叶腋，花被片白色或淡黄色，雄花花托椭圆形，顶端伸长，但不凸出于雄蕊群之外。聚合果球形，直径1.5~3.5cm；果梗长3~17cm；小浆果倒卵圆形，干时显出种子。（栽培园地：SCBG, WHIOB, XTBG, LSBG, CNBG, SZBG, XMBG）

Kadsura longipedunculata 南五味子

Kadsura oblongifolia Merr. **冷饭藤**

藤本，全株无毛。叶片纸质，椭圆状披针形或狭椭圆形。雌雄异株；花单生于叶腋，花被片黄色，雄花雄蕊群球形，直径4~5mm，具雄蕊25枚。聚合果近球形或椭圆体形，径1.2~2cm；小浆果椭圆体形或倒卵圆形。（栽培园地：SCBG）

Schisandra 五味子属

该属共计13种，在11个园中有种植

Schisandra chinensis (Turcz.) Baill. **五味子**

落叶木质藤本，除幼叶背面被柔毛及芽鳞具缘毛外其余无毛。叶片宽椭圆形、卵形、倒卵形或近圆形。花被片粉红色至白色，雄花雄蕊群近倒卵圆形，花托短圆柱形，顶端不伸长。聚合果长1.5~8.5cm；小浆果红色，近球形或倒卵圆形，果皮具不明显腺点。（栽培园地：SCBG, IBCAS, WHIOB, IAE）

Schisandra glaucescens Diels **金山五味子**

落叶木质藤本，全株无毛。叶片狭倒卵状椭圆形或倒卵形，边缘疏具浅齿。花被片6或7片，外轮椭圆状长圆形，内轮椭圆形或倒卵形；雄花雄蕊群近球形，具雄蕊18~25枚；雌花雌蕊群近球形，心皮不超过60枚。果托干时具淡褐色凸纵纹。（栽培园地：WHIOB）

Schisandra grandiflora (Wall.) Hook. f. et Thomson **大花五味子**

落叶木质藤本，全株无毛。叶片狭椭圆形、椭圆形、狭倒卵状椭圆形或卵形。花被片白色，7~10片，宽椭圆形或倒卵形；雄花雄蕊群卵圆形，具雄蕊30~60枚，分离。聚合果柄长2.5~8cm，花托在果时粗壮，直径5~6mm，长12~21cm。成熟小浆果倒卵状椭圆形。（栽培园地：WHIOB）

Schisandra henryi Clarke **翼梗五味子**

落叶木质藤本。小枝紫褐色，具翅棱，被白粉。叶片宽卵形、长圆状卵形或近圆形；叶柄红色，具薄翅。花被片黄色，8~10片，近圆形；雄花雄蕊群倒卵圆形；花托顶端具近圆形的盾状附属物；雌花雌蕊群长圆状卵圆形。小浆果红色，球形。（栽培园地：SCBG, WHIOB, KIB, GXIB）

Schisandra henryi Clarke var. **yunnanensis** A. C. Smith **滇五味子**

本变种与原变种的区别为：叶背无白粉，两面近同色；小枝的棱翅狭而粗厚，不为薄翅状；最外面的雄蕊几无花丝。（栽培园地：XTBG）

Schisandra incarnata Stapf **兴山五味子**

落叶木质藤本，全株无毛。叶片倒卵形或椭圆形，中下部以上边缘具胼胝质齿尖的疏锯齿。雄花花被片粉红色，雄蕊群椭圆形或倒卵圆形，具雄蕊24~32枚；雌花花被片似雄花但较小，雌蕊群长圆状椭圆形。聚合果长5~9cm；小浆果深红色，椭圆形。（栽培园地：SCBG, SZBG）

Schisandra neglecta A. C. Smith **滇藏五味子**

落叶木质藤本，全株无毛。叶片狭椭圆形至卵状椭圆形，全缘或具胼胝质齿尖的浅齿；叶柄具膜质狭翅。花被片黄色，6~8片，宽椭圆形、倒卵形或近圆形；雄花雄蕊群倒卵圆形或近球形，花托顶端伸长，具盾状附属物，雄蕊20~35枚。小浆果红色，长圆状椭圆形，具短梗。（栽培园地：XTBG）

Schisandra plena A. C. Smith **重瓣五味子**

常绿木质藤本，全株无毛。叶片卵形、卵状长圆形或椭圆形。花被片淡黄色，基部稍淡红色，11~17片，三角状长圆形、长圆形至倒卵状椭圆形；雄花雄蕊群倒卵圆形；雌花雌蕊群近球形或卵球形。成熟小浆果红色，球形或椭圆形，长8~11mm，直径6~10mm。（栽培园地：SCBG, XTBG）

Schisandra propinqua (Wall.) Baill. **合蕊五味子**

落叶木质藤本，全株无毛。当年生枝具银白色角质层。叶片卵形或长圆状卵形。花被片淡黄色，椭圆形、卵形或倒卵形；雄花雄蕊群近球形，雄蕊12~16枚；雌花雌蕊群卵球形。聚合果的果托干时黑色，成熟心皮近球形或椭圆形，直径6~9mm，具短柄。（栽培园地：SCBG, KIB）

Schisandra plena 重瓣五味子

Schisandra propinqua 合蕊五味子

Schisandra propinqua (Wall.) Baill. var. **sinensis** Oliv. **铁箍散**

本变种与原变种的区别为：花被片椭圆形，雄蕊较少，仅6~9枚；成熟心皮亦较小；种子较小，肾形，长4~4.5mm。（栽培园地：WHIOB, KIB, SZBG）

Schisandra rubriflora (Franch.) Rehd. et Wils. **红花五味子**

落叶木质藤本，全株无毛。小枝紫褐色。叶片倒卵形、椭圆状倒卵形或倒披针形，背面叶脉淡红色。花被片红色，5~8片，椭圆形或倒卵形，外轮被片具缘毛，雄花雄蕊群椭圆状倒卵圆形或近球形；雄蕊40~60枚。

Schisandra rubriflora 红花五味子

聚合果轴粗壮；小浆果红色，椭圆形或近球形，具短柄。（栽培园地：KIB）

Schisandra sphenanthera Rehd. et Wils. **华中五味子**

落叶木质藤本，全株无毛。叶片倒卵形、宽倒卵形或倒卵状长椭圆形，背面具白色点。花被片橙黄色，5~9 片，椭圆形或长圆状倒卵形，中轮被片具缘毛，背面具腺点；雄花雄蕊群倒卵圆形，花托顶端伸长，无盾状附属物；雄蕊 11~19 枚。聚合果果托长 6~17cm；小浆果红色。（栽培园地：SCBG, WHIOB, KIB, LSBG, CNBG, SZBG, XMBG）

Schisandra sphenanthera 华中五味子

Schisandra viridis A. C. Smith **绿叶五味子**

落叶木质藤本，全株无毛。叶片卵状椭圆形。花被片黄绿色或绿色，6~8 片，阔椭圆形、倒卵形或近圆形；雄花雄蕊群倒卵圆形或近球形；花托顶端伸长，具盾状附属物；雄蕊 10~20 枚。聚合果果柄长 3.5~9.5cm，成熟心皮红色，果皮具黄色腺点，花柱基部宿存。（栽培园地：SCBG, WHIOB, GXIB）

Schisandra viridis 绿叶五味子

Scrophulariaceae 玄参科

该科共计 144 种，在 11 个园中有种植

草本、灌木，少数为乔木。叶互生、对生或轮生，无托叶。花序总状、穗状或聚伞状，常合成圆锥花序。花常不整齐；花冠 4~5 裂，裂片不等或二唇状；雄蕊常 4 枚，1 枚退化；花盘常环状、杯状或小而似腺；子房 2 室，稀 1 室；柱头头状、2 裂或 2 片状；胚珠多数。果为蒴果，稀浆果状。

Adenosma 毛麝香属

该属共计 3 种，在 5 个园中有种植

Adenosma glutinosum (L.) Druce **毛麝香**

草本，全株密被长柔毛和腺毛，高 30~100cm。叶片披针状卵形至宽卵形，叶面及背面均被多细胞长柔毛。花单生叶腋或在茎、枝顶端集成较密的总状花序；花冠紫红色或蓝紫色；下唇裂片全缘或微凹。（栽培园地：SCBG, XTBG, LSBG, SZBG, GXIB）

Adenosma indianum (Lour.) Merr. **球花毛麝香**

一年生草本，全株密被白色多细胞长毛。叶片卵形至长椭圆形。叶面被多细胞长柔毛，背面仅脉上被多细胞长柔毛。花密集成顶生的头状或圆柱状的穗状花序；花冠淡蓝紫色至深蓝色。（栽培园地：SCBG,

Adenosma glutinosum 毛麝香

XTBG）

Adenosma retusilobum Tsoong et T. L. Chin **凹裂毛麝香**

草本，高仅 5~35cm，全株被白色多细胞长柔毛。叶片卵形至卵圆形，叶面被平伏长柔毛，下面毛较疏或几无毛。总状花序顶生；花冠淡紫色；下唇裂片先端具深凹缺或浅二裂。（栽培园地：XTBG）

Angelonia 香彩雀属

该属共计 2 种，在 5 个园中有种植

Angelonia gardneri Hook. **香彩雀**

多年生草本，全株密被短柔毛。叶片线状披针形，边缘疏具齿状锯齿，中脉明显下陷。花为腋生，自下而上开放；唇形花瓣，冠檐 5 裂，紫色，下面裂片内部具白色斑块。（栽培园地：XTBG）

Angelonia salicariifolia Humb. et Bonpl. **天使花**

多年生草本，全株无毛。叶片线状披针形，边缘中上部疏具锯齿，中脉明显下陷。花为腋生，自下而上开放；唇形花瓣，冠檐 5 裂，花色有紫色、淡紫色、粉紫色、白色等。蒴果；种子细小。（栽培园地：SCBG, WHIOB, SZBG, GXIB）

Angelonia gardneri 香彩雀

Angelonia salicariifolia 天使花（图 1）

Angelonia salicariifolia 天使花（图 2）

Antirrhinum 金鱼草属

该属共计 1 种，在 7 个园中有种植

Antirrhinum majus L. **金鱼草**

多年生草本。茎基部有时木质化，中上部被腺毛。

Antirrhinum majus 金鱼草

下部叶对生，上部者常互生，叶片披针形或椭圆状披针形，无毛。总状花序顶生，密被腺毛；花萼与花梗近等长；花冠红色、紫色至白色。蒴果卵形，被腺毛。（栽培园地：SCBG, WHIOB, KIB, LSBG, CNBG, SZBG, XMBG）

Bacopa 假马齿苋属

该属共计 4 种，在 4 个园中有种植

Bacopa caroliniana (Walter) B. L. Rob. **巴戈草**

多年生匍匐草本。茎密被白色绒毛，茎、叶肉质，具柠檬气味。叶对生，叶片卵圆形或近椭圆形，无叶柄，抱茎。花单生于叶腋，花冠淡蓝色，冠檐 5 裂，上面 2 片裂片基部合生至 4/5。（栽培园地：WHIOB, SZBG）

Bacopa caroliniana 巴戈草

Bacopa diffusus (Willd. ex Cham. et Schltdl.) Loefgr. et Edwall **百可花**

一、二年生匍匐草本。茎纤细，密被白色柔毛。叶对生，叶片阔圆形至椭圆形，叶缘具粗锯齿叶缘有齿缺，具叶柄。花单生于叶腋，具长柄，花冠淡紫色、

Bacopa diffusus 百可花（图 1）

Bacopa diffusus 百可花（图 2）

粉红色至白色；萼片 5 枚，完全分离，后萼片最宽大；冠檐 5 裂，近等大。（栽培园地：SCBG）

Bacopa floribunda (R. Br.) Wettst **麦花草**

一年生草本。茎直立。叶无柄，叶片线状披针形至椭圆状披针形。花单生叶腋或有时在茎顶集成总状花序；花梗极短，长仅 2mm；花冠白色，柱头 2 裂。蒴果卵形。（栽培园地：SCBG, WHIOB）

Bacopa monnieri (L.) Wettst. **假马齿苋**

匍匐草本。节上生根，茎、叶多少肉质，无毛。叶无柄，

Bacopa monnieri 假马齿苋

叶片长圆状倒披针形。花单生叶腋，花梗长 0.5~3.5cm，花冠蓝色、紫色或白色；柱头头状。蒴果长卵状。（栽培园地：SCBG, WHIOB, XTBG）

Brandisia 来江藤属

该属共计 3 种，在 2 个园中有种植

Brandisia discolor Hook. f. et Thomson **异色来江藤**

灌木，多少攀援状，全体密被黄褐色星状绒毛，枝及叶上面毛渐脱落。花单生于叶腋，花梗、小苞片及花萼均被黄褐色星状绒毛；花冠污黄色或带紫棕色，外面密被黄褐色短星毛。蒴果卵圆形锐头，外面有星毛。（栽培园地：XTBG）

Brandisia hancei Hook. f. **来江藤**

灌木，全体密被锈黄色星状绒毛，枝及叶上面逐渐变无毛。花单生于叶腋；萼宽钟形，外面密生锈黄色星状绒毛，内面密生绢毛；花冠橙红色，外面有星状绒毛。蒴果卵圆形，略扁平，有短喙，具星状毛。（栽培园地：WHIOB, XTBG）

Brandisia racemosa Hemsl. **总花来江藤**

藤状灌木。幼枝被棕色星状毛，后脱落，具棕黄色皮孔。总状花序生于侧枝顶端，稀侧生；花成对生于苞腋中；花冠深红色，外面疏生短毛，内面有密毛。蒴果卵球形，无毛。（栽培园地：WHIOB）

Brandisia racemosa 总花来江藤

Calceolaria 蒲包花属

该属共计 1 种，在 3 个园中有种植

Calceolaria crenatiflora Cav. **蒲包花**

一年生或多年生草本，茎、枝、叶上被细小茸毛。

Calceolaria crenatiflora 蒲包花

叶对生，叶片卵形或近圆形。花冠二唇状，上唇直立，较小，下唇瓣膨大似蒲包状，中间形成空室，柱头着生于两个囊状物之间。花色多变，有黄色、白色、红色等。（栽培园地：KIB, SZBG, XMBG）

Centranthera 胡麻草属

该属共计 3 种，在 2 个园中有种植

Centranthera cochinchinensis (Lour.) Merr. **胡麻草**

直立草本。叶对生，叶片条状披针形，全缘，背面中脉凸起。花具极短的梗，单生于上部苞腋；花冠常黄色，长 15~22mm。蒴果卵形。种子小，黄色，具螺旋状条纹。（栽培园地：XTBG）

Centranthera grandiflora Benth. **大花胡麻草**

直立草本。茎粗壮，上部略成方形，具凹槽，被倒生硬毛。下部的叶对生，上部者偶有互生，叶片椭圆形，具疏锯齿，两面被硬毛，背面具 3 条隆起并行的纵脉。花冠黄色，长 3.5~4.3cm。（栽培园地：XTBG）

Centranthera tranquebarica (Spreng.) Merr. **矮胡麻草**

柔弱草本。茎直立或匍匐上升，稠密成丛状。叶对生，下部者偶有互生，叶片条状披针形，全缘，两面具粗糙鳞片状凸起。花冠长约 9mm，黄色，具褐色条纹。蒴果近圆形。种子小，柱状圆锥形，黄色，具网纹。（栽培园地：SCBG）

Codonopsis 党参属

该属共计 1 种，在 1 个园中有种植

Codonopsis lanceolata (Siebold et Zucc.) Trautv. **羊乳**

多年生缠绕草本，具乳汁，全株光滑无毛或茎、叶偶疏生柔毛。根肥大呈纺锤状。叶片菱状卵形、狭卵

Codonopsis lanceolata 羊乳

形或椭圆形。花单生或对生于小枝顶端；花冠阔钟状，黄绿色或乳白色，内有紫色斑。蒴果半球状，上部具喙。（栽培园地：GXIB）

Craterostigma 碗柱草属

该属共计 2 种，在 1 个园中有种植

Craterostigma plantagineum Hochst. **碗柱草**

多年生草本，高常小于 10cm。叶基生呈莲座状，叶片宽卵形至披针形，顶端急尖或渐尖，叶面光亮

Craterostigma plantagineum 碗柱草

无毛，叶背面及脉上密被长柔毛。穗状花序，花梗长 6~8cm，花紫色，具白色的斑纹，花冠二唇形，下唇中间裂片宽阔。（栽培园地：SZBG）

Craterostigma pumilum Hochst. **矮生碗柱草**

多年生矮小草本，高 2~5cm。叶基生呈莲座状，叶片倒卵形，顶端钝圆，叶面无毛或疏被柔毛，背面及脉上密被柔毛。花单生，花梗长 2~3cm，花冠长 1.5cm，二唇形，上唇全缘，下唇 3 裂，淡蓝紫色，喉部具黄白色的斑。（栽培园地：SZBG）

Craterostigma pumilum 矮生碗柱草

Cymbalaria 蔓柳穿鱼属

该属共计 1 种，在 1 个园中有种植

Cymbalaria muralis P. Gaertn., B. Mey. et Scherb. **蔓柳穿鱼**

多年生蔓生草本。叶片心状圆形或肾状半圆形，掌状 5~7 裂，裂片深达叶片 1/3，顶端具短尖头，叶柄细弱，长为叶片的 2~3 倍。花单生叶腋，花冠蓝紫色或浅蓝色，花冠筒末端有与萼片等长的短距，花冠上唇 2 裂，下唇 3 裂，中裂片隆起呈纵褶，具黄色或白色斑。（栽培园地：LSBG）

Digitalis 毛地黄属

该属共计 3 种，在 2 个园中有种植

Digitalis grandiflora Mill. **大花毛地黄**

二年生草本。叶片较大，狭披针形至椭圆状披针形，边缘具细齿。总状花序，花较大，长约为宽的 2 倍，花冠淡黄色，内面具褐色斑点，被长柔毛。（栽培园地：KIB）

Digitalis lutea L. **黄花毛地黄**

二年生草本。叶片狭披针形，边缘具细齿。总状花序较长，花较 *D. grandiflora* 大花毛地黄的狭小，长约

为宽的4倍，花冠淡黄色，被长柔毛。（栽培园地：LSBG）

Digitalis purpurea L. **毛地黄**

一年生或多年生草本，除花冠外，全体被灰白色短柔毛和腺毛。基生叶多数成莲座状，叶片卵形或长椭圆形，叶柄具狭翅。总状花序；花冠紫红色，内面具斑点。蒴果卵形。种子短棒状。（栽培园地：KIB，LSBG）

Digitalis purpurea 毛地黄

Dodartia 野胡麻属

该属共计1种，在1个园中有种植

Dodartia orientalis L. **野胡麻**

多年生草本。茎近基部被棕黄色鳞片，多回分枝，扫帚状。叶片宽条形，全缘或具疏齿。总状花序顶生，花常3~7朵，稀疏；花冠紫色或深紫红色，冠管长筒状，下唇中裂片突出，舌状。（栽培园地：XJB）

Dopatrium 虻眼属

该属共计1种，在3个园中有种植

Dopatrium junceum (Roxb.) Buch.-Ham. ex Benth. **虻眼**

一年生草本。茎肉质，多分枝，具纵向条纹，无毛。

Dopatrium junceum 虻眼

叶片鳞片状、披针形至狭椭圆状披针形，全缘，无柄，基部抱茎。花梗细，长约1cm；花萼钟状，深裂；花冠白色、玫红色或浅紫色，长约为花萼的2倍，下唇裂片平展。蒴果球形。（栽培园地：SCBG, XTBG, SZBG）

Euphrasia 小米草属

该属共计1种，在1个园中有种植

Euphrasia pectinata Ten. **小米草**

一年生草本。茎被白色柔毛。叶与苞叶无柄，叶片卵形至卵圆形，苞叶明显较叶宽大。花序短，花密集；花冠白色或淡紫色，下唇裂片顶端凹缺。蒴果长椭圆形。（栽培园地：XJB）

Glossostigma 舌柱草属

该属共计1种，在1个园中有种植

Glossostigma elatinoides (Benth.) Hook. f. **沟繁缕状舌柱草**

水生草本。植株矮小，高仅2~3cm。叶片椭圆形，

亮绿色，全缘，无毛。花小，白色，花冠裂片5片。（栽培园地：WHIOB）

Gratiola 水八角属

该属共计1种，在2个园中有种植

Gratiola japonica Miq. **白花水八角**

一年生草本，无毛。茎肉质。叶基部半抱茎，叶片长椭圆形至披针形，全缘，具不明显三出脉。花单生于叶腋，无柄或近无柄；花冠稍2唇形，白色或淡紫色，冠筒较冠檐长。蒴果球形。（栽培园地：SCBG，WHIOB）

Gratiola japonica 白花水八角

Hemianthus 婴泪草属

该属共计1种，在1个园中有种植

Hemianthus micranthemoides Nutt. **日本珍珠草**

水生草本。茎、叶纤细、柔软。叶3或4片轮生，叶片长卵圆形，翠绿色，水中叶较挺水叶稍大，质地柔软，叶稍淡，顶端较尖。（栽培园地：WHIOB）

Hemiphragma 鞭打绣球属

该属共计1种，在3个园中有种植

Hemiphragma heterophyllum Wall. **鞭打绣球**

多年生草本，全体被短柔毛。茎铺散，纤细，多分枝，节上生根。叶二型：对生叶圆形、心形至肾形；分枝上的簇生叶针形。花单生叶腋，近无梗；花冠白色至玫瑰色，花冠裂片5枚，圆形至椭圆形，开展，辐射对称。果实卵球形，红色。（栽培园地：SCBG，

Hemiphragma heterophyllum 鞭打绣球

WHIOB, KIB）

Hydrotriche

该属共计1种，在1个园中有种植

Hydrotriche hottoniiflora Zucc. **北极杉**

水生草本。茎稍粗壮。叶轮生，叶片针形，长2~3cm，黄绿色。花序自水中伸出，黄褐色，花基部黄色，裂片上端白色，5瓣，上面的1瓣最大，2浅裂。（栽培园地：SCBG）

Leucophyllum 玉芙蓉属

该属共计1种，在3个园中有种植

Leucophyllum frutescens I. M. Johnst. **红花玉芙蓉**

多年生灌木，全株密被白色绒毛。叶互生，椭圆形或倒卵形，边缘微卷曲。花腋生，花冠略呈风铃状，紫红色，冠檐5深裂，裂片长椭圆形，顶端微凹，内面喉部具红褐色斑纹。果为蒴果，具多数种子。（栽

Leucophyllum frutescens 红花玉芙蓉

培园地：SCBG, XTBG, XMBG）

Limnophila 石龙尾属

该属共计 8 种，在 3 个园中有种植

Limnophila aromatica (Lam.) Merr. **紫苏草**

一年生或多年生草本。叶对生或 3 枚轮生，卵状披针形至披针状椭圆形，具羽状腺，边缘具细齿。无柄，基部多少抱茎。总状花序或花单生叶腋；花梗长 5~20mm；花冠白色、蓝紫色或粉红色，外面被细腺，内面被白色柔毛。蒴果卵珠形。（栽培园地：SCBG, XTBG）

Limnophila chinensis (Osb.) Merr. **中华石龙尾**

一年生或多年生草本。叶对生或 3~4 枚轮生，卵状披针形至线状披针形，无柄。圆锥花序顶生或花单生叶腋；花梗被多细胞长柔毛；花冠紫红色、蓝色，冠管长约为裂片的 1.5 倍，具数条红褐色纵细纹。蒴果宽椭圆形，两侧扁。（栽培园地：SCBG, WHIOB, XTBG）

Limnophila chinensis 中华石龙尾

Limnophila connata (Ham.) Hand.-Mazz. **抱茎石龙尾**

陆生草本。茎无毛。叶无柄，对生，卵状披针形或披针形，全缘或偶具不明显细齿，具 3~7 条并行脉，基部半抱茎。花无梗或几无梗，在茎或分枝的顶端排列成疏的穗状花序；花冠蓝色至紫色，内面被长柔毛，外面疏被短毛，裂片内面具紫色脉纹。（栽培园地：SCBG）

Limnophila erecta Benth. **直立石龙尾**

一年生草本。叶对生，披针形或狭卵状披针形，具圆齿状牙齿至牙齿，无柄或基部渐狭成柄状，无毛，具羽状脉。花单生叶腋或成腋生或顶生的总状花序；花冠白色或粉红色，外面无毛。蒴果卵珠形，成熟时

Limnophila erecta 直立石龙尾

果梗反折。（栽培园地：SCBG, XTBG）

Limnophila heterophylla (Roxb.) Benth. **异叶石龙尾**

多年生水生草本。叶 2 型：沉水叶长而多裂，裂片毛发状；气生叶对生或轮生，椭圆形，具圆齿，无毛，基部几抱茎，具 3~5 条平行脉。花无梗，排成疏松顶生的穗状花序或具短梗单生叶腋；花冠淡紫色，无毛。蒴果近球形。（栽培园地：SCBG, WHIOB）

Limnophila heterophylla 异叶石龙尾

Limnophila indica (L.) Druce **有梗石龙尾**

多年生两栖草本。沉水茎多分枝，叶轮生，羽状全裂；气生茎无毛，被腺体或近于光滑，轮生叶羽状开裂，或上部对生叶条状披针形，具圆齿。花单生上部叶腋，花梗细长，长 2~10mm；花冠白色、淡紫色或红色。蒴果椭圆形至近球形，两侧扁。（栽培园地：WHIOB）

Limnophila rugosa (Roth) Merr. **大叶石龙尾**

多年生草本。茎常不分枝，略呈四方形，无毛。叶片较大，卵形、菱状卵形或椭圆形，具羽状脉，具长

Limnophila rugosa 大叶石龙尾

1~2cm 带狭翅的柄。花无梗，无小苞片，常聚集成头状或单生叶腋；花冠紫红色或蓝色；花萼在果实成熟时具条纹或 5 条凸起的纵脉。蒴果卵珠形。（栽培园地：SCBG, WHIOB, XTBG）

Limnophila sessiliflora (Vahl) Blume **石龙尾**

多年生两栖草本。沉水叶多裂，裂片细而扁平或毛发状；气生叶轮生，椭圆状披针形，具圆齿或羽状分裂，无毛，密被腺点，有脉 1~3 条。花无梗或具极短的梗，单生于上部叶腋；花冠紫蓝色或粉红色。蒴果近球形，两侧扁。（栽培园地：SCBG, WHIOB, XTBG）

Limnophila sessiliflora 石龙尾

Linaria 柳穿鱼属

该属共计 4 种，在 5 个园中有种植

Linaria bipartita (Vent.) Willd. **小龙口花**

一年生草本。叶片线形或线状披针形，长 3~5cm。总状花序顶生，花长约 2cm，紫红色、淡紫色至白色，花冠裂片 5 枚，二唇形，上面两枚直立，基部合生至 2/3，下面中间裂片具两列凸起，内侧橘黄色。蒴果球形。（栽培园地：LSBG）

Linaria bungei Kuprian. **紫花柳穿鱼**

多年生草本。茎丛生，中上部多分枝，无毛。叶条形，长 2~5cm，两面无毛。穗状花序；花冠紫色；下唇侧裂片极短；距长 10~15mm。蒴果近球状。（栽培园地：SCBG）

Linaria maroccana Hook. f. **姬金鱼草**

一年生草本。茎纤细。叶线形，长 2~4cm，全缘，下部叶轮生。总状花序顶生，花较大；花萼裂片线状披针形，被长柔毛；花冠二唇形，淡紫色，下唇近喉部白色，具黄色斑块；距长约 2cm。（栽培园地：KIB）

Linaria vulgaris Mill. **柳穿鱼**

多年生草本，茎、叶无毛。叶片条形，常具 1 脉，长 2~6cm。总状花序花密集；花冠黄色，下唇中央裂片较侧裂片小，近喉部凸起，橘黄色；距稍弯曲，长 10~15mm。蒴果卵球状。种子盘状，边缘有宽翅。（栽培园地：KIB, LSBG, CNBG, XMBG）

Lindenbergia 钟萼草属

该属共计 2 种，在 3 个园中有种植

Lindenbergia philippensis (Chum.) Benth. **钟萼草**

多年生粗壮草本或亚灌木，全株被多细胞腺毛。花近无梗，集成顶生稠密的穗状总状花序；萼齿尖锐；花冠黄色，外面带紫斑，冠筒较花萼长约 1 倍。蒴果长卵形，密被棕色梗毛。（栽培园地：SCBG, WHIOB, XTBG）

Lindenbergia philippensis 钟萼草

Lindenbergia ruderalis (Vahl) Kuntze **野地钟萼草**

一年生草本。茎柔弱，多少倾斜。花单生于叶腋；萼齿矩圆状卵形；花冠黄色，冠筒稍长于花萼。蒴果卵圆形，密被毛，被包于宿萼中。（栽培园地：XTBG）

Lindernia 母草属

该属共计 17 种，在 6 个园中有种植

Lindernia anagallis (Burch. f.) Pennell **长蒴母草**

一年生草本。茎基部匍匐，具条纹，无毛。叶片三角状卵形、卵形或矩圆形。花单生于叶腋；花梗长 6~10mm；花冠白色或淡紫色，下唇裂片 3 枚，近等大。蒴果条状披针形，比萼长约 2 倍；室间 2 裂。（栽培园地：SCBG, XTBG, LSBG）

Lindernia anagallis 长蒴母草

Lindernia angustifolia (Benth.) Wettst. **狭叶母草**

一年生草本。茎具条纹，无毛。叶片条状披针形、披针形或条形，几无柄；基出脉 3~5 条，两面无毛。花单生于叶腋，具长梗，果期伸长；萼齿 5 枚，仅基部联合；花冠紫色、蓝紫色或白色。蒴果条形，长达 14mm，长约为宿萼 3 倍。（栽培园地：XTBG）

Lindernia antipoda (L.) Alston **泥花草**

一年生草本。茎枝具沟纹，无毛。叶片椭圆形、椭圆状披针形或条状披针形，边缘具不明显齿或锯齿。花常枝顶成总状着生；花梗有条纹；花冠紫色、紫白色或白色，上、下唇近等长。蒴果圆柱形，长约为宿萼 2 倍或较多。种子为不规则三棱状卵形。（栽培园地：XTBG, SZBG）

Lindernia ciliata (Colsm.) Pennell **刺齿泥花草**

一年生草本。叶片椭圆形至披针状椭圆形，边缘密具带芒刺的锯齿。总状花序顶生；花冠小，浅紫色或白色，下唇与上唇近等长，中央裂片大而突出。蒴果长圆柱形，长约为宿萼的 3 倍。（栽培园地：SCBG, XTBG）

Lindernia crustacea (L.) F. Muell. **母草**

草本。茎常铺散，稍呈方形，具深沟纹，无毛。叶片三角状卵形或宽卵形，边缘具浅钝锯齿。花单生叶腋或成短的总状花序；花萼坛状，中肋明显；花冠紫色，下唇中间裂片较大，稍长于上唇。蒴果椭圆形，与宿萼近等长。（栽培园地：SCBG, LSBG, SZBG）

Lindernia crustacea 母草

Lindernia dictyophora Tsoong **网萼母草**

一年生草本。茎矮小、直立，仅有 2~3 个节，具棱。叶片卵形或卵状长椭圆形，中上部具浅锯齿。花呈假伞形花序；花萼钟状，脉上具狭翅，网脉明显；花冠白色，二唇形。蒴果椭圆形或矩圆形，较萼稍短。（栽培园地：XTBG）

Lindernia hyssopioides (L.) Haines **尖果母草**

草本。茎直立或稍弯曲上升，具条纹，无毛。叶无柄，抱茎，叶片狭卵形至卵状披针形，三出脉，两面无毛。花单生于茎上部叶腋，具长梗；花冠红色、紫色或白色。蒴果长卵圆形，顶端锐尖具短喙，长约 6mm，长约为花萼的 2 倍。（栽培园地：SCBG）

Lindernia montana (Blume) Koord. **红骨草**

一年生匍匐草本。全株除花冠外均被白色闪光的细刺毛，幼时尤甚。叶片披针状椭圆形至卵形，边缘具圆齿。花成短总状花序或近伞形，有时亦单生；花冠紫色或黄白色；雄蕊前方 2 枚花丝基部附属物齿状。蒴果长卵圆形，较宿萼短。（栽培园地：SCBG, XTBG）

Lindernia nummulariifolia (D. Don) Wettst. **宽叶母草**

一年生草本。茎近四棱形，棱上被细毛。叶片宽卵形或近圆形，边缘具圆锯齿，齿顶端具小突尖，叶缘和背面中肋疏被毛。花生枝顶端和叶腋成亚伞形；花萼 5

裂至中部；花冠紫色，稀蓝色或白色。蒴果长椭圆形，顶端渐尖，比宿萼长约2倍。（栽培园地：XTBG）

Lindernia procumbens (Kroch.) Philcox **陌上菜**

直立草本，除萼片外面微被毛外全株无毛。茎基部多分枝。叶片椭圆形或稍带菱形，基出脉3~5条，无柄。花单生叶腋，花梗纤细，长于叶片；花冠粉红色或紫色。蒴果球形或卵球形，与萼近等长或略长。（栽培园地：SCBG, WHIOB, XTBG, LSBG, SZBG）

Lindernia pusilla (Willd.) Boldingh **细茎母草**

一年生草本。茎细弱，铺散，节间长，具沟棱。叶片卵形至心形，长宽约相等或较狭，叶两面疏被粗毛。花对生叶腋，在枝顶成近伞形的短总状花序；花冠紫色。蒴果卵球形，与宿萼近等长。（栽培园地：SCBG）

Lindernia rotundifolia (L.) Alston **圆叶母草**

一年生草本。茎稍粗壮，铺散，节间长。叶片卵形至圆形，具3条不明显的基出脉。花腋生或顶生，花序轴、花萼及冠管下部具短柔毛；花冠白色，冠檐裂片4片，2唇形，中部具蓝紫色的斑块。（栽培园地：SZBG）

Lindernia rotundifolia 圆叶母草（图1）

Lindernia rotundifolia 圆叶母草（图2）

Lindernia ruellioides (Colsm.) Pennell **旱田草**

一年生草本。茎常蔓生，具分枝，节上生根，近无毛。叶片椭圆形、卵状椭圆形或圆形，中上部具细锯齿，羽状脉明显。总状花序顶生；花冠紫红色。蒴果圆柱形，向顶端渐尖，长约为宿萼3倍。（栽培园地：SCBG, WHIOB, XTBG, GXIB）

Lindernia ruellioides 旱田草

Lindernia setulosa (Maxim.) Tuyama ex Hara **刺毛母草**

一年生草本。茎蔓生，多分枝，具4条翅状棱，疏被刺毛或近无毛。叶片宽卵形，具锯齿，齿具尖头，叶面被粗毛，背面沿脉及近叶缘处被毛。花单生叶腋；花冠大，白色或淡紫色。蒴果纺锤状卵圆形，较花萼短。（栽培园地：SCBG）

Lindernia tenuifolia (Colsm.) Alston **细叶母草**

一年生矮小草本。茎直立或稍倾卧，多分枝。叶无柄，稍抱茎，叶片条形或狭披针形，边缘疏具锯齿或近全缘，无毛。花与叶对生；花冠紫红色，二唇形。蒴果圆柱形，顶端渐尖，长可达15mm，为宿萼的2~3倍。（栽培园地：XTBG）

Lindernia urticifolia (Hance) Bonati **荨麻叶母草**

一年生直立草本。茎多分枝，具棱，被伸展长硬毛。叶片三角状卵形，基部下延成狭翅，边缘具锯齿，两面被长硬毛。花数多，成腋生总状花序，再集成圆锥花序；花冠小，紫色、紫红色或蓝色。蒴果椭圆形，较宿萼短。（栽培园地：SCBG）

Lindernia viscosa (Hornem.) Bold. **粘毛母草**

一年生草本。茎直立或稍铺散，被粗毛。叶片卵状椭圆形或宽卵形，边缘具波状齿。花序总状；花冠白色或微带黄色。蒴果球形，与宿萼近等长。（栽培园地：XTBG）

Lophospermum 冠子藤属

该属共计 1 种，在 1 个园中有种植

Lophospermum erubescens D. Don **冠子藤**

蔓生草本，茎、叶密被白色短柔毛。叶片近三角形，边缘具不规则的粗锯齿，掌状 5~7 脉。花单生于叶腋，花冠淡紫红色至粉红色，喉部内面具 2 列淡黄色纵斑及长腺毛。蒴果球形。（栽培园地：SCBG）

Lophospermum erubescens 冠子藤

Mazus 通泉草属

该属共计 8 种，在 6 个园中有种植

Mazus caducifer Hance **早落通泉草**

多年生草本，全体被多细胞白色长柔毛。基生叶莲座状，叶片倒卵状匙形，常早枯落；茎生叶片卵状匙形，柄具翅，对生。总状花序顶生，花疏稀；花萼漏斗状，果期增长，萼齿与筒部近等长；花冠淡蓝紫色。蒴果圆球形。（栽培园地：LSBG）

Mazus gracilis Hemsl. ex Forbes et Hemsl. **纤细通泉草**

多年生草本，无毛或很快变无毛。茎生叶常对生，叶片倒卵状匙形或近圆形，具短柄，边缘具圆齿或近全缘。总状花序常侧生，花疏稀；花萼钟状，萼齿与萼筒等长；花冠蓝紫色、淡紫红色或白色。蒴果球形。（栽培园地：LSBG）

Mazus japonicus (Thunb.) Kuntze **通泉草**

一年生草本。基生叶与茎生叶相似或几乎等大，叶片倒卵状匙形至卵状倒披针形，边缘具不规则粗齿或浅羽裂。总状花序，花稀疏；花萼钟状，萼片与萼筒近等长；花冠白色、紫色或蓝色。蒴果球形。

Mazus japonicus 通泉草

（栽培园地：SCBG, WHIOB, XTBG, LSBG, SZBG, GXIB）

Mazus miquelii Makino **匍茎通泉草**

多年生草本，无毛或疏具柔毛。基生叶片倒卵状匙形，具长柄；茎生叶片卵形或近圆形，具短柄。总状花序顶生，花疏稀；花萼钟状漏斗形，萼齿与萼筒等长；花冠紫色或白色，有紫斑。蒴果圆球形。（栽培园地：LSBG）

Mazus omeiensis Li **岩白翠**

多年生草本，无毛或疏被多细胞白色柔毛。叶全部基生，叶片倒卵状匙形至匙形，边缘疏具粗圆齿，常反卷，叶面绿色具光泽，下面灰白色。总状花序，花少；花萼钟状，萼齿长为萼筒 1/2，花冠淡蓝紫色，下唇 3 枚裂片近等大。蒴果卵圆形。（栽培园地：SCBG）

Mazus omeiensis 岩白翠

Mazus pulchellus Hemsl. ex Forbes et Hemsl. **美丽通泉草**

多年生草本。幼时密被白色或锈色短柔毛。叶全为基生，叶片倒卵状匙形至矩圆状匙形，基部渐狭成有翅的柄，边缘具缺刻、重锯齿至不整齐羽裂。总状花序具多朵花；花萼钟状，萼齿远短于萼筒；花冠红色、紫色或深紫堇色。蒴果卵圆形。（栽培园地：WHIOB）

Mazus saltuarius Hand.-Mazz. **林地通泉草**

多年生草本，被多细胞白色长柔毛。基生叶莲座状，叶片倒卵状匙形，叶柄具翅；茎生叶疏而小，倒卵圆形至近圆形，具短柄。总状花序顶生，花萼漏斗状，萼齿与萼筒近等长；花冠蓝紫色。（栽培园地：LSBG）

Mazus stachydifolius (Turcz.) Maxim. **弹刀子草**

多年生草本，全体被多细胞白色长柔毛。基生叶片匙形，具短柄，常早枯萎；茎生叶片长椭圆形至倒卵状披针形，无柄。总状花序顶生；花冠蓝紫色，冠管与唇部近等长，下唇中裂较侧裂约小 1 倍，褶襞具黄色斑点及稠密乳头状腺毛。蒴果扁卵球形。（栽培园地：LSBG）

Mazus stachydifolius 弹刀子草

Mecardonia 过长沙舅属

该属共计 1 种，在 1 个园中有种植

Mecardonia procumbens (P. Mill.) Small **黄花过长沙舅**

一年生草本。茎匍匐，方形，棱具翅。叶对生，肉质，叶片椭圆形或卵状椭圆形，边缘具锯齿，具柄。花常对生于叶腋，花梗长于苞片，苞片 2 枚，绿色，呈管状；花冠黄色，裂片 5 枚，上面 2 枚基部合生，内具浅棕色纵纹。（栽培园地：SZBG）

Melampyrum 山罗花属

该属共计 1 种，在 1 个园中有种植

Melampyrum roseum Maxim. **山罗花**

直立草本，全株疏被鳞片状短毛。茎多分枝，近四棱形。叶片披针形至卵状披针形，叶柄短，长约 5mm。花萼常被糙毛，脉上具多细胞柔毛；花冠紫色、紫红色或红色，冠管长为冠檐的 2 倍。蒴果卵状渐尖。（栽培园地：LSBG）

Melasma 黑蒴属

该属共计 1 种，在 1 个园中有种植

Melasma arvense (Benth.) Hand.-Mazz **黑蒴**

一年生草本。茎被柔毛，基部木质化。叶无柄或近无柄，叶片宽卵形至卵状披针形，两面密被短毛，有时被刺毛。总状花序，花密集；萼齿与萼筒近于等长；花冠黄色，冠筒宽钟状。蒴果圆球形，平滑无毛。（栽培园地：XTBG）

Micranthemum 小花草属

该属共计 1 种，在 1 个园中有种植

Micranthemum umbrosum (J. F. Gmel.) Blake **微花草**

水生草本。茎、叶柔弱，黄绿色，无毛。叶对生，

Micranthemum umbrosum 微花草（图 1）

Micranthemum umbrosum 微花草（图 2）

基部抱茎，叶片圆形或近圆形，全缘。花小，白色近透明。（栽培园地：SZBG）

Microcarpaea 小果草属

该属共计 1 种，在 2 个园中有种植

Microcarpaea minima (Koen.) Merr **小果草**

一年生纤细小草本，多分枝成垫状，全体无毛。叶无柄，半抱茎，叶片长椭圆形，全缘，稍厚，叶脉不显。花腋生，无梗；花冠粉红色，与萼近等长。蒴果较萼短。（栽培园地：SCBG, XTBG）

Mimulus 沟酸浆属

该属共计 3 种，在 2 个园中有种植

Mimulus bodinieri Vant. **匍生沟酸浆**

多年生匍匐草本。茎四方形，角具翅，无毛，节上生不定根。叶片宽卵形，疏具细齿。花单生叶腋；花梗细弱，较叶长；花萼钟状，果期增大；花冠黄色，喉部具紫色斑，冠筒稍长于萼。蒴果倒卵形至椭圆形。（栽培园地：WHIOB）

Mimulus szechuanensis Pai **四川沟酸浆**

多年生直立草本。茎四方形，常分枝，角处具狭翅。叶片卵形，疏具锯齿，两面无毛或背面沿脉有时被柔毛。花单生叶腋；萼圆筒形，果期膨大成囊泡状，肋具狭翅；花冠长约 2cm，黄色，喉部具紫色斑。蒴果长椭圆形，稍扁。（栽培园地：SCBG）

Mimulus tenellus Bunge **沟酸浆**

多年生草本。茎柔弱，常铺散，四方形，角处具狭翅，无毛。叶片卵形、卵状三角形至卵状椭圆形，疏具锯齿。花单生叶腋；花冠较萼长 1.5 倍，漏斗状，黄色，喉部具红色斑点。蒴果椭圆形，较萼稍短。（栽培园地：SCBG）

Monochasma 鹿茸草属

该属共计 1 种，在 1 个园中有种植

Monochasma savatieri Franch. ex Maxim **沙氏鹿茸草**

多年生草本，全体密被棉毛而呈灰白色。叶交互对生，叶片椭圆状披针形至线状披针形。总状花序顶生；花冠淡紫色或近白色，长约为花萼的 2 倍。蒴果长圆形，顶端渐尖成稍弯的尖嘴。（栽培园地：LSBG）

Nemesia 龙面花属

该属共计 1 种，在 1 个园中有种植

Nemesia strumosa Benth. **龙面花**

一年生草本。茎不分枝或基部分枝。叶片线形或线状披针形，全缘或稍具细齿齿。总状花序；萼片 5 深裂，裂片线状披针形；花冠长约 1.5cm，花冠粉红色、橙色、蓝色至白色，2 唇形，下唇阔大，近喉部具凸起和黄色斑块。（栽培园地：XMBG）

Odontites 疗齿草属

该属共计 1 种，在 1 个园中有种植

Odontites serotina (Lam.) Dum. **疗齿草**

一年生草本，全体被贴伏而倒生的白色细硬毛。茎上部四棱形。叶无柄，叶片披针形至条状披针形。穗状花序顶生；花冠紫色、紫红色或淡红色，外被白色柔毛。蒴果椭圆形，上部被细刚毛。（栽培园地：SCBG）

Otacanthus 蓝金花属

该属共计 1 种，在 1 个园中有种植

Otacanthus azureus (Lind.) Ronse **蓝金花**

多年生草本。茎圆柱形，无毛。叶对生，抱茎，叶片长椭圆形至椭圆状披针形，基部下延呈翅，边缘具细锯齿。花腋生；花冠长管状；花瓣蓝紫色，近喉处具白色斑块。（栽培园地：XMBG）

Otacanthus azureus 蓝金花

Paulownia 泡桐属

该属共计 3 种，在 6 个园中有种植

Paulownia elongata S. Y. Hu **兰考泡桐**

乔木，全体具星状绒毛。叶片卵状心形，长宽几相等或长稍过于宽。花冠紫色至粉白色，较宽，漏斗状钟形，顶端直径 4~5cm。果实卵形，稀卵状椭圆形，长 3.5~5cm，被星状绒毛，宿萼碟状，喙长 4~5mm。（栽培园地：WHIOB, GXIB）

Paulownia fortunei (Seem.) Hemsl. **白花泡桐**

乔木。幼枝、叶、花序各部和幼果均被黄褐色星状

Paulownia fortunei 白花泡桐

绒毛，叶柄、叶面和花梗渐变无毛。叶片长卵状心形，长远大于宽。花序圆柱形；花冠管状漏斗形，白色或浅紫色，基部弓曲以上渐扩大，腹部无明显纵褶。果实长圆形或长圆状椭圆形，长 6~10cm。（栽培园地：SCBG, IBCAS, WHIOB, KIB, CNBG, GXIB）

Paulownia tomentosa (Thunb.) Steud. **毛泡桐**

乔木。小枝具皮孔，幼时具黏质短腺毛。叶片心形，长达 40cm，叶面疏被毛，背面密被毛或疏毛，毛具长柄和丝状分枝，成熟时不脱落。花冠紫色，漏斗状钟形。蒴果卵圆形，长 3~4.5cm，幼时密生黏质腺毛。（栽培园地：IBCAS, WHIOB, KIB, CNBG）

Paulownia tomentosa 毛泡桐

Pedicularis 马先蒿属

该属共计 5 种，在 3 个园中有种植

Pedicularis grandiflora Fisch. **野苏子**

高大草本，全体无毛。茎粗壮，中空，具条纹及棱角。叶基生者极大，三回羽状全裂，裂片极细。总状花序较长；花大；萼钟形；盔端尖锐，与下唇等长；花药具长刺尖。蒴果卵圆形，具凸尖，稍侧扁。（栽培园地：WHIOB）

Pedicularis lachnoglossa Hook. f. **绒舌马先蒿**

多年生草本。叶常基生成丛状，叶片披针状线形，羽状全裂，叶具长柄。总状花序；花冠紫红色，盔与管的上部同一指向。蒴果黑色，长卵圆形，稍侧扁，顶端具刺尖。（栽培园地：SCBG）

Pedicularis siphonantha D. Don **管花马先蒿**

多年生草本。叶有基出叶与茎生叶，均具长柄，叶片长圆状披针形，羽状全裂。花全部腋生，在主茎上密集，在侧茎上则疏远；花冠玫瑰红色；盔的直立部分前缘具耳状凸起，顶端强烈扭折。蒴果卵状长圆形，顶端几伸直而锐头。（栽培园地：SCBG）

Pedicularis siphonantha 管花马先蒿

Pedicularis tongolensis Franch. **东俄洛马先蒿**

多年生草本。茎直立，不分枝，被长毛。叶片披针状线形，密生缺刻状裂片，裂片具尖锐的缺刻状齿，叶无柄。花冠黄色，冠管较花萼长 2 倍；盔弯曲，两侧卵形凸出，边缘具稠密红毛。（栽培园地：SCBG）

Pedicularis tricolor Hand.-Mazz. **三色马先蒿**

矮小草本，植株仅结果实一次即枯死。叶基生者多数，茎生叶仅有 1 对，叶片披针形，羽状深裂。花序下方花疏距，上方者成穗状；花冠管粗圆筒形，盔红色，直立部分稍前俯，后渐细，花柱伸出于喙外。（栽培园地：KIB）

Penstemon 钓钟柳属

该属共计 1 种，在 4 个园中有种植

Penstemon barbatus (Cav.) Roth **红花钓钟柳**

多年生草本。叶多数基生，叶片线形披针形或倒卵状线形，全缘。花序轴基生，总状花序长，花疏；花冠管状，红色，上唇伸直，下唇反折，喉部具深红色脉纹。（栽培园地：IBCAS, WHIOB, KIB, CNBG）

Penstemon barbatus 红花钓钟柳

Phtheirospermum 松蒿属

该属共计 1 种，在 1 个园中有种植

Phtheirospermum japonicum (Thunb.) Kanitz **松蒿**

一年生草本，全株被多细胞腺毛。叶片长三角状卵形，柄具狭翅。花冠紫红色至淡紫红色，外面被柔毛，上唇裂片三角状卵形，下唇 3 裂，裂片先端圆

Phtheirospermum japonicum 松蒿

钝；花丝基部疏被长柔毛。蒴果卵珠形。（栽培园地：WHIOB）

Picria 苦玄参属

该属共计 1 种，在 2 个园中有种植

Picria felterrae Lour. **苦玄参**

草本。茎具条纹，被短糙毛，节常膨大。叶对生，叶片卵形，边缘具圆钝锯齿。花序总状排列，总花梗与花梗均细弱；花冠白色或红褐色，上唇直立，基部宽，下唇中裂向前突出。蒴果卵形。（栽培园地：XTBG, GXIB）

Picria felterrae 苦玄参

Picrorhiza 胡黄连属

该属共计 1 种，在 1 个园中有种植

Picrorhiza scrophulariiflora Pennell **胡黄连**

多年生草本。叶基生莲座状，叶片匙形至卵形，边缘具锯齿。花葶被棕色腺毛，穗状花序长 1~2cm；花冠深紫色，外面被短毛，上唇略向前弯作盔状。蒴果长卵形，长 8~10mm。（栽培园地：SCBG）

Rehmannia 地黄属

该属共计 3 种，在 4 个园中有种植

Rehmannia chingii Li **天目地黄**

多年生草本，植株被多细胞长柔毛。基生叶莲座状，叶片椭圆形，两面疏被白色柔毛，边缘具圆齿或粗锯齿。花单生；花梗和花的总长超过苞片；花冠紫红色。蒴果卵形，长约 1.4cm。（栽培园地：IBCAS, WHIOB）

Rehmannia glutinosa (Gaertn.) Libosch. ex Fisch. et Mey. **地黄**

多年生草本，全株密被灰白色多细胞长柔毛和腺毛。基生叶莲座状，叶片卵形至长椭圆形，边缘具不规则圆齿或钝锯齿，背面带紫色。花梗细弱，花冠管弓曲，外面紫红色，内面黄紫色。蒴果卵形至长卵形，长 1~1.5cm。（栽培园地：IBCAS, WHIOB, CNBG）

Rehmannia piasezkii Maxim. **裂叶地黄**

多年生草本，全株被多细胞长柔毛。茎单一或基部分枝。叶片长椭圆形，羽状开裂，边缘具三角状带短尖的齿。花冠紫红色，长 5~6cm。（栽培园地：SCBG）

Rehmannia piasezkii 裂叶地黄

Russelia 爆仗竹属

该属共计 1 种，在 6 个园中有种植

Russelia equisetiformis Schltdl. et Cham. **爆仗竹**

多年生草本或亚灌木。小枝轮生，纤细下垂，具纵棱。叶小，对生或轮生，叶片卵形或线状披针形，常退化。由聚伞花序组成大型圆锥花序；花鲜红色，冠管长筒状，冠檐略二唇形，长约 2.5cm。蒴果球形。（栽

Russelia equisetiformis 爆仗竹

培园地：SCBG, WHIOB, KIB, XTBG, LSBG, SZBG）

Scoparia 野甘草属

该属共计 1 种，在 2 个园中有种植

Scoparia dulcis L. **野甘草**

多年生草本或半灌木。茎多分枝，枝具棱角及狭翅，无毛。叶对生或轮生，叶片菱状卵形至菱状披针形。花单朵或成对生于叶腋，花冠小，白色，直径约 4mm，冠管短。蒴果卵圆形至球形。（栽培园地：SCBG, XTBG）

Scrophularia 玄参属

该属共计 4 种，在 8 个园中有种植

Scrophularia buergeriana Miq. **北玄参**

多年生草本，茎、叶柄、叶背面无毛或仅有微毛。茎高大，四棱形，具白色髓心。叶片卵形至椭圆状卵形，边缘有锐锯齿。花序穗状，长达 50cm，宽不超过 2cm；花冠黄绿色。蒴果卵圆形，长 4~6mm。（栽培园地：CNBG）

Scrophularia henryi Hemsl. **鄂西玄参**

多年生草本。茎中空，略四棱形，棱上具微翅。叶片卵形至椭圆形，边缘具锯齿。穗状花序顶生，长 4~10cm；花冠黄绿色，长约 8mm，花冠筒膨大略呈球状。蒴果球状卵形，连喙长约 8mm。（栽培园地：WHIOB）

Scrophularia incisa Weinm. **砾玄参**

多年生草本或半灌木。茎近圆形，无毛或上部具微腺毛。叶片狭矩圆形至卵状椭圆形，具浅齿或浅裂，无毛。圆锥花序疏而狭，花冠玫瑰红色至暗紫红色，下唇色较浅，花冠筒球状筒形。蒴果球状卵形，连同短喙长约 6mm。（栽培园地：XJB）

Scrophularia ningpoensis Hemsl. **玄参**

多年生草本。茎高大，四棱形，具浅槽。叶片卵形、卵状披针形至披针形，边缘具细锯齿。大型圆锥花序由聚伞花序组成，花疏散，长可达 50cm，聚伞花序常二至四回复出；花褐紫色，花冠筒球形。蒴果卵圆形，连同短喙长 8~9mm。（栽培园地：SCBG, WHIOB, KIB, XTBG, XJB, LSBG, CNBG, GXIB）

Scrophularia ningpoensis 玄参

Siphonostegia 阴行草属

该属共计 2 种，在 2 个园中有种植

Siphonostegia chinensis Benth. **阴行草**

一年生草本，密被锈色短毛。叶片广卵形，边缘二回羽状全裂。总状花序；萼管主脉粗而凸，萼齿长为萼筒的 1/4~1/3；花冠上唇红紫色，下唇黄色；花丝仅基部被毛，上部无毛。（栽培园地：SCBG, LSBG）

Siphonostegia laeta S. Moore **腺毛阴行草**

一年生草本，全株密被腺毛。叶片三角状长卵形，边缘亚掌状 3 深裂，裂片不等大。总状花序；萼

管主脉较细，萼齿长为萼管的 1/2~2/3；花冠黄色，有时盔背部微带紫色；花丝全部被毛。（栽培园地：LSBG）

Stemodia 孪生花属

该属共计 1 种，在 1 个园中有种植

Stemodia verticillata (Mill.) Hassl **轮叶孪生花**

一年生草本，茎、叶背面、花萼密被白色柔毛。茎略肉质，圆柱形。轮生叶，其中 2 枚等大，1 枚稍小，叶片卵状椭圆形，边缘具重锯齿。花单生叶腋，花冠紫蓝色，内面喉部白色，具蓝紫色脉纹。（栽培园地：SZBG）

Striga 独脚金属

该属共计 1 种，在 1 个园中有种植

Striga asiatica (L.) O. Kuntze **独脚金**

一年生半寄生草本，全体被刚毛。茎单一，少分枝。叶片狭披针形、条形或鳞片状。花单生叶腋或在茎顶端成穗状花序；花萼具 10 条棱；花冠黄色，稀红色或白色，花冠筒顶端急剧弯曲。蒴果卵状，包于宿萼内。（栽培园地：SCBG）

Torenia 蝴蝶草属

该属共计 9 种，在 8 个园中有种植

Torenia asiatica L. **长叶蝴蝶草**

一年生草本。茎铺散或倾卧而后上升，具棱或狭翅。叶片卵形或卵状披针形，具短柄。花单生或 3~5 朵于近顶部的叶腋排成伞形花序；萼齿 3~4 枚；花冠长 3~3.5cm，紫色，喉部各具 1 蓝色斑块。蒴果长椭圆形，长 1mm。（栽培园地：SCBG）

Torenia benthamiana Hance **毛叶蝴蝶草**

一年生草本，全体密被白色硬毛。枝多数，细长而稍弯曲。叶片卵形或卵状心形，两面密被硬毛。花常 3 朵排成伞形花序，稀单生叶腋或 5 枚排成总状花序；花冠紫红色、淡蓝紫色或白色略带红色，长 1.2cm。蒴果长椭圆形，长约 10mm。（栽培园地：SCBG）

Torenia biniflora Chin et Hong **二花蝴蝶草**

一年生草本，全体疏被极短的硬毛。茎匍匐或上升。叶片卵形或狭卵形。花序着生于中、下部叶腋；常呈二歧状；具 2 朵花，稀 4 朵；花冠黄色，稀白色而微带蓝色，长约 11mm。蒴果长椭圆体状，长约 7mm。（栽培园地：SCBG）

Torenia concolor Lindl. **单色蝴蝶草**

匍匐草本。茎具 4 棱，节上生根；分枝上升或直立。叶片三角状卵形或长卵形，稀卵圆形。花单朵腋生或顶生，稀排成伞形花序；花冠蓝色或蓝紫色，长 2.5~4cm。（栽培园地：SCBG）

Torenia flava Buch.-Ham. ex Benth. **黄花蝴蝶草**

草本，全体疏被柔毛。枝对生，其节上常又再分枝。叶片卵形或椭圆形。总状花序顶生；花冠筒长约 1.2cm，上端红紫色，下端暗黄色；花冠裂片 4 枚，黄色。蒴果狭长椭圆形。（栽培园地：SCBG, KIB, XTBG）

Torenia fordii Hook. f. **紫斑蝴蝶草**

草本，全体被柔毛。茎直立粗壮。叶片宽卵形至卵状三角形，边缘具三角状急尖粗锯齿。总状花序顶生；花冠黄色，长 1.5~1.8cm。蒴果圆柱状，两侧扁，具 4 槽，长 9~11mm。（栽培园地：SCBG）

Torenia fournieri Linden. ex Fourn **兰猪耳**

草本。茎直立，几无毛，具 4 条窄棱。叶片长卵形或卵形；叶柄长 1~2cm。总状花序；花梗长 1~2cm，花冠淡蓝色、紫色白色，长 1~1.2cm，喉部具黄斑块；上唇直立，宽倒卵形。蒴果长椭圆形，长约 12mm。（栽培园地：SCBG, WHIOB, KIB, SZBG, GXIB, XMBG）

Torenia fournieri 兰猪耳

Torenia glabra Osbeck **光叶蝴蝶草**

一年生草本。茎匍匐或多少直立，节上生根；分枝多。叶片三角状卵形、长卵形或卵圆形，具 2~8mm 的叶柄。花单生或排成伞形花序；萼齿 2 枚；花冠紫红色或蓝紫色，长 1.5~2.5cm。（栽培园地：SCBG, XTBG, LSBG）

Torenia glabra 光叶蝴蝶草

Torenia violacea (Azaola ex Blanco) Pennell **紫萼蝴蝶草**

草本。茎直立或多少外倾。叶片卵形或长卵形，边缘具短尖锯齿，两面疏被柔毛。花在分枝顶部排成伞形花序或单生叶腋；萼略带紫红色，具 5 小齿；花冠淡黄色或白色，长 1.5~2.2cm；下唇裂片各具 1 枚蓝紫色斑块，中裂片中央具 1 黄色斑块。（栽培园地：XTBG）

Verbascum 毛蕊花属

该属共计 3 种，在 7 个园中有种植

Verbascum chaixii Vill. **东方毛蕊花**

多年生草本，全株被白色形状毛。叶片矩圆状披针形，背面毛较密，叶面毛疏或近无毛，下部叶柄长达 7cm。圆锥花序；花冠黄色，直径 20~25mm，外面被星状毛；花丝被紫色毛。蒴果卵形，稍长于宿萼。（栽培园地：KIB）

Verbascum songoricum Schrenk ex Fisch. et Mey. **准噶尔毛蕊花**

多年生草本，全株密被厚的灰白色星状毛。叶片矩圆形至倒披针形，叶柄长达 10cm。圆锥花序；花梗短；花萼、花冠外面均密生灰白色星状毛；花冠黄色；花丝被白色绵毛。蒴果圆卵形至椭圆状卵形，约与宿萼等长。（栽培园地：XJB）

Verbascum thapsus L. **毛蕊花**

二年生草本，全株密被厚的浅灰黄色星状毛。叶片倒披针状矩圆形。穗状花序圆柱状，花密集，花梗短；花冠黄色；直径 1~2cm；前方 2 枚花丝无毛，后方 3 枚花丝被毛。蒴果卵形，约与宿萼等长。（栽培园地：SCBG, IBCAS, WHIOB, KIB, XJB, LSBG, CNBG）

Verbascum thapsus 毛蕊花

Veronica 婆婆纳属

该属共计 13 种，在 8 个园中有种植

Veronica anagallis-aquatica L. **北水苦荬**

多年生草本，常全体无毛。叶无柄，上部者半抱茎，叶片椭圆形或长卵形。花序较叶长，多花；花梗与苞片近等长；花冠浅蓝紫色或白色，直径 4~5mm，裂片宽卵形。蒴果近圆形，长宽近相等。（栽培园地：WHIOB）

Veronica arvensis L. **直立婆婆纳**

小草本。茎直立或上升，具两列多细胞白色长柔毛。叶常 3~5 对，叶片卵形至卵圆形。总状花序长而多花；各部被多细胞白色腺毛；花冠蓝紫色或蓝色，裂片圆形至长椭圆形。蒴果倒心形，极偏斜。（栽培园地：LSBG, GXIB）

Veronica beccabunga L. **有柄水苦荬**

多年生草本，全体无毛。茎下部倾卧。叶片卵形、椭圆形或披针形。总状花序短，长 3~6cm，有花 10~20 朵；花冠淡紫色或淡蓝色，直径约 5mm。蒴果近圆形，顶端凹入。（栽培园地：WHIOB）

Veronica arvensis 直立婆婆纳

Veronica javanica 多枝婆婆纳

Veronica didyma Tenore **婆婆纳**

铺散草本。茎多分枝。叶仅2~4对，叶片心形至卵形，两面被白色长柔毛。总状花序很长；花冠淡紫蓝色、粉色或白色，直径4~5mm，裂片圆形至卵形。蒴果近肾形，密被腺毛，略短于花萼。（栽培园地：WHIOB, LSBG, GXIB, XMBG）

Veronica didyma 婆婆纳

Veronica henryi Yamazaki **华中婆婆纳**

小草本。茎仅上部被细柔毛，常红紫色。叶4~6对，叶片卵形至长卵形。总状花序1~4对，侧生于茎上部叶腋；花序轴和花梗被细柔毛；花冠白色或淡红色，具紫色条纹，直径约10mm。蒴果折扇状菱形，上缘疏生多细胞腺质硬睫毛。（栽培园地：WHIOB）

Veronica javanica Blume **多枝婆婆纳**

一年、二年生草本，全体被多细胞柔毛。茎基部多分枝。叶片卵形至卵状三角形。总状花序短，近伞房状；花冠白色、粉色或紫红色，长约2mm。蒴果倒心形，具睫毛。（栽培园地：SCBG, GXIB）

Veronica longifolia L. **兔儿尾苗**

草本。茎单生或数支丛生，直立，粗壮。叶对生，偶3~4枚轮生，叶片披针形。总状花序常单生，长穗状，各部被白色短曲毛；花冠紫色或蓝色，长5~6mm。蒴果近圆形，长约3mm，无毛。（栽培园地：IBCAS, LSBG）

Veronica officinalis L. **药用婆婆纳**

多年生草本，除花冠外全株密被白色绒毛。茎直立或基部俯卧。叶片椭圆状披针形至倒卵形。总状花序，花冠淡紫蓝色至白色；花柱稍长于花冠，雄蕊与花冠近等长。（栽培园地：LSBG）

Veronica peregrina L. **蚊母草**

小草本。茎基部多分枝，主茎直立，侧枝披散。株高10~25cm。叶无柄，叶片倒披针形至椭圆形。总状花序长达20cm；花梗极短；花冠白色或浅蓝色，长约2mm。蒴果倒心形，明显侧扁。（栽培园地：LSBG, GXIB）

Veronica peregrina 蚊母草

Veronica persica Poir. **阿拉伯婆婆纳**

铺散草本。茎多分枝，枝密生两列多细胞柔毛。叶2~4对，具短柄，叶片卵形或圆形，两面疏生柔毛。总状花序很长；苞片与叶同形且近等大；花冠蓝色、紫色或蓝紫色，长4~6mm。蒴果肾形，被腺毛。（栽培园地：WHIOB, XMBG）

Veronica persica 阿拉伯婆婆纳

Veronica serpyllifolia L. **小婆婆纳**

小草本。茎丛生，多分枝，下部匍匐易生根，被多细胞柔毛，上部被多细胞腺毛。叶无柄，叶片卵圆形至卵状矩圆形。总状花序多花，花序各部被多细胞腺毛；花冠蓝色、紫色或紫红色，长4mm。蒴果肾形或肾状倒心形，边缘具1圈多细胞腺毛。（栽培园地：SCBG, WHIOB）

Veronica serpyllifolia 小婆婆纳

Veronica spicata L. **穗花婆婆纳**

草本。茎单生丛生，不分枝，下部常密生白色长毛。叶对生，叶片长椭圆形、椭圆形至披针形，叶柄长。长穗状花序；几无花梗；花冠紫色或蓝色，长6~7mm。

Veronica spicata 穗花婆婆纳

蒴果椭圆形，上半部被多细胞长腺毛。（栽培园地：IBCAS, WHIOB, KIB）

Veronica undulata Wall. **水苦荬**

草本。植株较同属 *V. anagallis-aquatica* 北水苦荬稍矮，茎、花序轴、花萼和蒴果被大头针状腺毛；叶片条状披针形，常叶缘具尖锯齿；花梗在果期挺直，横叉开。（栽培园地：SCBG, XTBG, GXIB）

Veronicastrum 腹水草属

该属共计8种，在6个园中有种植

Veronicastrum axillare (Siebold et Zucc.) Yamazaki **爬岩红**

多年生草本。茎有由叶柄两侧下延的狭棱，无毛或仅棱上偶具毛。叶片卵形至卵状披针形，边缘具三角状锯齿。花序长1~3cm；花萼裂片疏被睫毛或几无毛；花冠紫色或紫红色，冠檐裂片长，占花冠1/3或更多。蒴果卵球状。（栽培园地：WHIOB, LSBG）

Veronicastrum caulopterum (Hance) Yamazaki **四方麻**

多年生草本，全体无毛。茎直立，具翅。叶片矩圆

Veronicastrum caulopterum 四方麻

形、卵形至披针形，具明显叶柄。穗状花序顶生于主茎及侧枝上；花梗短；花冠红色、紫红色或暗紫色，花冠筒短，长、宽相等，也与裂片长度近相等。蒴果卵形或卵圆形。（栽培园地：WHIOB, GXIB）

Veronicastrum latifolium (Hemsl.) Yamazaki **宽叶腹水草**

多年生草本。茎圆柱形，仅上部具狭翅，被黄色短卷毛。叶片卵圆形至圆形，长仅 4~7cm；穗状花序短，腋生；花冠淡紫色或白色，花冠裂片短，长不足 1mm，占花冠长的 1/5~1/6，正三角形。蒴果卵状。（栽培园地：WHIOB）

Veronicastrum longispicatum (Merr.) Yamazaki **长穗腹水草**

多年生草本或亚灌木。茎直立，稀蔓状。叶片卵形至卵状披针形，具短柄。穗状花序腋生或侧枝上顶生，长 5cm 以上；花序轴、苞片和花萼裂片密被头状腺毛或短硬毛；花冠白色或紫色；子房及幼果被毛。蒴果卵形。（栽培园地：WHIOB）

Veronicastrum sibiricum (L.) Pennell **草本威灵仙**

多年生草本。茎圆柱形，不分枝。叶轮生或互生，无柄，叶片椭圆形至宽条形。穗状花序顶生，花有短梗，各部分无毛；花冠红紫色、紫色或淡紫色。蒴果卵状。（栽培园地：IBCAS, CNBG）

Veronicastrum longispicatum 长穗腹水草

Veronicastrum stenostachyum (Hemsl.) Yamazaki **腹水草**

多年生草本。茎圆柱状，具条棱，多弓曲，无毛。叶互生，具短柄，叶片长卵形至披针形，顶端长渐尖，长 7~20cm。穗状花序腋生或有时侧枝上顶生，长 2~8cm；花冠白色、紫色或紫红色，冠檐裂片短，长不足 1mm，占花冠长的 1/5~1/6，正三角形。蒴果卵状。（栽培园地：SCBG, WHIOB, CNBG, GXIB）

Veronicastrum stenostachyum 腹水草

Veronicastrum stenostachyum (Hemsl.) Yamazaki ssp. **plukenetii** (Yamaz.) Hong **细穗腹水草**

本亚种的叶片长卵形至卵状披针形，膜质至纸质，长 9~16cm，宽 3~6cm；花序长 1.5~5cm；苞片及花萼裂片钻形。（栽培园地：WHIOB）

Veronicastrum villosulum (Miq.) Yamaxaki **毛叶腹水草**

多年生草本，茎、叶两面密被棕色多细胞长腺毛。茎圆柱形，上部有时具狭棱。叶片常卵状菱形。花序头状或近头状，腋生，长不超过 1.5cm；花萼裂片密被硬睫毛；花冠紫色或紫蓝色，冠檐裂片短，占花冠长的 1/4~1/6。蒴果卵形。（栽培园地：WHIOB, LSBG）

Veronicastrum stenostachyum ssp. **plukenetii** 细穗腹水草

Veronicastrum villosulum 毛叶腹水草

Wightia 美丽桐属

该属共计 1 种，在 1 个园中有种植

Wightia speciosissima (D. Don) Merr. **美丽桐**

落叶乔木。树皮灰白色，小枝褐色，具皮孔，幼时被星毛。叶片革质，椭圆形或长椭圆形。聚伞圆锥花序狭长，花序各部均被锈色星毛，小聚伞花序总花梗长达 1cm，常有花 3 朵；花冠粉红色。蒴果长卵圆形至长椭圆形，长约 4cm；种子具狭翅。（栽培园地：XTBG）

Simaroubaceae 苦木科

该科共计 12 种，在 12 个园中有种植

乔木或灌木。树皮常具苦味。叶常为羽状复叶，少数为单叶；托叶缺或早落。花序腋生，总状、圆锥状或聚伞花序，稀穗状花序；花小，辐射对称，单性、杂性或两性；萼片、花瓣 3~5 片；花盘环状或杯状；雄蕊与花瓣同数或为花瓣的 2 倍，花药长圆形，"丁"字形着生；子房 2~5 室或心皮分离。果为翅果、核果或蒴果，常不开裂。

Ailanthus 臭椿属

该属共计 5 种，在 10 个园中有种植

Ailanthus altissima (Mill.) Swingle **臭椿**

落叶乔木；幼嫩枝条初被黄色或黄褐色柔毛，后脱落。奇数羽状复叶，有小叶 13~27 枚；小叶片卵状披针形，两侧各具 1 或 2 个粗锯齿，齿背具 1 腺体。圆锥花序长 10~30cm；花淡绿色，雄蕊花丝基部密被硬粗毛。（栽培园地：SCBG, IBCAS, WHIOB, KIB, XTBG, XJB, LSBG, CNBG, GXIB, IAE）

Ailanthus altissima (Mill.) Swingle var. **sutchuenensis** (Dode) Rehd. et Wils. **大果臭椿**

本变种的小枝粗状，紫红色，无毛，密布白色皮孔；叶柄基部常紫红色，上部具紫红色斑点；小叶片薄革质，长 9~15cm，宽 3.5~6cm，无毛，基部阔楔形或稍带圆形；翅果长 5~7cm，宽 1.4~1.8cm。（栽培园地：KIB）

Ailanthus fordii Noot. **常绿臭椿**

常绿小乔木；小枝灰褐色，密被微柔毛。复叶聚生于树干顶端，有小叶 6~13 对，小叶片长圆状卵圆形，基部偏斜，全缘。圆锥花序长 20~40cm，各级分枝基部具关节；花单性或杂性，1~3 朵聚生，雄蕊花丝基部无毛；心皮 5 个。（栽培园地：XTBG）

Ailanthus triphysa (Dennst.) Alston **岭南臭椿**

常绿乔木。羽状复叶具小叶 6~30 对；小叶片卵状披针形或长圆状披针形，偏斜，全缘。圆锥花序被短柔毛，长 25~50cm，雄蕊花丝下部具伸展的毛；心皮 3 个。翅果长 4.5~8cm。（栽培园地：XTBG）

Ailanthus vilmoriniana Dode **刺臭椿**

乔木，幼嫩枝条被软刺。叶为奇数羽状复叶，有小叶 8~17 对；小叶片披针状长椭圆形，每侧基部具 2~4 粗锯齿，锯齿背面具腺体，叶柄有时有刺。圆锥花序长约 30cm。翅果长约 5cm。（栽培园地：WHIOB）

Brucea 鸦胆子属

该属共计 2 种，在 5 个园中有种植

Brucea javanica (L.) Merr. **鸦胆子**

灌木或小乔木。复叶具小叶 3~15 片；小叶片卵形或卵状披针形，边缘具粗齿。圆锥花序。核果 1~4 个，分离，长卵形，长 6~8mm，直径 4~6mm，熟时灰黑色，干后具不规则多角形网纹。（栽培园地：SCBG, XTBG, SZBG, GXIB, XMBG）

Brucea javanica 鸦胆子（图 1）

Brucea javanica 鸦胆子（图 2）

Brucea mollis Wall. ex Kurz **柔毛鸦胆子**

灌木或小乔木。复叶具小叶 5~15 片；小叶片椭圆状披针形、卵状披针形或阔披针形，全缘。圆锥花序。核果卵圆形，长 8~12mm，直径 6~8mm，干后红褐色，具浅网纹。（栽培园地：XTBG）

Brucea mollis 柔毛鸦胆子

Eurycoma 东革阿里属

该属共计 1 种，在 1 个园中有种植

Eurycoma longifolia Jack **东革阿里**

灌木。常不分枝，红棕色叶柄直接生于主干上。羽状复叶长达 1m，具 30~40 片小叶，小叶片披针形或倒卵状披针形，叶面绿色，背面灰白色。圆锥花序密被柔毛，花小，红褐色。核果卵圆形，熟时黄棕色或红棕色。（栽培园地：XTBG）

Eurycoma longifolia 东革阿里

Harrisonia 牛筋果属

该属共计 1 种，在 1 个园中有种植

Harrisonia perforata (Blanco) Merr. **牛筋果**

灌木。枝条上叶柄基部具 1 对锐利钩刺。复叶有小叶 5~13 枚，叶轴具狭翅；小叶片菱状卵形。总状花序被毛；花瓣白色，披针形，雄蕊稍长于花瓣，花盘杯状；子房 4~5 室。果球形或不规则球形，直径 1~1.5cm，无毛，熟时淡紫红色。（栽培园地：SCBG）

Harrisonia perforata 牛筋果

Picramnia 非洲苦木属

该属共计 1 种，在 1 个园中有种植

Picramnia pentandra Sw. **非洲苦木**

灌木。复叶有小叶 5~9 枚；小叶片卵状披针形至长椭圆形，光滑，全缘。雌雄异株或雌雄同株；圆锥花序下垂，花小，淡绿色至白色。核果球形或近球形，熟时红色或橘红色，被柔毛。（栽培园地：XTBG）

Picramnia pentandra 非洲苦木

Picrasma 苦树属

该属共计 2 种，在 6 个园中有种植

Picrasma chinensis P. Y. Chen **中国苦树**

乔木。复叶具小叶 5~9 枚，小叶片长圆形或卵状长圆形。圆锥花序；雄花序稍长于两性花序；花常 4~5 基数，雄花较两性花小，花瓣黄绿色，卵状长圆形，长 2~2.5mm，宿存。核果圆球形，直径 1~1.2cm，干后具皱纹。（栽培园地：XTBG）

Picrasma chinensis 中国苦树

Picrasma quassioides (D. Don) Benn. **苦树**

落叶乔木。复叶具小叶 9~15 片，小叶片卵状披

Picrasma quassioides 苦树

针形或广卵形，边缘具不整齐粗锯齿，幼时仅背面中脉、侧脉具柔毛。雌雄异株，复聚伞花序腋生，花序轴、萼片被黄褐色微柔毛；萼片卵形或长卵形，覆瓦状排列。核果球形，熟时蓝绿色，长6~8mm，萼宿存。（栽培园地：SCBG, WHIOB, KIB, XTBG, LSBG, GXIB）

Solanaceae 茄科

该科共计93种，在12个园中有种植

草本、半灌木、灌木或小乔木。茎直立、匍匐或攀援；有时具皮刺。单叶全缘、不分裂或分裂，有时为羽状复叶，互生或大小不等的二叶双生；无托叶。花单生、簇生或为蝎尾式、伞房式、伞状式、总状式、圆锥式聚伞花序；常5基数。花萼果时宿存；花冠具短筒或长筒；雄蕊与花冠裂片同数而互生，同形或异形。果为多汁浆果、干浆果或蒴果；种子圆盘形或肾形。

Anisodus 山莨菪属

该属共计1种，在1个园中有种植

Anisodus acutangulus C. Y. Wu et C. Chen **三分三**

多年生草本，全株无毛。叶片纸质或近膜质，卵形或椭圆形。花萼漏斗状钟形，萼齿狭三角形，不整齐；花冠漏斗状钟形，淡黄绿色，内面被柔毛，近基部具5对紫斑。蒴果近球状，果萼长约为果的2倍。（栽培园地：KIB）

Anisodus acutangulus 三分三

Atropa 颠茄属

该属共计1种，在6个园中有种植

Atropa belladonna L. **颠茄**

多年生草本。叶片卵形，基部下延，两面沿脉具柔毛。花萼钟状，果时外展；花冠筒状钟形，下部黄绿色，上部淡紫色，外面被腺毛，内面筒基部背毛；花丝下端具柔毛，上端弓曲状。浆果球状，成熟后紫黑色，光滑。（栽培园地：SCBG, WHIOB, KIB, XTBG, SZBG, GXIB）

Atropa belladonna 颠茄

Brugmansia 木曼陀罗属

该属共计4种，在7个园中有种植

Brugmansia aurea Lagerh. **黄花木本曼陀罗**

多年生草本或亚灌木。叶片长卵状披针形，顶端渐

Brugmansia aurea 黄花木本曼陀罗（图 1）

Brugmansia aurea 黄花木本曼陀罗（图 2）

尖或急尖，全缘、微波状或具不规则缺刻状齿，两面被微柔毛。花单生，喇叭状下垂；花冠长漏斗状，基部浅绿色，顶端亮黄色，具绿色纵纹；雄蕊不伸出花冠筒；柱头稍膨大。（栽培园地：XMBG）

Brugmansia sanguinea (Ruiz et Pav.) D. Don **红花曼陀罗**

灌木。茎粗壮。叶片卵状披针形、椭圆形或卵形，两面被微柔毛。花单生，下垂；花萼筒状，裂片长三

Brugmansia sanguinea 红花曼陀罗（图 1）

Brugmansia sanguinea 红花曼陀罗（图 2）

角形；花冠红色，长漏斗状，筒中部向上渐扩大成喇叭状；雄蕊不伸出花冠筒；花柱伸出花冠筒，柱头稍膨大。浆果状蒴果，表面平滑，广卵形。（栽培园地：WHIOB, KIB, LSBG）

Brugmansia suaveolens (Humb. et Bonpl. ex Willd.) Bercht. et C. Presl **大花曼陀罗**

灌木至小乔木。茎粗壮，多分枝。叶片卵状披针形

Brugmansia suaveolens 大花曼陀罗

或长椭圆形，全缘或微波状。花单生，长 24~32cm；花萼筒状，长为花冠的 1/3~1/2，具棱，裂片长三角形；花冠淡红色，长漏斗形，上部喇叭状，檐部裂片具 1~2.5cm 的渐尖头，雄、雌蕊均不伸出花冠筒外。（栽培园地：SCBG, KIB, XTBG, SZBG）

Brugmansia versicolor Lagerh.

灌木。叶片卵状椭圆形或卵形，基部阔楔形或近圆

Brugmansia versicolor（图 1）

Brugmansia versicolor（图 2）

形；叶具长柄。花下垂；花萼筒状，裂呈佛焰苞状；花冠淡橘红色，上端冠管细长，从中部开始扩大，渐成喇叭状，花冠直径约为长度的 1/2；雄蕊、雌蕊均不伸出花冠筒外。（栽培园地：SCBG）

Brunfelsia 鸳鸯茉莉属

该属共计 6 种，在 9 个园中有种植

Brunfelsia americana L. **美洲鸳鸯茉莉**

灌木。叶片椭圆形、卵状椭圆形至倒卵形。花单生，夜晚开花时具浓郁香味，花乳白色，冠管细长，长为花冠直径的 3~4 倍；冠檐 5 深裂，裂片椭圆形；雄蕊、雌蕊不伸出花冠筒外。果为浆果。（栽培园地：WHIOB, XTBG）

Brunfelsia americana 美洲鸳鸯茉莉

Brunfelsia australis Benth. **番茉莉**

灌木。叶片长椭圆形至椭圆状披针形，顶端长渐尖，全缘略呈波状。花单生或数朵聚生，花瓣深紫色，后渐变为淡紫色或白色；冠管 2.5~3cm；花直径 3~4cm；冠檐具 5 条放射状皱状突起，裂片 5 片，裂至冠檐 1/2 处。果为蒴果。（栽培园地：KIB, XTBG）

Brunfelsia australis 番茉莉

Brunfelsia brasiliensis (Spreng.) L. B. Smith et Downs **鸳鸯茉莉**

灌木。茎深褐色至灰白色。叶片长披针形或椭圆形，顶端渐尖，全缘或略波状；具短柄。花单生、数朵簇生或呈聚伞花序状；花萼筒状；花冠高脚碟状，花瓣具缺刻状锯齿，初开时为蓝紫色，后渐变为白色；雄蕊、雌蕊着生于花冠中心小孔上。（栽培园地：SCBG, XTBG, LSBG, SZBG, GXIB, XMBG）

Brunfelsia brasiliensis 鸳鸯茉莉（图 1）

Brunfelsia brasiliensis 鸳鸯茉莉（图 2）

Brunfelsia densifolia Krug et Urban **密叶鸳鸯茉莉**

灌木。叶多而密，叶片狭披针形，全缘，仅中脉明显。花淡黄色，冠管细长，长约为冠檐直径的 4 倍；雄蕊与冠筒等长，雌蕊稍伸出冠筒外。蒴果近球形。（栽培园地：SCBG）

Brunfelsia latifolia (Pohl) Benth. **长叶鸳鸯茉莉**

灌木。叶片长椭圆形至倒卵状长圆形，两端长渐尖，全缘，两面均无毛。花单生枝顶或数朵组成聚伞花序；花萼管状钟形，裂片 5 枚；冠管长约为花萼的 3 倍。（栽培园地：SCBG, IBCAS, WHIOB, KIB）

Brunfelsia latifolia 长叶鸳鸯茉莉

Brunfelsia pauciflora (Cham. et Schltdl.) Benth. **大花鸳鸯茉莉**

灌木。叶片革质，披针形或长椭圆形，长可达

Brunfelsia pauciflora 大花鸳鸯茉莉（图 1）

Brunfelsia pauciflora 大花鸳鸯茉莉（图 2）

16cm，两端渐尖，正面深绿色，背面浅绿色。聚伞花序，花 2~10 朵；花瓣紫色，后渐变为浅紫色、白色，喉部带白色，之后转变为淡紫色；花萼钟形，长 2~2.8cm；花冠直径 5~5.5cm。（栽培园地：SCBG, XTBG, SZBG, GXIB, XMBG）

Capsicum 辣椒属

该属共计 5 种，在 8 个园中有种植

Capsicum annuum L. **辣椒**

一年生至多年生草本或亚灌木。茎分枝稍“之”字形折曲。叶片卵形、卵状披针形或椭圆形，全缘。花单生，下垂；花萼杯状，具不显著 5 齿；花冠白色，裂片卵形；花药灰紫色。果指状狭卵形，成熟时红色、橙色或紫红色，味辣。种子扁肾形。（栽培园地：SCBG, WHIOB, XTBG, LSBG, CNBG, GXIB）

Capsicum annuum 辣椒（图 1）

Capsicum annuum 辣椒（图 2）

Capsicum annuum L. var. **conoides** (Mill.) Irish **朝天椒**

本变种与原变种的区别为：茎多二歧分枝；叶片卵形；花常单生于二分叉间，花梗直立，花稍俯垂，花冠白色或带紫色；果梗及果均直立，果较小，圆锥状，成熟后红色或紫色，味极辣。（栽培园地：WHIOB, KIB, LSBG, CNBG, GXIB, XMBG）

Capsicum annuum var. **conoides 朝天椒**

Capsicum annuum L. var. **fasciculatum** (Sturt.) Irish **簇生椒**

本变种与原变种的区别为：叶柄长而纤细，花常数朵与叶聚生枝顶呈簇生状；浆果指状或圆锥状，长4~10cm，熟时红色，味很辣。（栽培园地：LSBG）

Capsicum annuum var. **fasciculatum 簇生椒**

Capsicum annuum L. var. **grossum** (L.) Sendt. **灯笼椒**

本变种与原变种的区别为：植株粗壮高大；叶片椭圆形或卵形；果大型，近球状、圆柱状或扁球状，多纵沟，顶端及基部截形或常内凹，略带甜味或椒味。（栽培园地：LSBG）

Capsicum baccatum L. **风铃辣椒**

一年生草本或亚灌木状。叶片卵形，全缘；叶具长

Capsicum baccatum 风铃辣椒（图 1）

Capsicum baccatum 风铃辣椒（图 2）

柄。花单生叶腋处，花冠白色，内面中部具淡绿色斑纹。果形似灯笼，长约5cm，四周不规则凹凸，中间乳头状突出，熟时深红色。（栽培园地：SCBG）

Cestrum 夜香树属

该属共计 5 种，在 9 个园中有种植

Cestrum aurantiacum Lindl. **黄花夜香树**

灌木。嫩枝被短柔毛。叶片卵形或椭圆形，叶面深绿色，背面淡绿色，顶端急尖。总状式聚伞花序顶生或腋生；苞片叶状，早落；花近无梗；花萼钟状，具5条纵肋，萼齿5枚；花冠筒状漏斗形，金黄色，裂片卵状三角形，开展或反折。浆果梨状。（栽培园地：SCBG, XTBG, GXIB, XMBG）

Cestrum diurnum L. **白夜丁香**

灌木。叶片卵状椭圆形至长椭圆形，羽状脉明显，中脉淡绿色，全缘。复总状花序圆锥状，顶生；花冠白色，冠管长筒状，冠檐裂片阔卵形，开展或稍反折。浆果球形，紫黑色。（栽培园地：XTBG）

Cestrum aurantiacum 黄花夜香树（图 1）

Cestrum aurantiacum 黄花夜香树（图 2）

Cestrum elegans (Brongn.) Schltdl. 毛茎夜香树

灌木。枝条伸长后呈半蔓性，幼茎及叶被短柔毛。叶片披针形，顶端长渐尖，基部楔形。复聚伞花序顶生或腋生；花冠长瓶形，深紫色，近顶端稍膨大后突然溢缩，冠檐裂片三角形，开展或稍反折。（栽培园地：SCBG, KIB, LSBG, GXIB, XMBG）

Cestrum elegans 毛茎夜香树（图 1）

Cestrum elegans 毛茎夜香树（图 2）

Cestrum nocturnum L. 夜香树

灌木，全株无毛。叶片卵状椭圆形至椭圆状披针形，全缘，两面秃净具光泽。伞房式聚伞花序；花疏散，白色至黄绿色；花萼钟状；冠管细长，喉部稍缢

Cestrum nocturnum 夜香树（图 1）

Cestrum nocturnum 夜香树（图 2）

缩，冠檐裂片5片，直立或稍开展。浆果椭圆形，种子长卵状。（栽培园地：SCBG, IBCAS, WHIOB, KIB, XTBG, LSBG, SZBG, GXIB, XMBG）

Cestrum parqui (Lam.) L'Hér. **智利夜来香**

灌木。茎披散。叶片狭披针形，两端长渐尖，全缘或稍具波状。伞房状聚伞花序；花冠黄绿色，冠管长筒状，长约2.5cm；冠檐裂片6片，椭圆状披针形，直立或开展。浆果卵形，熟时黑色。（栽培园地：SCBG）

Cestrum parqui 智利夜来香（图1）

Cestrum parqui 智利夜来香（图2）

Cyphomandra 树番茄属

该属共计1种，在4个园中有种植

Cyphomandra betacea Sendt. **树番茄**

灌木或小乔木，枝、叶背、叶柄、花萼密生短柔毛。叶片卵状心形，全缘或具深弯缺。聚伞花序腋生；花萼辐状，径约6mm；花冠粉红色，深5裂；花柱稍长于雄蕊。浆果卵状，光滑，橘黄色或带红色。种子圆盘形，周围具狭翼。（栽培园地：KIB, XTBG, LSBG, XMBG）

Cyphomandra betacea 树番茄

Datura 曼陀罗属

该属共计4种，在10个园中有种植

Datura innoxia Mill. **毛曼陀罗**

一年生草本或半灌木状，全株密被灰白色短柔毛。叶片椭圆形，全缘。花单生，直立或斜升；花冠白色，喇叭状，长12~19cm；花萼圆筒状，不具棱角。蒴果俯垂，近球状或卵球状；种子扁肾形，褐色。（栽培园地：IBCAS）

Datura metel L. **洋金花**

一年生直立草木。叶片卵形或阔卵形，基部偏斜。花单生；花萼筒状，裂片狭三角形或披针形，果期增大；花冠长漏斗状，白色、黄色或浅紫色，花冠直径

Datura metel 洋金花（图 1）

Datura stramonium 曼陀罗（图 1）

Datura metel 洋金花（图 2）

Datura stramonium 曼陀罗（图 2）

6~10cm，冠筒中下部较细。蒴果近球状或扁球状，疏生粗短刺；种子淡褐色。（栽培园地：SCBG, WHIOB, KIB, CNBG, GXIB, XMBG）

Datura stramonium L. **曼陀罗**

一年生草本或半灌木状。叶片阔卵形，全缘、微波状或有不规则疏齿。花单生，直立或斜升；花萼圆筒状，不具棱角，裂片狭三角形；花冠长漏斗状，下部带淡绿色，上部白色。蒴果俯垂，近球状或卵球状，密生柔韧细针刺及白色柔毛。（栽培园地：SCBG, WHIOB, XTBG, XJB, LSBG, CNBG, GXIB）

Datura stramonium L. var. **tatula** (L.) Torr. **紫花曼陀罗**

本变种与原变种的区别为：花紫色；茎、枝、果亦带紫色。（栽培园地：SCBG, WHIOB, XTBG）

Datura stramonium var. **tatula 紫花曼陀罗**（图 1）

Datura stramonium var. **tatula** 紫花曼陀罗（图 2）

Hyoscyamus niger 天仙子

Datura stramonium var. **tatula** 紫花曼陀罗（图 3）

Hyoscyamus 天仙子属

该属共计 2 种，在 5 个园中有种植

Hyoscyamus niger L. **天仙子**

二年生草本，全体被黏性腺毛。花较大，花冠钟状，长 2~2.5cm，直径 1~1.5cm，黄色，具淡紫色脉纹；花冠较花萼长 1 倍；雄蕊稍伸出花冠。果萼成坛状。（栽培园地：SCBG, KIB, XTBG, XJB, CNBG）

Hyoscyamus pusillus L. **中亚天仙子**

二年生草本，全体被黏性腺毛。花较小，花冠漏斗形，长 1~1.5cm，黄色，具淡紫色脉纹；花冠略长于花萼；雄蕊不伸出花冠。果萼筒状漏斗形。（栽培园地：XJB）

Lycianthes 红丝线属

该属共计 8 种，在 5 个园中有种植

Lycianthes biflora (Lour.) Bitter **红丝线**

灌木或亚灌木，小枝、叶背面、叶柄、花梗及萼的外面密被淡黄色单毛及 1~2 分枝或树枝状分枝的绒毛。上部叶常假双生，大小不等；叶片椭圆状卵形至宽卵

Lycianthes biflora 红丝线（图 1）

Lycianthes biflora 红丝线（图 2）

形，全缘。花序无柄，常具 2~3 朵花；花白色至淡紫色。浆果球形，熟时绯红色，宿萼盘形。（栽培园地：SCBG, WHIOB, XTBG, GXIB）

Lycianthes biflora (Lour.) Bitter var. **subtusochracea** Bitter **密毛红丝线**

本变种与原变种的区别为：叶背面、叶柄、花梗与萼外面均密被分枝的褐黄色绒毛；花常 3~4 朵聚生于叶腋内，花梗较长，8~10mm，萼齿在开花时长 3~4mm。（栽培园地：XTBG）

Lycianthes lysimachioides (Wall.) Bitter var. **sinensis** Bitter **中华红丝线**

多年生草本，茎、叶、花柄及萼外面疏被柔毛。茎基部常匍匐，节上常生不定根。叶假双生，叶片卵形、椭圆形至卵状披针形，叶背面近光滑；叶柄较长，1~3cm。花序仅具 1 朵花，花白色。（栽培园地：WHIOB）

Lycianthes macrodon (Wall.) Bitter **大齿红丝线**

灌木至亚灌木。幼枝被单毛，后脱落。上部叶假双生，叶片披针形、长椭圆状披针形或近卵形。花序无柄，常 1~3 朵花，花柄长 10~14mm；萼齿较长，在开花时长 4~5.5mm，在结果时长 5~6mm；花冠白色，内面基部具绿色斑点。（栽培园地：XTBG）

Lycianthes macrodon (Wall.) Bitter var. **mollitersctosa** Bitter **软刚毛红丝线**

本变种与原变种的区别为：幼枝、叶柄及叶两面（尤其是背面叶脉上）、花梗及花萼外面被青白色或污黄色的具节光亮软毛，老时逐渐脱落；花 2~6 朵着生于叶腋内。（栽培园地：XTBG）

Lycianthes rantonnetii (Carrière) Bitter **蓝花茄**

小灌木，幼枝、叶两面、叶柄、花柄及花萼外面被

Lycianthes rantonnetii 蓝花茄（图 1）

Lycianthes rantonnetii 蓝花茄（图 2）

单毛。单叶互生，叶片卵形或椭圆形，全缘。花 2~4 朵腋生，合瓣花，具 5 浅裂，紫色，开放时平展，具数条放射状棱线，花冠中央及雄蕊黄色。（栽培园地：KIB）

Lycianthes subtruncata (Wall.) Bitter **截萼红丝线**

灌木。幼枝密被平伏微毛。上部叶假双生，大小不等，叶片披针形，全缘，两面均被毛。花序无柄，常 2~7 朵花生于叶腋；萼无明显的齿，萼筒边缘截形或仅形成稍突出的小凸起，2 凸起中间具 1 明显的脉。（栽培园地：XTBG）

Lycianthes subtruncata (Wall.) Bitter var. **remotidens** Bitter **疏齿红丝线**

本变种的小枝常反折如"之"字形并极具分歧；叶片两面尤其是脉上被极小尖毛；花序具 4~7 朵花；萼齿较截萼红丝线稍明显。（栽培园地：XTBG）

Lycium 枸杞属

该属共计 5 种，在 11 个园中有种植

Lycium barbarum L. **宁夏枸杞**

灌木。叶互生或簇生，叶片披针形或长椭圆状披针形，略带肉质，叶脉不明显。花萼常 2 中裂；花冠裂片边缘无缘毛，筒部漏斗状，较裂片长。浆果卵状、椭圆形或近球状，红色，长在 6mm 以上。（栽培园地：IBCAS, XJB, CNBG）

Lycium chinense Mill. **枸杞**

灌木。茎多分枝。叶片卵形、卵状菱形、长椭圆形或卵状披针形。花萼常为 3 裂或有时不规则 4~5 齿裂；花冠筒部短于或近等于檐部裂片，裂片边缘具缘毛。果甜而后味带微苦；种子较大，长约 3mm。（栽培园地：SCBG, WHIOB, KIB, XTBG, LSBG, CNBG, GXIB, IAE, XMBG）

Lycium chinense 枸杞（图 1）

Lycium chinense 枸杞（图 2）

Lycium cylindricum Kuang et A. M. Lu **柱筒枸杞**

灌木。分枝多"之"字状折曲，棘刺长 1~3cm。叶单生或 2~3 枚短枝上簇生，叶片披针形。花单生或 2 朵同叶簇生；花萼钟状，3 中裂或有时 2 中裂，裂片具不规则齿；花冠筒部圆柱状，明显长于檐部裂片，裂片阔卵形，边缘具缘毛。果卵形，仅具少数种子。（栽培园地：XJB）

Lycium ruthenicum Murr. **黑果枸杞**

灌木。茎多分枝、多棘刺，常成"之"字形曲折，枝条上每节具 1 枚短的裸露棘刺。叶片条形或近圆柱形、稀倒狭披针形，肉质。花 1~2 朵生于短枝上；花萼狭钟状，果时稍膨大成半球状；花冠浅紫色，冠筒长为檐部裂片长的 2~3 倍。浆果紫黑色，球状。（栽培园地：SCBG, XJB）

Lycium yunnanense Kuang et A. M. Lu **云南枸杞**

灌木。茎丛生，分枝细弱，小枝顶端锐尖成针刺状。叶片狭卵形、椭圆状披针形或披针形，长 8~15mm，全缘。花常与叶簇生，花冠淡蓝紫色，较小，长 5~7mm；雄蕊显著长于花冠。果小，球状，直径约 4mm。种子小，长仅 1mm。（栽培园地：KIB）

Lycopersicon 番茄属

该属共计 1 种，在 6 个园中有种植

Lycopersicon esculentum Mill. **番茄**

一年至多年生草本或亚灌木，全体具黏质腺毛，具强烈气味。茎易倒伏。叶羽状复叶或羽状深裂。花序总梗上常具 3~7 朵花；花萼辐状，裂片披针形，果时宿存；花冠辐状，黄色。浆果扁球形或近球形，肉质而多汁液，橘黄色或鲜红色，光滑。（栽培园地：

Lycopersicon esculentum 番茄（图 1）

Lycopersicon esculentum 番茄（图 2）

SCBG, WHIOB, XTBG, LSBG, SZBG, GXIB）

Nicandra 假酸浆属

该属共计 1 种，在 5 个园中有种植

Nicandra physalodes (L.) Gaertn. **假酸浆**

一年生直立草本。叶片卵形或椭圆形，边缘具圆粗

Nicandra physalodes 假酸浆（图 1）

Nicandra physalodes 假酸浆（图 2）

齿或浅裂，两面疏被毛；叶柄长为叶片长的 1/3~1/4。花单生于枝腋而与叶对生，花梗长，俯垂；花萼 5 深裂，裂片基部心状箭形，具 2 枚耳片，果期增大，直径 2.5~4cm；花冠钟状，浅蓝色，直径达 4cm。（栽培园地：SCBG, WHIOB, KIB, XTBG, CNBG）

Nicotiana 烟草属

该属共计 2 种，在 5 个园中有种植

Nicotiana alata Link et Otto **花烟草**

多年生草本，全体被黏毛。叶片阔卵形、卵圆形至卵状披针形，基部下延，具耳。花序为假总状式，疏生几朵花；花萼杯状或钟状，裂片钻状针形，不等长；花冠淡绿色。蒴果卵球状。（栽培园地：KIB, LSBG）

Nicotiana tabacum L. **烟草**

一年至多年生草本，全体被腺毛。叶片椭圆状披针形、披针形、椭圆形或卵形，基部渐狭成耳状而半抱茎。

Nicotiana tabacum 烟草（图 1）

Nicotiana tabacum 烟草（图 2）

花序顶生，圆锥状，多花；花冠粉红色。蒴果卵状或矩圆状，长约等于宿萼。（栽培园地：SCBG, WHIOB, KIB, XTBG, LSBG）

Petunia 碧冬茄属

该属共计 1 种，在 5 个园中有种植

Petunia hybrida Vilm. **碧冬茄**

一年生草本，全体被腺毛。叶片卵形，全缘，侧脉不显著。花单生叶腋；花萼 5 深裂，裂片条形，果时宿存；花冠白色或浅紫色，漏斗状，具放射状条纹，冠檐开展；雄蕊 4 长 1 短；花柱稍长于雄蕊。蒴果圆锥状，2 瓣裂。（栽培园地：SCBG, WHIOB, KIB, LSBG, XMBG）

Physaliastrum 散血丹属

该属共计 1 种，在 1 个园中有种植

Physaliastrum heterophyllum (Hemsl.) Migo **江南散血丹**

草本。茎直立，茎节略膨大，幼时具细疏毛。叶片阔椭圆形、卵形或椭圆状披针形，基部歪斜，下延至叶柄。花单生或双生；花萼短钟状，裂片直立，狭三角形，具缘毛，花后增大成近球状；花冠阔钟状，白色。浆果直径约 1.8cm。（栽培园地：LSBG）

Physalis 酸浆属

该属共计 5 种，在 8 个园中有种植

Physalis alkekengi L. **酸浆**

多年生草本。茎常被柔毛，幼嫩部分尤甚。叶片长卵形、阔卵形或菱状卵形，基部不对称且下延，两面被柔毛，沿脉较密。花梗及花萼密生柔毛且不脱落；花冠白色，辐状；果成熟时果萼变橙色至红色，近革质，网脉显著，具 10 条纵肋。（栽培园地：SCBG, WHIOB, LSBG）

Physalis alkekengi 酸浆（图 1）

Physalis alkekengi 酸浆（图 2）

Physalis alkekengi L. var. **franchetii** (Mast.) Makino **挂金灯**

本变种的茎较粗壮，茎节膨大；叶仅叶缘具短柔毛；花梗近无毛或疏被柔毛，果时无毛；花萼除裂片密生柔毛外筒部毛被稀疏，果萼光滑无毛。（栽培园地：IBCAS, WHIOB, KIB）

Physalis alkekengi var. franchetii 挂金灯

Physalis angulata L. **苦蘵**

一年生草本，全体近无毛或疏被柔毛。叶片卵形至卵状椭圆形，全缘或有不等大的齿，两面近无毛。花梗、花萼被短柔毛，萼裂片长披针形，具缘毛；花较小，花冠长 4~6mm，直径 6~8mm，淡黄色，喉部常紫色；花药蓝紫色或有时黄色。果萼较大，卵球状，薄纸质。（栽培园地：SCBG, XTBG, LSBG, CNBG, GXIB）

Physalis angulata 苦蘵（图 1）

Physalis angulata L. var. **villosa** Bonati **毛苦蘵**

本变种与原变种的区别为：全体密生长柔毛，果时不脱落。（栽培园地：XTBG）

Physalis angulata 苦蘵（图 2）

Physalis minima L. **小酸浆**

一年生草本。植株矮小，分枝横卧或稍斜升。叶片卵形或卵状披针形，全缘波状或具少数粗齿，两面脉上被柔毛。花冠及花药均为黄色；花萼裂片短，三角形，缘毛密。果萼较小，近球状或卵球状；果球状。（栽培园地：SCBG）

Salpiglossis 美人襟属

该属共计 1 种，在 1 个园中有种植

Salpiglossis sinuata Ruiz et Pav. **智利喇叭花**

一、二年生草本，全株具腺毛。茎直立稍分枝。下部叶具柄，叶片椭圆形或长椭圆状线形，具深波状齿或羽状中裂；上部叶片披针形或线形，近全缘。花大，具浅紫色至白色，长梗，花色一般有天鹅绒状光泽，黄色、褐红色等网状纹。（栽培园地：SCBG）

Solandra 金杯藤属

该属共计 3 种，在 6 个园中有种植

Solandra grandiflora Sweet **金杯藤**

常绿木质藤本。叶片革质，长椭圆形，两面光滑无毛。花大，花冠淡黄色，杯形，长 15~20cm，内面各具 5 条紫色纵纹和淡棕色纵纹；花药长小于 9mm。（栽培园地：SCBG, LSBG, XMBG）

Solandra longiflora Tussac **长筒金杯藤**

常绿木质藤本。叶片革质，椭圆形至长椭圆形。花大，花冠淡黄色，冠管长漏斗形，长约为冠檐直径的 3 倍以上；冠檐喉部略溢缩；花药 5~8mm。（栽培园地：SZBG, XMBG）

Solandra grandiflora 金杯藤（图 1）

Solandra longiflora 长筒金杯藤（图 2）

Solandra grandiflora 金杯藤（图 2）

Solandra maxima 大花金杯藤（图 1）

Solandra longiflora 长筒金杯藤（图 1）

Solandra maxima (Moc. et Sessé ex Dunal) P. S. Green **大花金杯藤**

常绿木质藤本。叶片长椭圆形，两面光滑无毛。花大型，花冠浅杯状，金黄色，长 20~25cm，内面具 5 条深棕色纵纹；冠檐喉部不溢缩；花药长大于 10mm。

Solandra maxima 大花金杯藤（图 2）

（栽培园地：SCBG, XTBG, SZBG, GXIB）

Solanum 茄属

该属共计 35 种，在 11 个园中有种植

Solanum aculeatissimum Jacq. **喀西茄**

草本或亚灌木，茎、叶、花梗及花萼被硬毛、腺毛及基部宽扁直刺，刺长 0.2~1.5cm。叶片阔卵形，具 5~7 深裂。花单生或 2~4 朵呈总状花序；花萼钟状，裂片长圆状披针形；花冠筒淡黄色，冠檐白色，裂片披针形，反曲。浆果球形，直径 2~3cm，淡黄色。（栽培园地：KIB）

Solanum aculeatissimum 喀西茄（图 1）

Solanum aculeatissimum 喀西茄（图 2）

Solanum aviculare G. Forst. **澳洲茄**

灌木，全株无毛。小枝具棱。叶二型，全缘叶披针形；分裂叶羽状 3~5 裂。花序蝎尾状；花冠辐形，蓝紫色，径约 2.5cm。浆果椭圆形，长约 3cm，径约 2.5cm。（栽培园地：SCBG）

Solanum barbisetum Nees **刺苞茄**

草本至亚灌木，小枝、叶柄及花梗密被具分枝的星状毛、刺状长柄星状毛及基部宽扁的直刺，直刺长约 2~5mm。叶片卵状椭圆形至椭圆形，叶缘具 10~14 个三角形浅裂。蝎尾状花序延长；花冠蓝紫色。果无毛，大部为宿萼所包被；宿萼外面密被顶端分枝的小皮刺。（栽培园地：XTBG）

Solanum coagulans Forsk **野茄**

直立草本至亚灌木，小枝、叶背面、叶柄、花序均密被 5~9 分枝的灰褐色星状绒毛；小枝具皮刺，叶背面、叶柄具细直刺。花梗圆柱形，花冠外面被星状绒毛；萼裂片短三角形，基部宽；花冠直径 1.7~3cm。（栽培园地：SCBG, XTBG, CNBG）

Solanum deflexicarpum C. Y. Wu et S. C. Huang **苦刺**

小灌木，小枝、叶柄、叶背面及花序均被具星状绒毛，嫩枝毛被尤密。叶片卵形，双生，其中一片较小，边缘 5~7 浅裂。蝎尾状花序腋外生，无总花梗，具 10~11 朵花；花白色，花序柄及萼外面不具小针状皮刺；花后果柄反折。（栽培园地：KIB）

Solanum diphyllum L. **黄果龙葵**

灌木。茎光滑。叶双生，其中一片较小，叶片椭圆形至长椭圆形，叶柄短。聚伞花序与叶对生，具 5~20 朵花，花白色，直径约 1cm。浆果球形，熟时橙黄色，径约 1.2cm。（栽培园地：WHIOB）

Solanum diphyllum 黄果龙葵（图 1）

Solanum dulcamara L. **欧白英**

无刺草质藤本，无毛或疏被短柔毛。叶片戟形，中裂片边缘有时具不规则波状齿或浅裂。聚伞花序腋外生，具多花；花冠紫色，花冠筒隐于萼内，直径不超过 1cm。浆果球状或卵状，熟时红色。（栽培园地：GXIB）

Solanum ferox L. **毛茄**

直立草本至亚灌木，小枝、叶、花序及果均密被淡黄色具节长硬毛。叶片大而厚，卵形，边缘具 5~11 个波状浅裂；叶柄多被星状毛及直刺。蝎尾状花序不

Solanum diphyllum 黄果龙葵（图 2）

Solanum dulcamara 欧白英

延长，疏花，总花梗短；花冠白色。果被星状硬毛，不为宿萼所包被。（栽培园地：SCBG, XTBG）

Solanum glaucophyllum Desf. **琉球柳**

常绿灌木。茎圆柱形，稍具分枝。叶片卵状披针形至披针形，叶面具蜡质，全缘。蝎尾状聚伞花序具多花；花蓝紫色。浆果球形，直径 1~2cm。（栽培园地：CNBG）

Solanum griffithii (Prain) C. Y. Wu et S. C. Huang **膜萼茄**

草本至亚灌木，除叶面外，小枝、叶背面、叶柄及花梗均密被具短柄及 7~9 分枝的星状毛。茎上具有长不超过 4mm 的小直刺。叶片卵形至倒卵状椭圆形。蝎尾状花序总花梗和花梗均具细直刺；花白色。果大部为膜质宿萼所包；宿萼外面疏生基部膨大的小而弯的皮刺。（栽培园地：XTBG）

Solanum indicum L. **刺天茄**

灌木。小枝、叶背面、叶柄、花序均密被 8~11 分枝长短不等的具柄星状绒毛。小枝具淡黄色 5mm 以上的弯形皮刺。叶片卵形。蝎尾状花序，花蓝紫色，稀白色。果序长 4~7cm，果柄被星状毛及直刺，果为具针刺且向外反折的宿萼所托。（栽培园地：SCBG, KIB, XTBG, GXIB）

Solanum indicum 刺天茄（图 1）

Solanum indicum 刺天茄（图 1）

Solanum indicum L. var. **recurvatum** C. Y. Wu et S. C. Huang **弯柄刺天茄**

本变种与原变种的区别为：叶面被不等长分枝的星状柔毛，花冠不为辐状 5 深裂；花药长圆形；果柄短

而向下弯。（栽培园地：XTBG）

Solanum integrifolium Lam. **红茄**

一年生草本。茎、叶背面、叶柄及花梗均被 5~9 分枝的星状绒毛。小枝具浅黄色皮刺。上部叶常假双生，不相大，叶片卵形至长圆状卵形。花序短，具 3~8 朵花；花冠白色，略带紫色。果圆形，两端压扁，外面具肋棱，熟时橙红色或橙黄色。（栽培园地：KIB）

Solanum laxum Spreng. **星茄藤**

常绿藤本。叶片较小，卵形或卵状披针形，全缘。蝎尾状聚伞花序具 15~30 朵花，花白色至浅蓝色，直径 2~3cm。浆果直径约 8mm，熟时深蓝色至黑紫色。（栽培园地：KIB）

Solanum laxum 星茄藤（图 1）

Solanum laxum 星茄藤（图 2）

Solanum lyratum Thunb. **白英**

草质藤本。茎、叶各部密被多节的长柔毛。叶片常心状卵形，常具 3~5 裂。聚伞花序疏花，总花梗被多节发亮长柔毛及短柔毛，花梗顶端稍膨大，基部具关节；花冠蓝紫色或白色，开放时裂片反折，直径约 1.1cm。浆果熟时红色，直径约 8mm；果柄无毛，常弯曲。（栽培园地：SCBG, WHIOB, KIB, CNBG, GXIB, XMBG）

Solanum lyratum 白英

Solanum macrocarpon L. **大果茄**

灌木或亚灌木。茎无毛，具 6mm 长的刺。叶片近椭圆形，全缘或具 5~7 羽裂，幼时两面被毛；叶脉上具 13mm 长刺。总状花序具 3~12 朵花；花萼钟状，裂片被腺毛，与花冠等长或稍长；花冠紫色至浅紫色直径 2~3.5cm。浆果扁球形，长 2~6cm，直径 3~10cm，熟时黄棕色。（栽培园地：SCBG）

Solanum macrocarpon 大果茄（图 1）

Solanum mammosum L. **乳茄**

直立草本。茎被短柔毛及扁刺，小枝被具节的长柔

Solanum macrocarpon 大果茄（图 2）

Solanum mammosum 乳茄（图 1）

Solanum mammosum 乳茄（图 2）

毛、腺毛及扁刺。叶片卵形，常 5 裂，两面密被柔毛；叶脉及叶柄具细长刺。蝎尾状花序腋外生，常具 3~4 朵花，总花梗极短，无刺；花紫色。果倒梨形，基部具 5 个乳头状突起。（栽培园地：SCBG, KIB）

Solanum melongena L. **茄子**

直立草本至亚灌木，小枝、叶柄及花梗均被 6~10

Solanum melongena 茄子（图 1）

Solanum melongena 茄子（图 2）

分枝的星状绒毛。叶片卵形至长圆状卵形，边缘浅波状或深波状圆裂。萼近钟形，直径约 2.5cm 或稍大；花大，紫色或白色，花冠直径 2.5~3cm。果的形状大小变异极大。（栽培园地：SCBG, WHIOB, LSBG）

Solanum muricatum Aiton **人参果**

小灌木。叶片近革质或纸质，倒披针形、条状披针形，叶面具皱，网状脉明显。蝎尾状花序直立，密生多花；花冠短钟状，黄色或黄绿色，裂片卵形，肉质；花丝基部扩大，上部分离；子房近球形，花柱不明显，柱头钝三棱形。浆果浅黄色、白色或带紫色斑。（栽培园地：GXIB）

Solanum muricatum 人参果

Solanum myriacanthum Dunal **苦天茄**

直立草本至亚灌木，全体密被黄硬毛和针状刺。叶片阔卵形，长宽近相等，边缘 5~7 深裂，裂片边缘不规则齿裂及浅裂；叶柄长约为叶片的 1/2。蝎尾状花序短而少花，花萼钟状，5 浅裂，裂片披针形；花冠黄绿色。浆果球状，具绿色花纹，熟时淡黄色。（栽培园地：XTBG）

Solanum nigrum L. **龙葵**

一年生草本。植株粗壮。叶片卵形，全缘或具不规则波状粗齿，光滑或两面均被稀疏短柔毛。短蝎尾状花序具 4~10 朵花；萼小，浅杯状，萼齿卵圆形；花冠白色，冠檐长约 2.5mm。浆果球形，熟时黑色，径约 8mm。（栽培园地：SCBG, IBCAS, WHIOB, KIB, XTBG, XJB, LSBG, CNBG, GXIB, XMBG）

Solanum nigrum L. var. **humile** (Bernh. ex Willd.) C. Y. Wu et S. C. Huang **矮株龙葵**

本变种与原变种的区别为：茎匍匐，枝沿棱角具齿；茎叶均被疏生卷曲毛；浆果球形，成熟时绿黄色。（栽

Solanum nigrum 龙葵（图 1）

Solanum nigrum 龙葵（图 2）

培园地：XTBG）

Solanum photeinocarpum Nakamura et S. Odashima **少花龙葵**

一年生草本。植株纤细。叶片卵形至卵状长圆形，基部下延，全缘、波状或具不规则粗齿。花序近伞状，常具 1~6 朵花；花小，直径约 7mm，白色。浆果球形，径约 5mm，果及种子均较小。（栽培园地：SCBG, XTBG, SZBG, GXIB）

Solanum photeinocarpum 少花龙葵（图 1）

Solanum photeinocarpum 少花龙葵（图 2）

Solanum pittosporifolium Hemsl. **海桐叶白英**

无刺蔓生灌木，全株光滑无毛。小枝具棱角。叶片披针形至卵圆状披针形，两面均光滑无毛。聚伞花序腋外生，花疏散；萼小，浅杯状，萼齿钝圆；花冠白色，少数为紫色，冠檐基部具斑点，边缘被缘毛。（栽培园地：XTBG, LSBG）

Solanum procumbens Lour. **海南茄**

灌木。嫩枝、叶背面、叶柄及花序柄均被分枝多的星状短绒毛及小钩刺。叶片卵形至长圆形，近全缘或具波状浅圆裂。蝎尾状花序；花梗纤细；花萼杯状，裂片三角形；花冠淡红色，直径约 9mm。浆果球形，宿萼反折。（栽培园地：SCBG）

Solanum procumbens 海南茄

Solanum pseudocapsicum L. **珊瑚樱**

直立分枝小灌木，全株光滑无毛。叶片狭长圆形至披针形，全缘或波状。花多单生，稀成蝎尾状花序；花小，白色；花萼 5 裂；花冠筒隐于萼内；花药黄色，椭圆形；子房近圆形，花柱短。浆果橙红色，萼宿存。（栽培园地：SCBG, IBCAS, WHIOB, KIB, XTBG, LSBG, SZBG）

Solanum pseudocapsicum L. var. **diflorum** (Vell.) Bitter **珊瑚豆**

本变种与原变种的区别为：幼枝及叶下面沿脉常被树枝状簇绒毛。（栽培园地：KIB, LSBG）

Solanum pseudocapsicum 珊瑚樱（图 1）

Solanum pseudocapsicum 珊瑚樱（图 2）

Solanum seaforthianum Andrews **藤茄**

无刺木质藤本。复叶具小叶 5~9 片，小叶片椭圆状披针形，基部不相等，两面脉上被微柔毛。聚伞式圆锥花序顶生或对叶生，无毛，具多花；萼小，杯状，裂片不明显；花冠紫色，冠檐 5 深裂，裂片卵状长圆形；花丝光滑，花药顶孔向内；花柱丝状，柱头头状。（栽培园地：XMBG）

Solanum pseudocapsicum var. **diflorum 珊瑚豆**

Solanum seaforthianum 藤茄

Solanum spirale Roxb. **旋花茄**

灌木，全株光滑无毛。叶片椭圆状披针形，全缘或略波状。聚伞花序螺旋状，花冠白色，冠檐裂片长圆形，长 5~6mm；花药长约为花丝长度的 3 倍。浆果球形，橘黄色，直径 7~8mm。（栽培园地：XTBG, CNBG, XMBG）

Solanum suffruticosum Schousboe **木龙葵**

亚灌木。幼枝被弯卷短柔毛，枝沿棱角下延成狭翅，翅上具齿。叶片卵形至菱状卵形，边缘浅波状，具缘毛。伞状聚伞花序；花小，白色，有时为红色，直径约 5mm；花药长约为花丝长度的 4 倍。浆果球状，黑色，直径约 5mm。（栽培园地：XTBG）

Solanum surattense Burm. f. **牛茄子**

草本至亚灌木；茎、枝无毛，具细而直的皮刺；其余各部均被具节纤毛。叶片阔卵形，具 5~7 浅裂或半裂，边缘浅波状。花单生或 2~4 朵成聚伞花序；花冠白色，裂片长约 1.1cm；花药长为花丝长度的 2.4 倍。果较大，扁球形，成熟后橙红色。（栽培园地：WHIOB, XTBG,

Solanum spirale 旋花茄

Solanum surattense 牛茄子

LSBG, GXIB, XMBG）

Solanum torvum Swartz **水茄**

灌木，小枝、叶背面、叶柄及花序柄均被灰色星状毛。小枝疏具淡黄色皮刺。叶片卵形至卵状长椭圆形，边缘波状、浅裂或 5~7 波状半裂，裂片全缘。伞房花序腋外生；花冠辐形，白色，直径约 1.5cm。浆果球形，光滑无毛，黄色。（栽培园地：SCBG, XTBG, GXIB）

Solanum tuberosum L. **马铃薯**

草本，全株无刺，无毛或疏被柔毛，具地下块茎。

Solanum torvum 水茄（图 1）

Solanum torvum 水茄（图 2）

Solanum tuberosum 马铃薯

叶为奇数羽状复叶，小叶片倒卵形，具柄，大小相间。伞房花序；花白色或蓝紫色，花冠辐状，直径 2.5~3cm。浆果圆球状，光滑，直径约 1.5cm。（栽培园地：SCBG, KIB, LSBG）

Solanum verbascifolium L. **假烟叶树**

小乔木，全株密被白色头状簇绒毛。叶片大而厚，卵状长椭圆形，全缘或略波状。聚伞花序多花，形成近顶生圆锥状平顶花序；花白色，直径约 1.5cm。浆果球状，具宿存萼，直径约 1.2cm，黄褐色。（栽培园地：WHIOB, KIB, XTBG, CNBG）

Solanum wrightii Benth. **大花茄**

乔木，小枝、叶柄被刚毛、星状分枝的硬毛以及粗而直的皮刺。叶片常具羽状裂片，叶两面被毛。花大，紫色、淡紫色至白色，直径 6~7cm；萼长 15~17mm。（栽培园地：SCBG, XTBG）

Solanum wrightii 大花茄

Tubocapsicum 龙珠属

该属共计 1 种，在 1 个园中有种植

Tubocapsicum anomalum (Franch. et Savat.) Makino **龙珠**

多年生草本，全体无毛。叶片卵形、椭圆形或卵状披针形，基部歪斜且下延。花单生或 2~6 朵簇生，俯垂，花梗细弱；花萼直径约 3mm，果时稍增大、宿存；花冠直径 6~8mm，裂片卵状三角形，反折；雄蕊、花柱等长，稍伸出花冠。浆果直径 8~12mm，红色。（栽培园地：WHIOB）

Sonneratiaceae 海桑科

该科共计 2 种，在 3 个园中有种植

乔木或灌木。单叶对生，叶片革质，全缘，无托叶。花两性，辐射对称，具花梗，单生或 2~3 朵聚生枝顶部或成伞房花序；花萼厚革质，4~8 裂，裂片宿存，花瓣 4~8 片，与花萼裂片互生，或无花瓣；雄蕊多数，着生于萼筒上部；子房近上位，无柄，柱头头状，全缘或微裂。果为不开裂的浆果或为瓣裂的蒴果；种子多而小。

Duabanga 八宝树属

该属共计 1 种，在 3 个园中有种植

Duabanga grandiflora (Roxb. ex DC.) Walp. **八宝树**

乔木。枝下垂，螺旋状或轮生于树干上，幼枝具 4 棱。叶片阔椭圆形，侧脉明显，20~24 对；叶柄粗厚，带红色。花 5~6 基数；萼筒阔杯形，裂片三角状卵形，质厚，宿存；花瓣卵形，具短柄，白色。蒴果熟时 6~9 爿裂。（栽培园地：SCBG, XTBG, CNBG）

Duabanga grandiflora 八宝树（图 1）

Duabanga grandiflora 八宝树（图 2）

Sonneratia 海桑属

该属共计 1 种，在 1 个园中有种植

Sonneratia apetala Buch.-Ham. **无瓣海桑**

乔木。茎圆柱形，基部常具呼吸根伸出水面，小枝纤细下垂，具隆起的节。叶对生，厚革质，叶片椭圆形至长椭圆形。总状花序具 2~5 朵花；花瓣缺；雄蕊多数，花丝白色；柱头蘑菇状。（栽培园地：SCBG）

Sonneratia apetala 无瓣海桑（图 1）

Sonneratia apetala 无瓣海桑（图 2）

Sparganiaceae 黑三棱科

该科共计 6 种，在 5 个园中有种植

多年生水生或沼生草本。块茎膨大；茎直立或倾斜，挺水或浮水。叶条形，二列，互生，叶片扁平或中下部背面龙骨状凸起或呈三棱形。花序由许多个雄性和雌性头状花序组成大型圆锥花序、总状花序或穗状花序；雄性头状花序着生于主轴或侧枝上部，雄花被片膜质，雄蕊常 3 枚或更多；雌性头状花序位于主轴或侧枝下部；花序乳白色，具佛焰苞数枚，花被片 4~6 枚，宿存，柱头单一或分叉，子房具 1 室，胚珠 1 枚，悬垂。果实具棱或无棱，外果皮较厚，海绵质，内果皮坚纸质；种子具薄膜质种皮。

Sparganium 黑三棱属

该属共计 6 种，在 5 个园中有种植

Sparganium angustifolium Michx. **线叶黑三棱**

小型浮水植物，植株不直立。叶片扁平，长 25~40cm 或更长，宽约 4mm，叶鞘膨大，较叶片宽。总状花序长 6~16cm，雄性头状花序 2~3 个，雌性头状花序 2~4 个，互相远离，子房纺锤形，下部收缩呈短柄。果纺锤形至椭圆形，长约 4mm，具柄。（栽培园地：WHIOB）

Sparganium fallax Graebn. **曲轴黑三棱**

多年生水生草本。叶片带状线形，长 45~65cm，中下部背面呈龙骨状凸起或稍钝圆。总状花序长 15~17cm，主轴弯曲，雌性头状花序生于凹处；雌花子房基部收缩。果宽纺锤形，长 5~6mm，成熟时褐色，具短柄。（栽培园地：SCBG, WHIOB）

Sparganium fallax 曲轴黑三棱

Sparganium simplex Huds. **小黑三棱**

多年生水生草本。叶片直立，长 40~80cm，挺水或浮水，中下部背面呈龙骨状凸起，基部鞘状。总状花序主轴细长，长 10~20cm；雄性头状花序 4~8 个，远离雌性头状花；雌性头状花序之间互不靠近。果深褐色，中部略狭窄，基部具短柄。（栽培园地：WHIOB）

Sparganium stenophyllum Maxim. ex Meinsh. **狭叶黑三棱**

多年生水生草本。叶片长 25~35cm，宽 2~3mm，中下部背面呈龙骨状凸起或三棱形，基部鞘状。圆锥状花序，长 7~15cm，花序主轴和侧枝劲直，雌性头状花序直径约 7mm；花柱粗短。子房纺锤形，常无柄。果倒卵形，长约 4mm，上部狭窄，褐色。（栽培园地：WHIOB）

Sparganium stoloniferum (Graebn.) Buch.-Ham. ex Juz. **黑三棱**

多年生水生草本。叶片长 40~90cm，宽 0.7~16cm，下部背面呈龙骨状凸起或呈三棱形，基部鞘状。大型

Sparganium stoloniferum 黑三棱

圆锥花序，长20~60cm，主轴无雌性头状花序；子房无柄。果长6~9mm，倒圆锥形，具棱，褐色。（栽培园地：SCBG, IBCAS, WHIOB, XJB）

Sparganium yunnanense Y. D. Chen **云南黑三棱**

大型浮水植物，植株粗壮，花序挺出水面。叶片扁平，背面隆起，呈海绵质，长约1.5m或更长，宽约10mm。总状花序，长20~35cm，花序轴中部以下弯曲；雌性头状花序生于凹处，柱头边缘不整齐，撕裂状或分叉。果上部呈冠状，无柄或具短柄，褐色。（栽培园地：XTBG）

Sphenocleaceae 尖瓣花科

该科共计1种，在1个园中有种植

Sphenoclea 尖瓣花属

该属共计1种，在1个园中有种植

Sphenoclea zeylanica Gaertn. **楔瓣花**

草本，全株无毛。茎直立，多分枝。叶片长椭圆形或卵状披针形，全缘。穗状花序与叶对生或生于枝顶，长1~4cm。苞片卵形，小苞片宽条形；花小，长不过2mm；花冠白色。蒴果直径2~4mm。（栽培园地：XTBG）

Stachyuraceae 旌节花科

该科共计11种，在6个园中有种植

灌木或小乔木，有时为攀援状灌木。小枝明显具髓。单叶互生，边缘具锯齿；托叶线状披针形，早落。总状花序或穗状花序；花小，整齐，两性或雌雄异株，萼片、花瓣4片；雄蕊8枚，2轮；子房上位，4室，胚珠多数，中轴胎座；花柱短而单一，柱头头状，4浅裂。果实为浆果，外果皮革质；种子小，多数。

Stachyurus 旌节花属

该属共计11种，在6个园中有种植

Stachyurus chinensis Franch. **中国旌节花**

落叶灌木。叶于花后生出，叶片卵形、长圆状卵形至长圆状椭圆形，顶端渐尖至短尾状渐尖，边缘具圆齿状锯齿。穗状花序腋生，长5~10cm；花黄色，长约7mm；雄蕊8枚，与花瓣等长。果圆球形，直径6~7cm，无毛，近无梗。（栽培园地：SCBG, WHIOB, LSBG）

Stachyurus chinensis Franch. var. **cuspidatus** H. L. Li **骤尖叶旌节花**

本变种的叶片近圆形，长6.5~7.5cm，宽5.5~6.5cm，基部圆形或微心形，顶端微凹，具尾状突尖，尖长

Stachyurus chinensis 中国旌节花

Stachyurus chinensis var. **cuspidatus** 骤尖叶旌节花（图 1）

Stachyurus chinensis var. **cuspidatus** 骤尖叶旌节花（图 2）

1~1.5cm，宽 0.3~0.5cm。（栽培园地：SCBG, WHIOB）

Stachyurus chinensis Franch. var. **latus** H. L. Li **宽叶旌节花**

本变种的叶片近圆形或卵形，长 6~7.5cm，宽 5~6.5cm，顶端短尾尖，尖长 5~8mm，基部呈心形或微心形，边缘具粗锯齿。（栽培园地：WHIOB）

Stachyurus himalaicus Hook. f. et Thomson ex Benth. **西域旌节花**

落叶灌木或小乔木。叶片披针形至长圆状披针形，顶端渐尖至长渐尖，边缘密具细锐锯齿。穗状花序常下垂，基部无叶；花黄色，长约 6mm，几无梗；雄蕊 8 枚，常短于花瓣。果近球形，直径 7~8cm，无梗或近无梗，具宿存花柱。（栽培园地：WHIOB, KIB, XTBG, LSBG, GXIB）

Stachyurus oblongifolius Wang et Tang **矩圆叶旌节花**

灌木。叶片长圆状椭圆形，顶端急尖、长渐尖或钝圆，

Stachyurus himalaicus 西域旌节花（图 1）

Stachyurus himalaicus 西域旌节花（图 2）

Stachyurus oblongifolius 矩圆叶旌节花

边缘疏生尖锯齿，叶缘略反卷。总状花序腋生，雄蕊 8 枚，长短不等，短于花瓣。果圆形，直径约 5mm，顶端具短喙，果梗短。（栽培园地：WHIOB）

Stachyurus obovatus (Rehd.) Hand.-Mazz. **倒卵叶旌节花**

常绿灌木或小乔木。叶片倒卵形或倒卵状椭圆形，

中部以下骤狭，顶端长尾状渐尖，中部以上具锯齿。总状花序腋生，长不超过2cm，花序梗长约3mm；雄蕊短于花瓣。浆果球形，直径6~7mm，疏被微柔毛，具宿存花柱。（栽培园地：WHIOB）

Stachyurus retusus Y. C. Yang **凹叶旌节花**

灌木。叶片椭圆形至近圆形，顶端凹或2浅裂，基部钝圆或微心形，边缘稍反卷，疏具锯齿，背面被白色柔毛。总状花序腋生，下垂，几无总梗；雄蕊2轮，外轮4枚稍长于内轮者。果球形，直径约6mm，近无梗。（栽培园地：SCBG）

Stachyurus retusus 凹叶旌节花

Stachyurus salicifolius Franch. **柳叶旌节花**

常绿灌木。叶片线状披针形，边缘疏具不明显内弯齿，两面无毛。穗状花序腋生，直立或下垂，具短梗；花黄绿色，无梗；雄蕊8枚，与花瓣等长。果球形，直径5~6mm，具宿存花柱；果梗长约2.5mm。（栽培园地：WHIOB）

Stachyurus salicifolius 柳叶旌节花

Stachyurus salicifolius Franch. var. **lancifolius** C. Y. Wu ex S. K. Chen **披针叶旌节花**

本变种与原变种的区别为：叶片长圆状披针形，而非线状披针形，长为宽的4倍，侧脉于边缘网结。（栽培园地：WHIOB）

Stachyurus szechuanensis Fang **四川旌节花**

小乔木。叶片长圆状椭圆形、椭圆形至圆状椭圆形，顶端圆钝或钝，边缘疏具微齿，稍反卷，无毛。总状花序腋生，下垂。浆果卵圆形，直径约6mm，果梗长约2mm，具宿存柱头。（栽培园地：SCBG）

Stachyurus yunnanensis Franch. **云南旌节花**

常绿灌木。叶片椭圆状长圆形至长圆状披针形，顶端渐尖或尾状渐尖，边缘具细尖锯齿，无毛。总状花序腋生，花序轴“之”字形，具短梗，花瓣黄色至白色，倒卵圆形。果球形，直径6~7mm，无梗，具宿存花柱、苞片及花丝的残存物。（栽培园地：WHIOB, KIB）

Stachyurus yunnanensis 云南旌节花

Staphyleaceae 省沽油科

该科共计 19 种，在 10 个园中有种植

乔木或灌木。叶对生或互生，奇数羽状复叶或稀为单叶；叶具锯齿。花整齐，两性或杂性；萼片、花瓣 5 片；雄蕊 5 枚；花盘明显或缺；子房上位，3 室，每室具 1 至几个倒生胚珠，花柱分离或联合。果实为蒴果状，常为蓇葖果、不裂的核果或浆果；种子数枚，肉质或角质。

Euscaphis 野鸦椿属

该属共计 1 种，在 7 个园中有种植

Euscaphis japonica (Thunb.) Dippel **野鸦椿**

落叶小乔木或灌木，枝叶揉碎后具恶臭。叶对生，复叶具小叶 5~9 片，叶片长卵形或椭圆形，边缘疏具短锯齿，齿尖具腺体，叶仅背面沿脉具白色小柔毛。圆锥花序顶生，花多而密，黄白色，花盘盘状，心皮 3 个，分离。蓇葖果长 1~2cm，紫红色，具纵脉纹。（栽培园地：SCBG, IBCAS, WHIOB, LSBG, CNBG, GXIB, XMBG）

Euscaphis japonica 野鸦椿（图 1）

Euscaphis japonica 野鸦椿（图 2）

Staphylea 省沽油属

该属共计 6 种，在 6 个园中有种植

Staphylea bumalda DC. **省沽油**

落叶灌木。复叶具 3 片小叶，小叶片椭圆形、卵圆形或卵状披针形，顶端具尖尾，边缘具细锯齿，背面仅脉具短毛，具长叶柄。圆锥花序直立，花瓣 5 片，白色，倒卵状长圆形，雄蕊与花瓣略等长。蒴果膀胱状，扁平，2 室，顶端 2 裂。（栽培园地：IBCAS, WHIOB, SZBG）

Staphylea bumalda 省沽油（图 1）

Staphylea bumalda 省沽油（图 2）

Staphylea colchica Stev. **科尔切斯省沽油**

落叶灌木。叶对生，复叶具3~5片小叶，小叶片长椭圆形。圆锥花序顶生或与叶对生，花钟形，长1~2cm，白色，顶端带粉色或浅紫红色，芳香。果似气囊，白色，长5~10cm，2~3裂。（栽培园地：IBCAS）

Staphylea forrestii Balf. f. **嵩明省沽油**

乔木。叶对生，叶轴长7~9cm，复叶具小叶3片，稀为5片，小叶片长圆状椭圆形或长卵形，无毛，边缘微反折，边缘具锯齿。总状花序腋生，花多数，小花柄长5~9mm，花瓣5片，匙形，长约9mm。果圆柱状钟形，长5~6.5cm。（栽培园地：KIB）

Staphylea holocarpa Hemsl. **膀胱果**

落叶灌木或小乔木。复叶具3片小叶，小叶片近革质，无毛，长圆状披针形至狭卵形，边缘具硬细锯齿。伞房花序开展，长于5cm，花白色或粉红色。蒴果梨形膨大，3裂，长4~5cm。（栽培园地：SCBG, IBCAS, WHIOB, CNBG）

Staphylea holocarpa 膀胱果

Staphylea pinnata L. **羽叶省沽油**

落叶灌木。复叶具小叶5片，小叶片椭圆形至卵状椭圆形，边缘密具细齿。圆锥花序长达13cm，花小，钟形，白色，顶端粉色，具芳香。果气囊状，2~3浅裂，长4cm。（栽培园地：IBCAS）

Staphylea trifolia L. **美国省沽油**

落叶灌木。复叶具3片小叶，小叶片椭圆形至卵圆形，边缘具锯齿。花白色，果气囊形，3裂，长8~10cm。（栽培园地：IBCAS）

Tapiscia 瘿椒树属

该属共计2种，在8个园中有种植

Tapiscia sinensis Oliv. **瘿椒树**

落叶乔木。复叶具小叶5~9片，小叶片狭卵形或卵形，边缘具锯齿，两面无毛或仅背面脉腋被毛，背面带灰白色，密被近乳头状白粉点。圆锥花序腋生，雄花与两性花异株，花小，黄色，花萼、花瓣边缘具毛。果序长达10cm，核果近球形或椭圆形，长约7mm。（栽培园地：SCBG, WHIOB, KIB, LSBG, CNBG, SZBG, XMBG）

Tapiscia sinensis 瘿椒树

Tapiscia yunnanensis W. C. Cheng et C. D. Chu **云南瘿椒树**

乔木。复叶具小叶7~9片，小叶片长卵形或卵形，边缘具圆锯齿或锯齿，叶背面带绿色，无白粉点，沿脉密被毛，常在脉腋处成簇。圆锥花序密被黄色绒毛。

Tapiscia yunnanensis 云南瘿椒树

果倒卵形或椭圆状倒卵形，径约 7mm，具纵棱。（栽培园地：WHIOB, XTBG）

Turpinia 山香圆属

该属共计 10 种，在 6 个园中有种植

Turpinia affinis Merr. et Perry **硬毛山香圆**

乔木；除花序外，全株无毛。羽状复叶具小叶 2~4 片，小叶片椭圆状长圆形，具尖尾，边缘密被齿。圆锥花序分枝开展，花柱下部及子房疏被硬毛。浆果近圆形，直径 1~1.5cm，具疤痕，花柱宿存，被硬毛，果皮厚 0.5~1mm。（栽培园地：WHIOB, KIB）

Turpinia affinis 硬毛山香圆

Turpinia arguta (Lindl.) Seem. **锐尖山香圆**

落叶灌木。单叶对生，叶片椭圆形或长椭圆形，具尖尾，边缘疏具锯齿，齿尖具硬腺体。顶生圆锥花序长 5~8cm，花大，长 8~10mm；花瓣白色，无毛，子房及花柱均被柔毛。果近球形，径约 10mm，表面粗糙，顶端具小尖头，花盘宿存。（栽培园地：SCBG, WHIOB, GXIB）

Turpinia arguta 锐尖山香圆（图 1）

Turpinia arguta 锐尖山香圆（图 2）

Turpinia cochinchinensis (Lour.) Merr. **越南山香圆**

落叶乔木。奇数羽状复叶，小叶片 3~5 片，长卵形或长倒卵形，边缘具圆锯齿，两面光亮，二次脉不明显。圆锥花序分枝密集，花密集，花小。浆果褐黑色，径约 7mm。（栽培园地：WHIOB, XTBG）

Turpinia macrosperma C. C. Huang **大籽山香圆**

乔木。羽状复叶，小叶片 5~7 片，卵形或长卵形，边缘具粗锯齿，两面无毛。顶生圆锥花序。果不规则圆形，直径 1~1.2cm，外果皮薄，厚仅 0.2mm；种子大，长 8~10mm，具光泽。（栽培园地：KIB）

Turpinia montana (Blume) Kurz **山香圆**

小乔木。羽状复叶，小叶片 5 片，长圆形至长圆状

Turpinia montana 山香圆

椭圆形，顶端尾状渐尖，边缘疏具圆齿或锯齿，两面无毛，二次脉明显可见。圆锥花序，花多而疏松，花小，径约3mm。果球形，紫红色，径4~7mm。（栽培园地：SCBG, XTBG）

Turpinia montana (Blume) Kurz var. **glaberrima** (Merr.) T. Z. Hsu **光山香圆**

本变种与原变种的区别为：叶稍大而厚，花序密集，较叶短。（栽培园地：WHIOB）

Turpinia pomifera (Roxb.) DC. **大果山香圆**

乔木。奇数羽状复叶，小叶片3~9片，矩圆状椭圆形，长8~14cm，宽5~7cm，边缘具锯齿，两面无毛。圆锥花序较粗壮，花大，长3.5~4mm。果大，径1.5~2.5cm，幼果果皮粗糙，熟时厚达2~5mm。（栽培园地：SCBG, KIB, XTBG, XMBG）

Turpinia pomifera (Roxb.) DC. var. **minor** C. C. Huang **山麻风树**

本变种与原变种的区别为：果小，直径仅达1cm。（栽培园地：WHIOB, XTBG）

Turpinia robusta Craib **粗壮山香圆**

乔木。叶对生，复叶具3~4片小叶，小叶片长圆形、长圆状椭圆形或长圆状倒卵形，边缘具小锯齿或圆锯齿。圆锥花序腋生，花序梗顶端具2脱落的苞片；花较小。（栽培园地：XTBG）

Turpinia simplicifolia Merr. **亮叶山香圆**

小乔木或灌木。单叶对生，叶片长圆形或长圆状椭圆形，具尖尾，边缘具细圆锯齿，齿端硬角质，网脉密，侧脉和网脉在两面均隆起。圆锥花序呈聚伞状，长7~12cm，花小，径约3mm。浆果浅绿色，近球形，径5~10mm，表面粗糙，顶端具3条凹纹。（栽培园地：SCBG）

Turpinia pomifera 大果山香圆

Stemonaceae 百部科

该科共计6种，在9个园中有种植

多年生草本或半灌木，全体无毛，常具肉质块根。叶互生、对生或轮生。花序腋生或贴生于叶片中脉；花两性，整齐，常花叶同期；花被片4枚，2轮；雄蕊4枚，生于花被片基部，短于或几等长于花被片；药隔常伸长突出于药室之外；子房上位或近半下位，1室；花柱不明显；柱头小。蒴果卵圆形，熟时2爿裂；种子卵形或长圆形。

Croomia 黄精叶钩吻属

该属共计1种，在2个园中有种植

Croomia japonica Miq. **黄精叶钩吻**

多年生草本，具横走根状茎和肉质根。茎具纵槽。小叶片常3~5片，卵形或卵状长圆形，边缘稍粗糙；叶柄紫红色。花小，单朵或2~4朵排成总状花序；总花柄丝状，下垂；花被片黄绿色，"十"字形。蒴果稍扁，熟时2爿裂。（栽培园地：SCBG, LSBG）

Stemona 百部属

该属共计5种，在9个园中有种植

Stemona japonica (Blume) Miq. **百部**

攀援藤本。叶2~5片轮生，叶片卵形、卵状披针形

Stemona japonica 百部

或卵状长圆形，边缘微波状，具长柄。花序柄贴生于叶片中脉上，花单生或数朵排成聚伞状花序，花柄纤细，花被淡绿色；药隔延伸为钻状或线状附属物。（栽培园地：IBCAS, WHIOB, LSBG, CNBG, XMBG）

Stemona mairei (Levl.) Krause **云南百部**

攀援藤本。叶对生或3~4片轮生，叶片线形或线状披针形，有时下部者卵圆形，无柄或近无柄。花单生于叶腋或叶片中脉基部，白色或带粉红色；药隔延伸为较长的钻状附属物。（栽培园地：XTBG）

Stemona parviflora C. H. Wright **细花百部**

攀援藤本。叶互生，叶片披针形，叶柄细，长1~1.2cm。总状花序腋生，具2~6朵小花；花柄纤细，长约5mm；花紫红色；药隔延生物长约为花药的1倍。（栽培园地：SCBG, KIB）

Stemona sessilifolia (Miq.) Miq. **直立百部**

直立半灌木。茎不分枝。叶常3~4片轮生，叶片卵状椭圆形或卵状披针形，具短柄或近无柄。花单朵腋生，常出自茎下部鳞片腋内；花向上斜升或直立；花被片淡绿色；药隔伸延物约为花药长的2倍。（栽培园地：SCBG, CNBG）

Stemona parviflora 细花百部

Stemona tuberosa Lour. **大百部**

攀援藤本。叶对生或轮生，叶片卵状披针形、卵形或宽卵形，叶柄长3~10cm。花单生或2~3朵排成总状花序，生于叶腋或贴生于叶柄上，花被片黄绿色带紫色脉纹；药隔肥厚，向上延伸为长钻状或披针形的附属物。（栽培园地：SCBG, WHIOB, KIB, XTBG, GXIB, XMBG）

Stemona tuberosa 大百部

Sterculiaceae 梧桐科

该科共计 73 种，在 10 个园中有种植

乔木或灌木。幼嫩部分常具星状毛，树皮常有黏液和富于纤维。叶互生，单叶，稀掌状复叶，全缘、具齿或深裂，常有托叶。花序腋生排成圆锥花序、聚伞花序、总状花序或伞房花序；花单性、两性或杂性；萼片 5 枚，花瓣 5 片或缺；常有雌雄蕊柄；雌蕊由 2~5 个合生心皮或单心皮组成，子房上位，室数与心皮数相同，花柱 1 枚或与心皮同数。果常为蒴果或蓇葖果，开裂或不开裂。

Ambroma 昂天莲属

该属共计 1 种，在 5 个园中有种植

Ambroma augusta (L.) L. f. **昂天莲**

灌木。叶片心形或卵状心形，有时具 3~5 浅裂，叶面无毛或疏被星状柔毛，背面密被短茸毛；基出脉 3~7 条，在两面均凸出。聚伞花序；花红紫色，直径约 5cm；萼片近基部连合，两面密被短柔毛，花瓣匙形。蒴果倒圆锥形，被星状毛，具 5 条纵翅。（栽培园地：SCBG, KIB, XTBG, SZBG, GXIB）

Ambroma augusta 昂天莲（图 1）

Ambroma augusta 昂天莲（图 2）

Ambroma augusta 昂天莲（图 3）

Brachychiton 瓶子树属

该属共计 5 种，在 7 个园中有种植

Brachychiton acerifolius (A. Cunn. ex G. Don) F. Muell. **澳洲火焰木**

落叶乔木。树皮绿色。叶片轮廓近椭圆形或圆形，掌状 3~5 裂，裂片长椭圆状披针形至菱形，光滑无毛。圆锥花序顶生，先叶开放，长 15~25cm，花直径 2~3cm，花被鲜红色，风铃状；裂片反折。蒴果舟形，木质。（栽培园地：SCBG, SZBG, XMBG）

Brachychiton acerifolius 澳洲火焰木（图 1）

Brachychiton acerifolius 澳洲火焰木（图 2）

Brachychiton acerifolius 澳洲火焰木（图 3）

Brachychiton australis (Schott et Endl.) A. Terracc. **澳洲桐**

落叶乔木。树皮灰白色，具灰褐色纤维状裂纹。叶片轮廓近圆形，具 4~9 裂，裂至叶片 1/2 处，顶端长渐尖。聚伞花序，花被长 15~22mm，裂片 6 片，外面被棕黄色星状微柔毛，内面白色，无毛。蓇果舟形，光滑，长 7~11cm，直径 3~4cm。（栽培园地：SCBG）

Brachychiton australis 澳洲桐

Brachychiton discolor F. Muell. **异色瓶子树**

落叶乔木。树干灰色。叶片卵状心形或具 3~5 深裂，长 10~20cm，顶端长渐尖，全缘，叶具长柄。圆锥花序；花梗短或无；花钟形，粉红色，直径 3~4cm，冠檐裂片 5 片，不反折，裂至花冠约 1/2 处，密被绒毛。蓇果舟形，被毛，长 7~20cm。（栽培园地：KIB）

Brachychiton discolor 异色瓶子树（图 1）

Brachychiton discolor 异色瓶子树（图 2）

Brachychiton populneus (Schott et Endl.) R. Br. **杨叶瓶子树**

常绿乔木。叶片椭圆卵状披针形至卵状披针形，长达 10cm，顶端长渐尖，具尾尖，有时具 1~3 枚浅裂，全缘。圆锥花序；花呈钟形，白色，内面红棕色，冠檐裂片 5 片，裂至花冠 1/2 处。果舟形，木质。（栽培园地：IBCAS）

Brachychiton rupestris K. Schum. **昆士兰瓶子树**

落叶乔木。树干灰褐色，中部膨大。叶片狭披针形至椭圆状披针形，幼时叶具 3~9 深裂；顶端长渐尖，全缘，中脉明显。圆锥花序；花淡黄色，内面具红色

Brachychiton rupestris 昆士兰瓶子树

脉纹，长 1.3~1.8cm，冠檐裂片 5 片，长约为花冠的 2/3，密被长柔毛。蓇果舟形，光滑，具长柄。（栽培园地：SCBG, XTBG, CNBG, SZBG, XMBG）

Byttneria 刺果藤属

该属共计 3 种，在 4 个园中有种植

Byttneria aspera Colebr. ex Wall. **刺果藤**

木质藤本。小枝幼嫩部分疏被短柔毛。叶片阔卵形、心形或近圆形，上面几无毛，下面被白色星状短柔毛，全缘。花小，淡黄白色，内面略带紫红色。蒴果，直径 3~4cm，具短粗刺。（栽培园地：SCBG, WHIOB, XTBG, GXIB）

Byttneria aspera 刺果藤（图 1）

Byttneria aspera 刺果藤（图 2）

Byttneria integrifolia Lace **全缘刺果藤**

木质藤本。叶片阔卵形或椭圆状卵形，两面几无毛或仅在叶脉上疏被星状短柔毛。花序似伞形，略被毛；花直径 8~10mm。蒴果较小，直径 1.5~2cm，具长而锐的锥尖状硬刺。（栽培园地：XTBG）

Byttneria pilosa Roxb. **粗毛刺果藤**

木质藤本。叶片近圆形或心形，边缘具细锯齿，常具 3~5 浅裂，两面均被淡黄褐色星状柔毛及硬毛，背面尤甚。聚伞花序伞房状，具少数花。蒴果圆球形，直径约 2cm，密被小的分枝状锥尖形软刺。（栽培园地：XTBG）

Cola 可拉属

该属共计 2 种，在 3 个园中有种植

Cola acuminata (P. Beauv.) Schott et Endl. **尖叶可拉**

乔木。叶常聚生于枝顶，叶片倒披针形或椭圆状披

Cola acuminata 尖叶可拉（图 1）

Cola acuminata 尖叶可拉（图 2）

Cola acuminata 尖叶可拉（图 3）

针形，顶端急尖，常具尾尖，全缘。大型圆锥花序，花冠奶白色至淡黄色，内面具 15 条放射状深红色纵纹，裂片近顶端红褐色，边缘反卷。果近斜卵形，粗糙，两侧具粗棱，熟时黄色。（栽培园地：SCBG, XTBG）

Cola nitida (Vent.) Schott et Endl. **亮叶可拉**

乔木。叶常聚生于枝顶，叶片长椭圆形，全缘，叶面亮绿色，具光泽。圆锥花序；花奶白色，近基部具红褐色放射状粗脉纹，冠檐裂片 5 深裂。（栽培园地：

Cola nitida 亮叶可拉

XTBG, CNBG）

Commersonia 山麻树属

该属共计 1 种，在 1 个园中有种植

Commersonia bartramia (L.) Merr. **山麻树**

乔木。小枝密被黄色短柔毛。叶片阔卵形或卵状披针形，基部偏斜，边缘具不规则小齿，上面疏生星状短柔毛，下面密被灰白色短柔毛，并在叶缘被红色柔毛。复聚伞花序，花密集；花直径约 5mm；花瓣 5 片，白色，与萼等长。蒴果圆球形，直径约 2cm。（栽培园地：XTBG）

Dombeya 非洲芙蓉属

该属共计 2 种，在 4 个园中有种植

Dombeya burgessiae Gerrard ex Harv. **吊芙蓉**

常绿灌木。叶片阔卵状心形，不裂或具 3 浅裂，边缘具细锯齿。聚伞花序头状，花粉红色、淡粉色至白色，花瓣 5 片，花柱与花瓣近等长，雄蕊长不及花柱

Dombeya burgessiae 吊芙蓉

的 1/2。（栽培园地：XTBG）

Dombeya wallichii (Lindl.) Baill. **非洲芙蓉**

常绿灌木或小乔木。叶片心形，具皱，边缘具锯齿，叶面暗绿色，背面密被短毛。聚伞花序头状，直径 12~15cm，常有 10~30 朵花，下垂，花柄长达 20cm；花直径约 3cm，钟形，粉红色至淡红色，花瓣 5 枚，长 2~2.5cm；花柱与花瓣近等长，合体雄蕊稍短于花柱。（栽培园地：SCBG, XTBG, SZBG, GXIB）

Dombeya wallichii 非洲芙蓉（图 1）

Dombeya wallichii 非洲芙蓉（图 2）

Dombeya wallichii 非洲芙蓉（图 3）

Eriolaena 火绳树属

该属共计 4 种，在 2 个园中有种植

Eriolaena candollei Wall. **南火绳**

乔木。嫩枝、叶背面被星状短柔毛。叶片厚纸质，圆形或卵圆形，上部常具 3~5 浅裂，叶面疏被星状短柔毛，边缘具钝锯齿。聚伞花序；花序比叶柄短，具多花；花瓣 5 片，黄色，椭圆形，花瓣柄的基部被长绒毛。蒴果卵圆形，长 5cm，宽 2.5cm，顶端尖锐并具喙。（栽培园地：XTBG）

Eriolaena kwangsiensis Hand.-Mazz. **桂火绳**

乔木或灌木。小枝被淡黄褐色星状短柔毛。叶片革质或亚革质，圆形或阔心形，上部无浅裂，被黄褐色毛。聚伞状总状花序腋生，花序较叶长，具花数朵；花瓣 5 片，白色，倒卵状匙形，仅厚的花瓣柄上被长柔毛。蒴果长椭圆状披针形，长 3.5~5cm，宽 1.5~2cm，具喙。（栽培园地：XTBG）

Eriolaena quinquelocularis (Wight et Arn.) Wight **五室火绳**

乔木。嫩枝略被星状短柔毛。叶片厚纸质，圆形或广卵状圆形，叶面疏星状短柔毛，背面密被青白色星状短柔毛。聚伞花序花序轴粗壮，常具3朵花，花梗较花短；小苞片全缘，卵形或椭圆状卵形；花瓣5片，淡黄色，与萼等长。蒴果长椭圆形，长3~4.5cm，宽2.5cm。（栽培园地：XTBG）

Eriolaena spectabilis (DC.) Planch. ex Mast. **火绳树**

落叶灌木或小乔木。叶片卵形或广卵形，叶面疏被星状柔毛，背面密被灰白色或带褐色的星状茸毛，边缘具不规则浅齿。聚伞花序腋生，具数朵花，密被茸毛；花梗与花等长或略短；小苞片条形。蒴果卵形或卵状椭圆形，长约5cm，宽约2.5cm，具瘤状突起和棱脊。（栽培园地：KIB, XTBG）

Eriolaena spectabilis 火绳树

Erythropsis 火桐属

该属共计3种，在3个园中有种植

Erythropsis colorata (Roxb.) Burkill **火桐**

落叶乔木。叶片阔心形，顶端3~5浅裂，基部深心形，顶端钝。聚伞花序圆锥状，密被橙红色星状短柔毛；萼漏斗状，基部近楔形，长2cm。（栽培园地：XTBG）

Erythropsis colorata 火桐

Erythropsis kwangsiensis (Hsue) Hsue **广西火桐**

落叶乔木。叶片阔卵形或近圆形，全缘或在顶端3浅裂，基部截形或浅心形，顶端渐尖。聚伞状总状，密被金黄色且带红褐色星状绒毛；萼圆筒形，长3.2cm，密被金黄色且带红褐色的星状绒毛。（栽培园地：SCBG, GXIB）

Erythropsis kwangsiensis 广西火桐

Erythropsis pulcherrima (Hsue) Hsue **美丽火桐**

落叶乔木。叶异型，掌状3~5裂或全缘，裂片长9~14cm，顶端尾状渐尖，基生脉5条，叶脉在两面均凸出；叶柄长6~17cm，无毛。聚伞花序圆锥状，密被棕红褐色星状短柔毛；萼近钟形，长16mm，顶端5浅裂，两面均密被棕红褐色星状短柔毛。（栽培园地：SCBG）

Erythropsis pulcherrima 美丽火桐（图1）

Erythropsis pulcherrima 美丽火桐（图 3）

Firmiana danxiaensis 丹霞梧桐（图 2）

Firmiana 梧桐属

该属共计 3 种，在 9 个园中有种植

Firmiana danxiaensis H. H. Hsue et H. S. Kiu **丹霞梧桐**

小乔木。树皮黑褐色，嫩枝圆柱形，青绿色，无毛。叶片近圆形，两面无毛，基出脉 5~7 条，两面均凸起。圆锥花序顶生，长 20~30cm，具多朵花，密被黄色星状柔毛，花朵紫红色；花萼 5 浅裂，萼片线状长椭圆形，长约 1cm。（栽培园地：SCBG）

Firmiana danxiaensis 丹霞梧桐（图 1）

Firmiana danxiaensis 丹霞梧桐（图 3）

Firmiana major (W. W. Smith) Hand.-Mazz. **云南梧桐**

落叶乔木。叶掌状 3 裂，宽大于长；嫩叶被褐色毛，背面尤密，后渐脱落，基生脉 5~7 条，叶柄粗壮，长 15~45cm。圆锥花序顶生或腋生，花紫红色；萼 5 深裂

Firmiana major 云南梧桐（图 1）

Firmiana major 云南梧桐（图 2）

几至基部，萼片条形或椭圆状条形，长约 12mm。（栽培园地：IBCAS, KIB, XTBG）

Firmiana platanifolia (L. f.) Marsili **梧桐**

落叶乔木。树皮青绿色。叶片心形，掌状 3~5 裂，基部心形，基生脉 7 条；叶柄与叶片等长。圆锥花序顶生，长 20~50cm，花淡黄绿色；萼 5 深裂几至基部，萼片条形，向外卷曲，长 7~9mm；花梗与花几等长。（栽培园地：SCBG, WHIOB, KIB, XTBG, LSBG, CNBG, GXIB, XMBG）

Firmiana platanifolia 梧桐（图 1）

Firmiana platanifolia 梧桐（图 2）

Firmiana platanifolia 梧桐（图 3）

Guazuma

该属共计 1 种，在 2 个园中有种植

Guazuma ulmifolia Lam. **毛叶瓜楚麻**

乔木。叶片卵形、长圆形或披针形，基部偏斜，边

Guazuma ulmifolia 毛叶瓜楚麻

缘具锯齿，基出脉 3~5 条；叶柄长 0.5~2cm。聚伞圆锥花序腋生或顶生，具多朵花，花小，径约 8mm，黄色；萼片 3~5，椭圆状披针形或卵形，基部合生，反折；花瓣 5 片，倒卵形，长约 3mm，外被微柔毛。（栽培园地：SCBG, XTBG）

Helicteres 山芝麻属

该属共计 7 种，在 4 个园中有种植

Helicteres angustifolia L. **山芝麻**

小灌木。小枝被灰绿色短柔毛。叶片狭椭圆形或条状披针形，全缘。聚伞花序具 2 至数朵花；萼管状，长 6mm，被星状短柔毛，5 裂；花瓣 5 片，不等大，淡红色或紫红色，较萼稍长，基部具 2 个耳状附属体。蒴果密被星状毛及混生长绒毛。（栽培园地：SCBG, XTBG, GXIB, XMBG）

Helicteres angustifolia 山芝麻（图 1）

Helicteres elongata Wall. ex Mast. **长序山芝麻**

灌木。叶片椭圆状披针形或椭圆状卵形。聚伞花序伸长，顶生或腋生，几与叶等长，具多数花；萼管状钟形，长 4~6mm，5 裂；花瓣 5 片，黄色，下面的花瓣具 1 个耳状附属体，花瓣上具 1 行毛。蒴果长圆筒形，长 2~3.5cm，密被灰黄色星状毛。（栽培园地：XTBG）

Helicteres angustifolia 山芝麻（图 2）

Helicteres angustifolia 山芝麻（图 3）

Helicteres glabriuscula Wall. ex Mast. **细齿山芝麻**

灌木。叶片偏斜状披针形，两面均疏被星状短柔毛；托叶与叶柄等长。聚伞花序腋生，具花 2~3 朵，花序长不及叶长的 1/2；萼管状，长 4~5mm，5 裂；花瓣紫色或蓝紫色，长约为萼长的 2 倍，花瓣上具 1 行绒毛。蒴果长圆柱形，长 1.5~2cm，密被长柔毛，顶端具短喙。（栽培园地：XTBG）

Helicteres hirsuta Lour. **雁婆麻**

灌木。叶片卵形或卵状矩圆形，无小裂片，边缘具不规则锯齿。聚伞花序腋生，穗状，长不及叶的 1/2；萼管状，长 12~15mm，4~5 裂，被短柔毛；花瓣 5 片，红色或红紫色，长 2~2.5cm。蒴果圆柱状，顶端具喙，密被长绒毛和乳头状突起。（栽培园地：SCBG）

Helicteres hirsuta 雁婆麻（图 1）

Helicteres hirsuta 雁婆麻（图 2）

Helicteres isora L. **火索麻**

灌木。叶片卵形，顶端短渐尖且常具小裂片，边缘具锯齿。聚伞花序腋生，常 2~3 个簇生，长达 2cm；萼长 17mm，常 4~5 浅裂；花红色或紫红色，直径 3.5~4cm，花瓣不等大。蒴果圆柱状，螺旋状扭曲，长 5cm，顶端具长喙。（栽培园地：XTBG, XMBG）

Helicteres isora 火索麻

Helicteres lanceolata DC. **剑叶山芝麻**

灌木。小枝密被黄褐色星状短柔毛。叶片披针形或椭圆状披针形，全缘或在近顶端具数个小锯齿。花簇生或排成长 1~2cm 的聚伞花序，腋生；花细小，红紫色，长约 12mm；萼筒状，5 浅裂，被毛。蒴果圆筒状，长 2~2.5cm，顶端具喙，密被长绒毛。（栽培园地：SCBG, XTBG）

Helicteres lanceolata 剑叶山芝麻（图 1）

Helicteres lanceolata 剑叶山芝麻（图 2）

Helicteres lanceolata 剑叶山芝麻（图 3）

Helicteres viscida Blume **粘毛山芝麻**

灌木。叶片卵形或近圆形，顶端长渐尖，中部以上

Helicteres viscida 粘毛山芝麻

常具浅裂，边缘具不规则锯齿。花单生于叶腋或排成腋生的聚伞花序；萼长15~18mm，密被白色星状长柔毛和混生短柔毛；花瓣5片，白色，不等大，匙形。蒴果圆筒形，长2.5~3.5cm，密被星状长柔毛和皱卷长绒毛。（栽培园地：XTBG）

Heritiera 银叶树属

该属共计3种，在6个园中有种植

Heritiera angustata Pierre **长柄银叶树**

常绿乔木。叶片椭圆状披针形，全缘，背面被银白色或略带金黄色的鳞秕；叶柄长2~9cm。圆锥花序顶生或腋生，花红色；萼坛状，长约6mm，4~6浅裂，两面均被星状柔毛；花药8~12枚排成2环。核果木质，具长约1cm的短翅。（栽培园地：SCBG, XTBG, CNBG, SZBG）

Heritiera angustata 长柄银叶树（图 1）

Heritiera angustata 长柄银叶树（图 2）

Heritiera littoralis Dryand. **银叶树**

常绿乔木。叶片椭圆状披针形、椭圆形或卵形，背

Heritiera littoralis 银叶树（图 1）

Heritiera littoralis 银叶树（图 2）

Heritiera littoralis 银叶树（图 3）

面密被银白色鳞秕；叶柄长 1~2cm。圆锥花序腋生，长约 8cm，密被星状毛和鳞秕；花红褐色；萼钟状，长 4~6mm，两面均被星状毛，5 浅裂；花药 4~5 枚排成 1 环。果木质，坚果状，背部具龙骨状突起。（栽培园地：SCBG, XTBG）

Heritiera parvifolia Merr. **蝴蝶树**

常绿乔木。叶片椭圆状披针形，背面密被银白色或褐色鳞秕；叶柄长 1~1.5cm。圆锥花序腋生，密被锈

Heritiera parvifolia 蝴蝶树（图 1）

Heritiera parvifolia 蝴蝶树（图 2）

Heritiera parvifolia 蝴蝶树（图 3）

Kleinhovia hospita 鹧鸪麻（图 2）

色星状短柔毛；花小，白色，萼长约 4mm，5~6 裂，两面均具星状短柔毛。果革质，具鱼尾状的长翅，翅长 2~4cm。（栽培园地：SCBG, XTBG, SZBG, GXIB, XMBG）

Kleinhovia 鹧鸪麻属

该属共计 1 种，在 2 个园中有种植

Kleinhovia hospita L. **鹧鸪麻**

乔木。叶片阔卵形或卵形，全缘或上部具数枚小齿；

Kleinhovia hospita 鹧鸪麻（图 1）

叶柄长 3~5.5cm。聚伞状圆锥花序长 50cm，被毛；花浅红色，密集；萼片浅红色，花瓣状，长约 6mm；花瓣较萼短，其中一片成唇状，具囊。蒴果梨形或近球形，膨胀，长 1~1.7cm，熟时淡绿色带淡红色。（栽培园地：SCBG, XTBG）

Melochia 马松子属

该属共计 1 种，在 2 个园中有种植

Melochia corchorifolia L. **马松子**

半灌木状草本。叶片卵形、椭圆状卵形或披针形，边缘具锯齿。花排成顶生或腋生的密聚伞花序或团伞花序；萼钟状，5 浅裂，长约 2.5mm，仅外面被长柔毛和刚毛；花瓣 5 片，白色，后变为淡红色；雄蕊 5 枚，下部连合成筒，与花瓣对生。蒴果圆球形，具 5 棱，被长柔毛。（栽培园地：SCBG, XTBG）

Pterospermum 翅子树属

该属共计 9 种，在 7 个园中有种植

Pterospermum acerifolium Willd. **翅子树**

乔木。叶片大，近圆形或椭圆形，全缘、浅裂或具

Pterospermum acerifolium 翅子树（图 1）

Pterospermum acerifolium 翅子树（图 2）

粗齿，长 24~34cm。花单生，白色，芳香；萼片 5 枚，条状椭圆形，长 9cm，宽 7mm；花瓣 5 片，条状椭圆形，略成楔形，宽约 7mm，较萼稍短。蒴果大，椭圆状圆筒形，长 10~15cm。（栽培园地：KIB, XTBG, XMBG）

Pterospermum heterophyllum Hance **翻白叶树**

乔木。叶二形，幼树或萌蘖枝上的叶盾形；成长树上的叶椭圆形至卵状椭圆形，基部钝或截形，稀为浅

Pterospermum heterophyllum 翻白叶树（图 1）

Pterospermum heterophyllum 翻白叶树（图 2）

斜心形。花单生或 2~4 朵组成腋生的聚伞花序；花淡绿白色；萼片 5 枚，条形，长达 28mm，宽 4mm，两面均被柔毛；花瓣倒披针形，与萼片等长。蒴果柄短而粗，长 1~1.5cm。（栽培园地：SCBG, WHIOB, XTBG, SZBG, GXIB）

Pterospermum lanceaefolium Roxb. **窄叶半枫荷**

乔木。叶片披针形或椭圆状披针形，全缘或顶端具数个锯齿。花单生于叶腋，白色；小苞片条状裂；萼片 5 枚，条形，长约 2cm，宽 3mm，两面均被柔毛；

Pterospermum lanceaefolium 窄叶半枫荷（图 1）

Pterospermum lanceaefolium 窄叶半枫荷（图 2）

花瓣 5 片，披针形，与萼片等长或略短。蒴果木质，果柄柔弱，长 3~5cm。（栽培园地：SCBG, XTBG）

Pterospermum menglunense H. H. Hsue **勐仑翅子树**

乔木。叶片披针形或椭圆状披针形，基部斜圆形。花单生于叶腋，白色；萼片 5 枚，条形，长约 3.5cm，宽 2.5mm；雌、雄蕊柄长约 8mm。蒴果长椭圆形，长约 8cm。（栽培园地：XTBG）

Pterospermum niveum Vidal **台湾翅子树**

乔木。叶片椭圆形或椭圆状披针形，基部斜心形，全缘。花白色，单生于叶腋，直径 5~7cm；萼片 5 枚，条状披针形，近基部连合，长约 4.5cm，宽约 4mm；雌、雄蕊柄长 2cm。蒴果椭圆形，长 8~10cm，径约 3cm，无毛。（栽培园地：XTBG）

Pterospermum proteus Burk. **变叶翅子树**

小乔木；叶背面、萼片、蒴果密被红褐色星状绒毛。叶片形态多样，常近圆形、椭圆形或椭圆状倒梯形，不对称，全缘或不规则浅裂。花 1~4 朵集生于叶腋；萼片条形，长 1.5cm，宽 1.5mm；花瓣稍短于萼片。蒴果卵形或卵状椭圆形，长 3~4cm，顶端具长 3~5mm 的喙。（栽培园地：XTBG）

Pterospermum proteus 变叶翅子树

Pterospermum semisagittafolium Ham. **半箭叶翅子树**

小乔木。叶片长椭圆形或椭圆状披针形，顶端长渐尖或渐尖具尾尖，基部近圆形，羽状脉明显，侧脉每边 10~17 对。（栽培园地：XTBG）

Pterospermum truncatolobatum Gagnep. **截裂翻白叶**

乔木。叶片椭圆状倒梯形，顶端截形并具 3~5 裂；托叶掌状深裂。花单生腋生；萼片条形，长 4.5~6.5cm，宽 4mm，外面密被褐色绒毛，内面被银白色长柔毛；花瓣条状镰刀形，长 3~6cm，宽 4~5mm。蒴果卵圆形，具凸起的 5 条棱脊，形如杨桃，长约 12cm。（栽培园地：SCBG, WHIOB, XTBG, GXIB）

Pterospermum truncatolobatum 截裂翻白叶（图 1）

Pterospermum truncatolobatum 截裂翻白叶（图 2）

Pterospermum yunnanense H. H. Hsue **云南翅子树**

小乔木。叶二型，幼树和萌蘖枝上的叶盾形，掌状 5 深裂，成年树的枝条上的叶倒梯形，顶端截形并具钝的短尖，全缘。蒴果卵状椭圆形，长 4cm，具 5 条不明显的棱和 5 个近平坦的凹陷面。（栽培园地：XTBG）

Pterospermum truncatolobatum 截裂翻白叶（图 3）

Reevesia formosana 台湾梭罗

Pterygota 翅苹婆属

该属共计 1 种，在 1 个园中有种植

Pterygota alata (Roxb.) R. Br. **翅苹婆**

乔木。叶片心形或广卵形，全缘，但幼苗期常具浅裂。花单性，排成腋生的总状花序或圆锥花序；萼钟状，长 17~20mm，5 深裂几至基部，反曲；无花瓣；雌花的雌雄蕊柄短，长不及萼之 1/2，被毛。蓇葖果木质，近圆球形，具长柄。（栽培园地：XTBG）

Reevesia 梭罗树属

该属共计 11 种，在 9 个园中有种植

Reevesia formosana Sprague **台湾梭罗**

落叶乔木。叶片椭圆形或卵状椭圆形，长 3~6.5cm，稀达 10cm，宽 1.5~3cm，基部圆形、浅心形或短楔形。圆锥状聚伞花序顶生，花密集；萼钟形，长约 5mm；花瓣淡黄白色，长约 7mm。蒴果倒卵形或倒卵状圆球形；长 2.5~3cm，略被毛。（栽培园地：XMBG）

Reevesia longipetiolata Merr. et Chun **长柄梭罗**

乔木。叶片椭圆形或椭圆状卵形，长 7~15cm，宽

Reevesia longipetiolata 长柄梭罗（图 1）

Reevesia longipetiolata 长柄梭罗（图 2）

3~6cm，侧脉每边8~12条。聚伞状伞房花序顶生；萼倒卵状钟形，长8~9mm，3~5裂；花瓣5片，白色，倒披针形，长2cm，宽约4mm。蒴果椭圆状梨形，长4~4.5cm，宽2.5cm，具5棱。（栽培园地：SCBG）

Reevesia orbicularifolia Hsue **圆叶梭罗树**

乔木。叶片圆形或卵圆形，长宽几相等，基出脉5条，全缘。蒴果椭圆状梨形，果柄几无毛，长2.5cm，宽1.5~2cm，具5棱，疏被淡黄褐色星状短柔毛及鳞秕。（栽培园地：KIB）

Reevesia pubescens Mast. **梭罗树**

乔木。叶片椭圆状卵形或椭圆形，背面叶脉被淡黄褐色毛，主脉和侧脉不呈红色。聚伞状伞房花序顶生；花梗较花短，萼倒圆锥状，长约8mm；花瓣5片，白色或淡红色，条状匙形，长1~1.5cm。蒴果梨形或椭圆状梨形，长2.5~3.5cm，具5棱，顶端截形，密被淡褐色毛。（栽培园地：SCBG, WHIOB, KIB, XTBG, CNBG）

Reevesia pubescens Mast. var. **siamensis** (Craib) Anthony **泰梭罗**

本变种与原变种的区别为：叶背面的毛被疏且短，叶干时带绿色，雌雄蕊柄较细弱。（栽培园地：XTBG）

Reevesia pycnantha Ling **密花梭罗树**

乔木。叶片纸质，倒卵状椭圆形，全缘。聚伞状圆锥花序，花小而密，被红褐色星状短柔毛；萼倒圆锥状钟形，长约3mm；花瓣浅黄色，长约7mm。蒴果椭圆状梨形，长1.5~2cm，径1~1.5cm，顶端截形，密被淡黄褐色短柔毛。（栽培园地：LSBG）

Reevesia rotundifolia Chun **粗齿梭罗**

乔木。叶片圆形或倒卵状圆形，宽略过于长，顶端

Reevesia pubescens **梭罗树**（图1）

Reevesia pubescens **梭罗树**（图2）

Reevesia rotundifolia **粗齿梭罗**（图1）

Reevesia rotundifolia **粗齿梭罗**（图2）

两侧具粗齿 2~3 个，叶面沿脉及背面被淡黄褐色短柔毛。蒴果倒卵状矩圆形，具 5 棱，长 3~4cm，顶端圆形，果柄被毛。（栽培园地：GXIB）

Reevesia rubronervia H. H. Hsue **红脉梭罗**

乔木。叶片纸质，椭圆形，背面叶脉被红褐色毛，主脉和侧脉呈明显的红色，嫩叶尤甚。聚伞状伞房花序顶生，密被红褐色星状茸毛；萼钟状，长约 9mm，4~5 裂，密被淡黄褐色茸毛；花瓣 5 片，白色，长约 1.5cm，中部外突成二耳状。蒴果长椭圆形，长 2.5~3cm，顶端钝。（栽培园地：XTBG）

Reevesia shangszeensis H. H. Hsue **上思梭罗**

乔木。叶片较厚，椭圆形，两面均光亮无毛。圆锥花序顶生，长达 12cm，具多花，被短柔毛；萼管状，长约 7mm，密被星状短柔毛；花瓣厚，白色，长约 1cm，疏被短柔毛；雌雄蕊柄长 2~2.3cm，无毛。（栽培园地：SCBG）

Reevesia shangszeensis 上思梭罗

Reevesia thyrsoidea Lindl. **两广梭罗**

常绿乔木。叶片椭圆形或近椭圆形，基部圆形或钝，两面均无毛；叶柄长 1~3cm。聚伞状伞房花序顶生；

Reevesia thyrsoidea 两广梭罗（图 1）

Reevesia thyrsoidea 两广梭罗（图 2）

Reevesia thyrsoidea 两广梭罗（图 3）

花较大，密集；萼钟状，长约 6mm；白色，匙形，长约 1cm；雌雄蕊柄长约 2cm。蒴果椭圆状梨形，长约 3cm，被短柔毛。（栽培园地：SCBG, XTBG, SZBG）

Reevesia tomentosa H. L. Li **绒果梭罗**

乔木。叶片椭圆状卵形或倒卵形，背面密被褐色短柔毛。聚伞状伞房花序顶生；萼钟状，长约 4mm；雌雄蕊柄长约 2.4cm。蒴果具长柄，倒卵状椭圆形，长 4cm，径约 3cm，具 5 条狭棱脊，密被褐色星状短柔毛。（栽培园地：SCBG, XTBG, CNBG, XMBG）

Reevesia tomentosa 绒果梭罗（图 1）

Reevesia tomentosa 绒果梭罗（图 2）

Reevesia tomentosa 绒果梭罗（图 3）

Scaphium 胖大海属

该属共计 1 种，在 4 个园中有种植

Scaphium lychnophorum (Hance) Pierre **胖大海**

落叶乔木。叶片长卵形或略呈三角状，光滑无毛。

Scaphium lychnophorum 胖大海（图 1）

Scaphium lychnophorum 胖大海（图 1）

圆锥花序顶生或腋生，花杂性同株；花萼钟状，深裂，裂片披针形，宿存，外面被星状柔毛。雄花具 10~15 枚雄蕊，雌花具 1 枚雌蕊。蓇葖果 1~5 个，船形。（栽培园地：SCBG, IBCAS, XTBG, XMBG）

Sterculia 苹婆属

该属共计 12 种，在 8 个园中有种植

Sterculia brevissima H. H. Hsue **短柄苹婆**

小乔木或灌木。叶集生于小枝顶端，倒披针形或倒披针状狭椭圆形，几无柄或具长 0.5~1.2cm 的短柄，两面均无毛。总状花序或圆锥花序腋生，下垂；花粉红色，中部以下紫色；萼 5 深裂几至基部，长约 8mm，约为钟状萼筒 3 倍。蓇葖果椭圆形，长约 8cm。（栽培园地：XTBG）

Sterculia ceramica R. Brown **台湾苹婆**

小乔木。叶片卵形或椭圆状卵形，全缘，两面无毛或仅背面基生脉腋间具少量淡黄褐色星状短柔毛。聚伞状圆锥花序腋生；萼裂片远比萼筒短，裂片三角形，向外弯，长约 1.8mm，约为萼长的 1/3。蓇葖果卵状镰刀形，

Sterculia ceramica 台湾苹婆（图 1）

Sterculia ceramica 台湾苹婆（图 2）

长 3~6cm，外被红褐色毛。（栽培园地：SCBG）

Sterculia euosma W. W. Smith **粉苹婆**

乔木。叶片卵状椭圆形，基部圆形或斜心形，具基出脉 5 条；叶柄长约 5cm。总状花序聚生于小枝上部，与幼叶同时抽出，略被淡黄褐色茸毛；花暗红色，萼长约 1cm，5 深裂几至基部。蓇葖果椭圆形或椭圆状卵形，长 6~10cm。（栽培园地：WHIOB, XTBG）

Sterculia euosma 粉苹婆

Sterculia foetida L. **香苹婆**

乔木。叶聚生于小枝顶端，为掌状复叶，具小叶7~9片，小叶片椭圆状披针形，侧脉疏而不明显；叶柄长10~20cm。圆锥花序具多花；萼红紫色，5深裂几至基部，无明显萼筒，裂片向外开展。蓇葖果椭圆形或舟形，长5~8cm。（栽培园地：SCBG, XTBG, SZBG）

Sterculia foetida 香苹婆

Sterculia hainanensis Merr. et Chun **海南苹婆**

小乔木或灌木。叶片长椭圆形或条状披针形，具侧脉13~18对，在远离叶缘处作明显弯拱连结；叶柄长1.5~2.5cm。花红色，排成总状花序；萼5裂几至基部，长约6mm。蓇葖果长椭圆形，红色，长约4cm，顶端具长约6mm的喙。（栽培园地：SCBG, SZBG）

Sterculia henryi Hemsl. **蒙自苹婆**

灌木或小乔木，嫩枝密被锈色绒毛。叶片纸质，较薄，椭圆形或椭圆状披针形，两面均无毛。总状花序腋生，被黄褐色毛；萼5裂几至基部，红色，长1~1.5cm，萼片狭三角形，外面被黄褐色星状毛。（栽培园地：WHIOB）

Sterculia hainanensis 海南苹婆（图1）

Sterculia hainanensis 海南苹婆（图2）

Sterculia hainanensis 海南苹婆（图 3）

Sterculia lanceaefolia Roxb. **西蜀苹婆**

乔木或灌木。叶片披针形、条状披针形或长椭圆状披针形，具侧脉 9~10 对，在近叶缘不明显连结。花排成总状花序，腋生，稀圆锥花序，花少而疏；花红色，萼钟形，5 深裂几至基部，长约 7mm，裂片椭圆状披针形，远长于萼筒。蓇葖果椭圆形，长约 7cm。（栽培园地：XTBG）

Sterculia lanceaefolia 西蜀苹婆

Sterculia lanceolata Cav. **假苹婆**

乔木。叶片椭圆形、披针形或椭圆状披针形，较宽广，基出脉 1~3 条。圆锥花序多分枝，长不超过 10cm，花密集；花淡红色，萼片仅于基部连合，外展，椭圆状披针形，长 4~6mm。蓇葖果鲜红色，长卵形或长椭圆形，长 5~7cm，宽 2~2.5cm，顶端具喙。（栽培园地：SCBG, IBCAS, WHIOB, KIB, XTBG, SZBG, GXIB, XMBG）

Sterculia lanceolata 假苹婆（图 1）

Sterculia lanceolata 假苹婆（图 2）

Sterculia lanceolata 假苹婆（图 3）

Sterculia nobilis Smith **苹婆**

乔木。叶片椭圆形，两面均无毛。圆锥花序顶生或腋生，柔弱且披散，长达 20cm，具短柔毛；花梗远比花长；萼乳白色，后转为淡红色，钟状，长 9mm，萼筒与裂片等长。蓇葖果鲜红色，厚革质，椭圆状卵形，长约 5cm，宽 2~3cm，顶端具喙。（栽培园地：SCBG, IBCAS, WHIOB, XTBG, GXIB, XMBG）

Sterculia nobilis 苹婆（图 1）

Sterculia nobilis 苹婆（图 2）

Sterculia nobilis 苹婆（图 3）

Sterculia pexa 家麻树

Sterculia pexa Pierre **家麻树**

乔木。掌状复叶；小叶 7~9 片，倒卵状披针形或长椭圆形，侧脉密而明显，叶背面密被星状短柔毛。总状花序或圆锥花序，长达 2cm；花萼白色，钟形，长约 6mm，裂片与萼筒等长，向内弯曲。蓇葖果红褐色，椭圆形并略弯，长 4~9cm，密被短茸毛和刚毛。（栽培园地：SCBG, XTBG）

Sterculia scandens Hemsl. **河口苹婆**

灌木。叶片较大，纸质，长椭圆形或披针形，两面均光滑无毛，叶具长柄。圆锥花序腋生，柔弱，长 10~34cm，略被柔毛；花少且疏生；萼 5 裂几至基部，萼片条状披针形，长约 2cm。（栽培园地：XTBG）

Sterculia villosa Roxb. **绒毛苹婆**

乔木。叶掌状 3~7 裂，两面均密被褐色绒毛，背面尤甚。圆锥花序腋生于小枝上部，密被锈色茸毛；花黄色；萼阔钟状，长约 1cm，裂片披针形，长约 6mm。蓇葖果长椭圆形，长 3~5cm，顶端略具短喙，内外均密被锈色长茸毛。（栽培园地：XTBG）

Theobroma 可可属

该属共计 1 种，在 3 个园中有种植

Theobroma cacao L. **可可**

常绿乔木。叶片卵状长椭圆形至倒卵状长椭圆形，两面均无毛或沿脉疏被星状短柔毛；叶具短柄。聚伞花序；花直径约 18mm；萼粉红色，萼裂片长披针

Theobroma cacao 可可（图 1）

Theobroma cacao 可可（图 3）

Theobroma cacao 可可（图 2）

形，具缘毛；花瓣淡黄色，较萼略长。核果椭圆形或长椭圆形，长 15~20cm，具 10 条纵沟。（栽培园地：SCBG, XTBG, CNBG）

Waltheria 蛇婆子属

该属共计 1 种，在 1 个园中有种植

Waltheria indica L. **蛇婆子**

直立或匍匐状半灌木。小枝密被短柔毛。叶片卵形或长椭圆状卵形，边缘具小齿，两面均密被短柔毛。聚伞花序腋生，头状；萼筒状，5 裂，长 3~4mm，裂片三角形，远长于萼筒；花瓣 5 片，淡黄色，匙形。蒴果小，倒卵形，长约 3mm，被毛，为宿萼所包围。（栽培园地：XTBG）

Stylidiaceae 花柱草科

该科共计 2 种，在 2 个园中有种植

草本或小灌木，有时为藓状。单叶互生，小，常禾叶状。花序为总状花序、聚伞花序或疏穗状花序。花两性或由于败育而为单性，两侧对称，花萼和花冠 5 基数，萼筒部与子房贴生，檐部具 2~5 枚裂片，常呈两唇形；花冠合瓣，5 或 6 裂，不同型；雄蕊 2 枚，生于两侧，与花柱连合成合蕊柱；子房下位。果为蒴果，常室间开裂；种子微小。

Stylidium 花柱草属

该属共计 2 种，在 2 个园中有种植

Stylidium tenellum Swartz **狭叶花柱草**

一年生草本。叶茎生，无柄，叶片椭圆状倒卵形至倒披针形。花单朵顶生、2~3 朵呈穗状花序或两歧分枝状。花小，长不过 2mm，无梗，白色或粉紫色，疏具腺毛。蒴果细柱状，长达 2cm。（栽培园地：XTBG）

Stylidium uliginosum Swartz **花柱草**

一年生草本。叶全部基生，具短柄，叶片卵圆形、卵形至倒卵形。花序为长的疏穗状花序，花小，无梗；花冠白色，长约 2mm；合蕊柱长 3.5mm，伸出。蒴果细柱状，长约 8mm。（栽培园地：SCBG）

Styracaceae 安息香科

该科共计 36 种，在 10 个园中有种植

乔木或灌木，常被星状毛或鳞片状毛。单叶互生，无托叶。总状花序、聚伞花序或圆锥花序，稀单花或数花丛生；花两性，稀杂性，辐射对称；花萼杯状、倒圆锥状或钟状，顶端常具 4~5 齿裂；花冠合瓣，稀离瓣，裂片常 4~5 片；雄蕊常为花冠裂片数的 2 倍；子房 3~5 室或有时上部 1 室，每室具倒生胚珠 1 至多颗。核果具肉质外果皮或为蒴果，花萼宿存；种子具宽大种脐。

Alniphyllum 赤杨叶属

该属共计 2 种，在 8 个园中有种植

Alniphyllum eberhardtii Guill. **滇赤杨叶**

乔木。嫩枝具棱，密被褐色鳞片状毛，后脱落。叶片长椭圆形或披针状长椭圆形，背面密被灰白色或淡黄色星状绒毛。圆锥花序较短，长 3~5cm，有花 10~30 朵，密集排列；花冠裂片长圆形或长椭圆形，长 10~13mm。蒴果长圆形，长 7~12mm。（栽培园地：WHIOB, KIB）

Alniphyllum eberhardtii 滇赤杨叶

Alniphyllum fortunei (Hemsl.) Makino **赤杨叶**

乔木。小枝被褐色短柔毛，后无毛。叶片椭圆形、宽椭圆形或倒卵状椭圆形，叶两面无毛或被星状毛。总状花序或圆锥花序，长 8~15cm，有花 10~20 多朵；花白色或粉红色，长 1.5~2cm。蒴果长圆形或长椭圆形，长 10~18mm。（栽培园地：SCBG, WHIOB, KIB, XTBG, LSBG, CNBG, SZBG, GXIB）

Halesia 银钟花属

该属共计 1 种，在 3 个园中有种植

Halesia macgregorii Chun **银钟花**

乔木。小枝紫褐色。叶片椭圆形、长椭圆形或卵状

Halesia macgregorii 银钟花

椭圆形，边缘具锯齿，齿端角质红褐色。花白色，常下垂，径约 1.5cm，2~7 朵丛生于叶腋；萼管倒圆锥形，花 4 数。核果长椭圆形或椭圆形，长 2.5~4cm，具 4 翅，萼齿宿存。（栽培园地：XTBG, LSBG, GXIB）

Huodendron 山茉莉属

该属共计 2 种，在 3 个园中有种植

Huodendron biaristatum (W. W. Smith) Rehd. **双齿山茉莉**

灌木至小乔木。嫩枝被绒毛；花序和蒴果被灰色短绒毛。叶片椭圆形、椭圆状披针形或倒卵状长圆形，全缘或疏具小锯齿，叶脉被柔毛。伞房状圆锥花序，长 3~10cm，花淡黄色，芳香；花柱不分裂或稍分裂。蒴果卵形，长 4~5mm，下部约 2/3 被宿存花萼所围绕。（栽培园地：WHIOB, XTBG）

Huodendron biaristatum 双齿山茉莉

Huodendron tibeticum (Anthony) Rehd. **西藏山茉莉**

灌木或乔木。小枝红褐色，老枝灰褐色，常呈纤维状纵裂。叶片披针形或椭圆状披针形，两面无毛，叶脉两面均明显隆起。伞房状圆锥花序长 4~8cm，无毛；花白色，芳香；花萼管杯状，高约 2cm，花柱 3~5 裂，深裂几达中部。蒴果卵形，长约 3mm，无毛。（栽培园地：GXIB）

Huodendron tibeticum 西藏山茉莉

Melliodendron 陀螺果属

该属共计 1 种，在 5 个园中有种植

Melliodendron xylocarpum Hand.-Mazz. **陀螺果**

乔木。叶片卵状披针形、椭圆形至长椭圆形，嫩时

Melliodendron xylocarpum 陀螺果

密被星状短柔毛，后仅叶脉被毛。花白色；萼管倒圆锥形，与子房约 2/3 合生，顶端具 5 齿或稍波状；花冠钟状。果常为倒卵形、倒圆锥形或倒卵状梨形，长 4~7cm，外面密被星状绒毛，具 5~10 条棱。（栽培园地：SCBG, WHIOB, LSBG, CNBG, GXIB）

Pterostyrax 白辛树属

该属共计 2 种，在 7 个园中有种植

Pterostyrax corymbosus Siebold et Zucc. **小叶白辛树**

乔木。叶片倒卵形、宽倒卵形或椭圆形，背面浅绿色，嫩叶两面被星状柔毛，背面尤甚，后仅背面稍被星状柔毛。圆锥花序伞房状，长 3~8cm；花白色，长约 10mm。果倒卵形，长 1.2~2.2cm，具 5 条狭翅，稍被星状绒毛，顶端具长喙。（栽培园地：SCBG, KIB, LSBG, CNBG, GXIB）

Pterostyrax corymbosus 小叶白辛树

Pterostyrax psilophyllus Diels ex Perk. **白辛树**

乔木。叶片长椭圆形、倒卵形或倒卵状长圆形，背面灰白色，嫩叶叶面被黄色星状柔毛，后无毛，背面密被灰色星状绒毛。圆锥花序长 10~15cm；花白色，长 12~14mm。果近纺锤形，长约 2.5cm，具 5~10 条棱或有时相间的 5 棱不明显，密被灰黄色长硬毛。（栽

Pterostyrax psilophyllus 白辛树（图 1）

Pterostyrax psilophyllus 白辛树（图 2）

培园地：SCBG, WHIOB, KIB, XTBG, CNBG, GXIB）

Rehderodendron 木瓜红属

该属共计 2 种，在 3 个园中有种植

Rehderodendron kweichowense Hu **贵州木瓜红**

乔木。叶面、叶脉、叶柄、花序和果均密被黄褐色星状毛。叶片椭圆形或倒卵状椭圆形，边缘疏具锯齿。圆锥花序或总状花序，长 6~10cm，有 2~6 朵花，花白色，长 1.2~1.5cm；雄蕊伸出花冠。果具 10~12 条棱，棱间具粗皱纹。（栽培园地：KIB）

Rehderodendron macrocarpum Hu **木瓜红**

小乔木。叶片长卵形、椭圆形或长圆状椭圆形，叶脉常呈紫红色，叶仅嫩叶脉上被星状柔毛。总状花序有花 6~8 朵，长 4~5cm；花序梗、花梗和小苞片外面均密被灰黄色星状柔毛；花白色，长 1.5~1.8cm，雄蕊长者稍长于花冠，短者与花冠近相等。果具 8~10 条棱。（栽培园地：WHIOB, KIB, LSBG）

Sinojackia 秤锤树属

该属共计 6 种，在 7 个园中有种植

Sinojackia dolichocarpa C. J. Qi **长果秤锤树**

乔木。叶片卵状长圆形、椭圆形或卵状披针形，边缘具细锯齿，叶面仅中脉疏被星状柔毛，背面疏被长柔毛，脉腋间毛密。总状聚伞花序；花冠 4 深裂。果倒圆锥形，连喙长 4~7.5cm，喙长渐尖，被疏松灰黄色长柔毛和极短的星状毛。（栽培园地：WHIOB, LSBG）

Sinojackia dolichocarpa 长果秤锤树

Sinojackia huangmeiensis J. W. Ge et X. H. Yao **黄梅秤锤树**

灌木。叶片狭卵形至阔卵形，边缘具硬质锯齿，叶面疏被星状柔毛，沿脉密被星状柔毛，其余无毛。总状聚伞花序；花冠 5~7 深裂。果倒卵形，具圆锥状的喙，连喙长 1.8~2.2cm。（栽培园地：WHIOB）

Sinojackia microcarpa C. T. Chen et G. Y. Li **细果秤锤树**

落叶大灌木。主干上侧枝与主枝近直角，基部粗壮，常呈棘刺状。叶片椭圆形。聚伞花序，花白色，花冠 6 深裂，裂片狭披针形。（栽培园地：WHIOB）

Sinojackia oblongicarpa C. T. Chen et T. R. Cao **怀化秤锤树**

落叶小乔木。叶片椭圆形至长椭圆形。花小，白色，长 1.2~1.5cm。果长椭圆形，具喙，宿存。（栽培园地：WHIOB）

Sinojackia rehderiana Hu **狭果秤锤树**

小乔木或灌木；嫩枝被星状短柔毛。叶片倒卵状椭圆形或椭圆形，边缘具硬质锯齿，嫩叶两面均密被星状短柔毛，后仅叶脉被星状短柔毛。总状聚伞花序疏松；萼管长约 5mm；花冠 5~6 裂。果椭圆形圆柱状，具长渐尖的喙，连喙长 2~2.5cm。（栽培园地：KIB, CNBG）

Sinojackia xylocarpa Hu **秤锤树**

乔木；嫩枝密被星状短柔毛，后脱落。叶片倒卵形或椭圆形，边缘具硬质锯齿，叶除叶脉疏被星状短柔毛外，其余无毛。总状聚伞花序；萼管长约 4mm；花冠 6 深裂。果卵形，具圆锥状的喙，连喙长 2~2.5cm。（栽培园地：SCBG, WHIOB, KIB, LSBG, CNBG, GXIB, XMBG）

Sinojackia xylocarpa 秤锤树（图 1）

Sinojackia xylocarpa 秤锤树（图 2）

Styrax 安息香属

该属共计 20 种，在 10 个园中有种植

Styrax agrestis (Lour.) G. Don **喙果安息香**

乔木。幼枝具棱，疏被黄褐色短柔毛。叶片椭圆形、长圆形至椭圆状披针形，边缘锯齿常不明显。花蕾时花瓣呈镊合状排列。果长圆形或斜卵形，长 1.2~3cm，宽 8~16mm，具喙。（栽培园地：SCBG, XTBG）

Styrax agrestis 喙果安息香

Styrax argentifolius H. L. Li **银叶安息香**

乔木。嫩枝、花序梗、花梗、小苞片和花萼均密被褐色紧贴鳞片状毛。叶片椭圆形或椭圆状披针形，背面密被银灰色或浅棕色紧贴鳞片状毛。总状花序有花3~9朵；花白色。果近球形，直径约2.5cm，顶端具短喙。（栽培园地：KIB）

Styrax calvescens Perk. **灰叶安息香**

灌木或小乔木。叶片近革质，椭圆形或椭圆状倒卵形，背面密被灰色星状绒毛；第3级小脉网状；叶柄长1~3mm。总状花序或圆锥花序，花丝分离部分仅下部密被星状长柔毛。果倒卵形，直径约6mm。（栽培园地：WHIOB, LSBG）

Styrax chinensis Hu et S. Y. Liang **中华安息香**

乔木。叶片革质，背面除密被星状绒外，叶脉上兼被星状柔毛；第3级小脉近平行；叶柄长1~3cm。花萼钟状，萼齿卵状三角形，长达2mm，花丝分离部分全被星状短柔毛。果卵状球形、球形或扁球形，直径10~22mm。（栽培园地：XTBG, GXIB）

Styrax chinensis 中华安息香

Styrax chrysocarpus H. L. Li **黄果安息香**

乔木。嫩枝、叶柄密被黄褐色星状绒毛。叶片纸质，长圆状卵形或长圆形，第3级小脉网状；叶柄长5~8mm。果序腋生，有果3~5个。果卵形，密被金黄色星状绒毛。（栽培园地：XTBG）

Styrax confusus Hemsl. **赛山梅**

乔木。叶片革质或近革质，椭圆形或倒卵状椭圆形，第3级小脉网状，叶柄长1~3mm。总状花序；花序梗、花梗和小苞片均密被灰黄色星状柔毛；花白色，较大，长1.3~2.2cm。果近球形或倒卵形，径8~15mm。（栽培园地：LSBG）

Styrax confusus 赛山梅

Styrax dasyanthus Perk. **垂珠花**

乔木。叶片革质或近革质，倒卵形或椭圆形，边缘上部具角质细锯齿，两面疏被星状柔毛；叶柄长3~7mm。圆锥花序或总状花序，花序梗和花梗均密被灰黄色星状细柔毛；花白色，较小，长9~13mm。果卵形或球形，直径5~7mm。（栽培园地：CNBG）

Styrax faberi Perk. **白花龙**

灌木。叶片纸质，椭圆形、倒卵形或长圆状披针形；叶柄长1~2mm。总状花序顶生，有花3~5朵，下部常单花腋生；花萼杯状，长过于宽或长宽相等。果倒卵形或近球形，顶端圆形或短凸尖，无皱纹。（栽培园地：SCBG, XTBG, LSBG, GXIB）

Styrax grandiflorus Griff. **大花野茉莉**

灌木或小乔木。叶片纸质或近革质，椭圆形、长椭圆形或卵状长圆形，两面均被稀疏星状短柔毛，后仅叶脉上被褐色星状柔毛；叶柄长5~7mm。总状花序顶生，

Styrax faberi 白花龙（图 1）

Styrax faberi 白花龙（图 2）

Styrax grandiflorus 大花野茉莉（图 1）

Styrax grandiflorus 大花野茉莉（图 2）

有花 3~9 朵；花梗较长或等长于花；花梗和花萼均密被星状绒毛。（栽培园地：WHIOB, KIB）

Styrax japonicus Siebold et Zucc. **野茉莉**

灌木或小乔木。叶片纸质或近革质，椭圆形或卵状椭圆形；叶柄长 5~10mm。总状花序顶生，有花 5~8 朵；花梗较长或等长于花；花梗和花萼均无毛。（栽培园地：SCBG, IBCAS, WHIOB, KIB, XTBG, LSBG, CNBG）

Styrax japonicus 野茉莉

Styrax japonicus Siebold et Zucc. var. **calycothrix** Gilg **毛萼野茉莉**

本变种与原变种的区别为：花萼和花梗疏被星状柔毛。（栽培园地：WHIOB）

Styrax macranthus Perk. **禄春安息香**

乔木。叶片长卵形或卵状披针形；叶柄长 5~10mm。总状花序顶生，有花 3~4 朵；花萼密被星状绒毛，花梗长 8~15mm。果倒卵状长圆形，直径约 1cm。（栽培园地：SCBG）

Styrax macranthus 禄春安息香

Styrax macrocarpus Cheng **大果安息香**

乔木。幼枝、叶密被星状柔毛。叶片纸质，椭圆形或倒卵状椭圆形，第3级小脉近平行；叶无柄或近无柄。花白色，芳香，长达3.3cm，单生于叶腋，先叶开放。果直径2~2.5cm；种子无毛。（栽培园地：SCBG, XMBG）

Styrax macrocarpus 大果安息香（图1）

Styrax macrocarpus 大果安息香（图2）

Styrax obassia Siebold et Zucc. **玉铃花**

乔木或灌木。叶片纸质，小枝上部者互生，小枝下部者近对生，宽椭圆形或近圆形。总状花序，长6~15cm，花白色或粉红色，芳香。果卵形或近卵形，直径10~15mm。（栽培园地：IBCAS, KIB）

Styrax odoratissimus Champ. **芬芳安息香**

小乔木。叶片卵形或卵状椭圆形，干时两面常呈黄绿色。总状或圆锥花序顶生，长5~8cm；花白色；花丝中部弯曲，全部密被白色星状短柔毛。果近球形，直径8~10mm，密被灰黄色星状绒毛。（栽培园地：CNBG, GXIB）

Styrax perkinsiae Rehd. **瓦山安息香**

灌木或小乔木。嫩枝、叶背面密被灰白色星状绒毛。叶片纸质，卵形、卵状椭圆形或椭圆状披针形；叶柄长3~5mm，被黄色星状短柔毛。小苞片钻形，长3~4mm；萼齿钻形。果卵形，直径约10mm。（栽培园地：WHIOB, KIB）

Styrax roseus Dunn **粉红安息香**

小乔木。叶片椭圆形、长椭圆形或卵状椭圆形；叶柄长3~5mm。总状花序顶生，有花2~3朵；花萼密被星状绒毛和疏生星状长柔毛，花梗长2~8mm。果近球形，直径12~14mm，密被灰色和橙红色星状绒毛。（栽培园地：KIB）

Styrax rugosus Kurz **皱叶安息香**

灌木或小乔木。幼枝、叶下面密被黄褐色星状绒毛。叶片较大，卵状长圆形、卵形或椭圆形，叶面因叶脉凹陷而具皱纹，边缘具锯齿或近全缘。总状花序有花3~6朵；小苞片线形，长6~12mm；萼齿披针形或三角形，长1.5~3mm。果直径约8mm。（栽培园地：XTBG）

Styrax suberifolius Hook. et Arn. **栓叶安息香**

乔木。叶片革质，椭圆形、长椭圆形或椭圆状披针形，叶长为宽的2倍以上，侧脉每边7~12条，第3级小脉近平行；叶柄长1~1.5cm。果卵状球形，直径1~1.8cm。（栽培园地：SCBG, WHIOB, CNBG, SZBG, GXIB）

Styrax tonkinensis (Pierre) Craib ex Hartw. **越南安息香**

乔木。叶片纸质至薄革质，椭圆形、椭圆状卵形至卵形，第3级小脉近平行；叶柄长8~15mm。圆锥花序或渐缩小成总状花序；花蕾时花瓣为覆瓦状排列。种子表面密被小瘤状突起和星状毛。（栽培园地：SCBG, WHIOB, XTBG, CNBG, GXIB）

Symplocaceae 山矾科

该科共计 35 种，在 10 个园中有种植

灌木或乔木。单叶互生，无托叶。花两性，稀杂性，辐射对称，排成穗状花序、总状花序、圆锥花序或团伞花序；花常为 1 枚苞片和 2 枚小苞片所承托；萼常 5 裂，宿存；花冠裂片常 5 片，覆瓦状排列；雄蕊常多数，着生于花冠筒上，花丝连生或分离，排成 1~5 列；子房下位或半下位，顶端常具花盘和腺点，常 3 室，花柱 1 枚，纤细，柱头小。果为核果。

Symplocos 山矾属

该属共计 35 种，在 10 个园中有种植

Symplocos adenophylla Wall. **腺叶山矾**

乔木。叶硬纸质，狭椭圆状披针形、狭椭圆形或椭圆形，先端具镰刀状的尾状渐尖，且尖头钝，基部楔形，边缘具浅圆锯齿，齿缝间有椭圆形半透明腺点。花冠白色。核果椭圆形，栗褐色，长 6~12mm，顶端宿存萼裂片合成圆锥状。（栽培园地：XTBG, XMBG）

Symplocos adenopus Hance **腺柄山矾**

灌木或小乔木。叶椭圆状卵形或卵形，长 8~16cm，宽 2~6cm，先端急尖或急渐尖，基部圆形或阔楔形，边缘及叶柄两侧均具大小相间的半透明腺锯齿。苞片边缘有大而透明腺体。核果圆柱形，顶端宿萼裂片直立。（栽培园地：SCBG, WHIOB）

Symplocos angustifolia Guill. **狭叶山矾**

灌木。嫩枝绿色，无毛，具棱，老枝褐色，被白蜡层。叶狭椭圆状披针形或线状披针形，边缘具疏离浅锯齿，齿端有褐色腺质齿尖，两面均无毛。穗状花序常集生枝顶。核果灰绿色，近球形，顶端宿萼裂片直立或合成圆锥状。（栽培园地：WHIOB）

Symplocos anomala Brand **薄叶山矾**

灌木或小乔木。叶薄革质，狭椭圆形、椭圆形或卵形，先端渐尖，基部楔形，全缘或具锐锯齿，叶面具光泽，中脉和侧脉在叶面均凸起。总状花序腋生，花冠白色，具桂花香味。核果长圆形，褐色，被短柔毛，具纵棱，3 室，顶端宿萼裂片直立或向内伏。（栽培园地：SCBG, WHIOB, XTBG, LSBG）

Symplocos anomala 薄叶山矾（图 1）

Symplocos anomala 薄叶山矾（图 2）

Symplocos austrosinensis Hand.-Mazz. **南国山矾**

乔木。嫩枝具棱，灰黄色或淡褐色，被紧贴柔毛。叶纸质，披针形或近狭椭圆形，两面无毛，长 4~10cm，宽 1.5~3cm，先端具镰刀状尾尖，基部楔形或阔楔形。团伞花序有花约 10 朵，腋生。核果圆柱形，干时褐色或黑色，长约 8mm，具纵条纹。（栽培园地：WHIOB）

Symplocos botryantha Franch. **总状山矾**

常绿乔木。叶厚革质，长圆状椭圆形、卵形或倒卵形，先端尾状渐尖，边缘具波状齿。总状花序长 2~4cm，被展开长柔毛；小苞片条状披针形，被绢状长毛和缘毛；花萼无毛，裂片三角状卵形，短于萼筒，长 0.5~0.7mm。核果坛形，长 7~8mm，顶端宿萼裂片直立或稍向内弯。（栽培园地：SCBG, WHIOB）

Symplocos chinensis (Lour.) Druce **华山矾**

灌木。嫩枝、叶柄、叶背均被灰黄色皱曲柔毛。叶纸质，椭圆形或倒卵形，边缘具细尖锯齿。圆锥花序顶生或腋生，长 4~7cm，花序轴、苞片、萼外面

Symplocos botryantha 总状山矾

Symplocos chinensis 华山矾

均密被灰黄色皱曲柔毛。核果卵状圆球形，歪斜，长5~7mm，被紧贴的柔毛，熟时蓝色，顶端宿萼裂片向内伏。（栽培园地：SCBG, WHIOB, GXIB）

Symplocos cochinchinensis (Lour.) S. Moore **越南山矾**

乔木。小枝粗壮，芽、嫩枝、叶柄、叶背中脉均被

Symplocos cochinchinensis 越南山矾（图1）

Symplocos cochinchinensis 越南山矾（图2）

红褐色绒毛。叶椭圆形、倒卵状椭圆形或狭椭圆形。穗状花序长6~11cm，近基部3~5分枝；花萼裂片卵形，与萼筒等长。核果圆球形，顶端宿萼裂片合成圆锥状，基部具宿存苞片，核具5~8条浅纵棱。（栽培园地：SCBG, WHIOB, KIB, XTBG）

Symplocos cochinchinensis (Lour.) S. Moore var. **puberula** Huang et Y. F. Wu **微毛越南山矾**

本变种与原变种的区别为：小枝和叶背脉上具微柔毛。（栽培园地：SCBG, XTBG）

Symplocos cochinchinensis var. **puberula 微毛越南山矾**

Symplocos confusa Brand **南岭山矾**

常绿小乔木。芽、花序、苞片及萼片均被灰色或灰黄色柔毛。叶椭圆形、倒卵状椭圆形或卵形，先端急尖或短渐尖而尖头钝，全缘或具疏圆齿。总状花序长1~4.5cm；花萼钟形，长2.2~3.2mm，具5浅圆齿。核果卵形，长4~5mm，被柔毛，顶端宿萼裂片直立或内倾。（栽培园地：SCBG）

Symplocos congesta Benth. **密花山矾**

常绿乔木或灌木。幼枝、芽、均被褐色皱曲的柔毛。叶椭圆形或倒卵形，两面无毛。团伞花序腋生于近枝端的叶腋；苞片和小苞片均被褐色柔毛。核果熟时紫蓝色，多汁，圆柱形，顶端宿萼裂片直立；核约有10条纵棱。（栽培园地：SCBG, WHIOB）

Symplocos crassifolia Benth. **厚皮灰木**

常绿乔木。芽、枝、叶均无毛，小枝粗壮具角棱，有时呈黄色。叶卵状椭圆形，长6.5~10cm，宽2.5~4cm，全缘或疏具锯齿。总状花序长1~2cm，被柔毛。核果长圆状卵形或倒卵形，长约1cm，顶端具直立稍向内弯的宿萼裂片；核骨质，分开成3分核，具8~12条纵棱。（栽培园地：SCBG, WHIOB）

Symplocos decora Hance **美山矾**

常绿小乔木。嫩枝初被灰白色蜡层，脱落后呈紫黑色。叶革质，卵形、椭圆形或倒卵状椭圆形，先端具短突尖头，边缘具浅锯齿，中脉在叶面凹下，侧脉不明显。总状花序生于枝端叶腋，长3~6cm。核果坛形，顶端具环状凸起和宿存花柱基部，宿萼裂片直立或稍向内伏。（栽培园地：SCBG）

Symplocos dolichotricha Merr. **长毛山矾**

乔木。枝细长，嫩枝、叶面或叶面脉上、叶背、叶柄均被展开的淡褐色长毛。叶榄绿色，椭圆形，全缘或具稀疏细锯齿。团伞花序有花6~8朵，腋生或腋生于叶脱落后的叶痕上。核果绿色，近球形，直径约6mm，顶端宿萼裂片直立。（栽培园地：SCBG）

Symplocos grandis Hand.-Mazz. **大叶山矾**

乔木。幼枝、嫩叶背面、叶柄、苞片、萼裂片均被褐色皱曲绒毛，老枝无毛。叶革质，椭圆形、卵状椭圆形，全缘或上部具细尖齿。团伞花序腋生或生于老枝叶痕之上。核果圆柱形，长7~8mm；顶端宿萼裂片直立；核质坚硬，具9条纵棱。（栽培园地：CNBG）

Symplocos heishanensis Hayata **海桐山矾**

乔木。嫩枝深褐色；小枝黑色，芽被细柔毛。叶革质，狭椭圆形或倒披针状椭圆形，全缘或具波状齿。总状花序单生于叶腋，长3~6cm，被细柔毛；苞片和小苞被微柔毛，宿存。核果圆柱状狭卵形，基部稍偏斜，长6~7mm，熟时紫黑色，顶端宿萼裂片直立。（栽培园地：WHIOB, KIB）

Symplocos lancifolia Siebold et Zucc. **光叶山矾**

小乔木。芽、嫩枝、嫩叶背面脉上、花序均被黄褐色柔毛。叶纸质或近膜质，卵形至阔披针形，中脉在叶面平坦，侧脉纤细，嫩叶背面及叶柄均无毛。穗状花序长1~4cm。核果近球形，直径约4mm，顶端宿萼裂片直立。（栽培园地：SCBG, XTBG, LSBG）

Symplocos lancifolia **光叶山矾**

Symplocos laurina (Retz.) Wall. **黄牛奶树**

乔木。嫩枝无毛；叶革质，倒卵状椭圆形或狭椭圆形，中脉在叶面凹下。花序轴常被柔毛，结果时毛渐脱落；花萼长约2mm，无毛，裂片半圆形，短于萼筒；花柱粗壮，子房3室，花盘环状，无毛。核果球形，直径4~6mm，顶端宿萼裂片直立。（栽培园地：SCBG, WHIOB, SZBG）

Symplocos lucida (Thunb.) Siebold et Zucc. **光亮山矾**

常绿乔木，小枝黄绿色，枝具棱。叶厚革质，长椭圆形，长15~25cm，宽3~5cm，先端急尖，基部楔形，边缘具圆齿状锯齿，叶面深绿色，背面浅黄绿色，叶

Symplocos laurina 黄牛奶树

Symplocos lucida 光亮山矾

柄约 1cm。穗状花序被毛，基部有分枝，长约 6cm，花白色。果近圆形，顶端宿萼裂片向内弯。（栽培园地：WHIOB, CNBG）

Symplocos paniculata (Thunb.) Miq. **白檀**

落叶灌木或小乔木。嫩枝被灰白色柔毛，老枝无毛。叶膜质或薄纸质，阔倒卵形、椭圆状倒卵形或卵形，边缘具细尖锯齿。圆锥花序长 5~8cm，常具柔毛；萼

Symplocos paniculata 白檀（图 1）

Symplocos paniculata 白檀（图 2）

筒褐色，裂片稍长于萼筒。核果熟时蓝色，卵状球形，稍偏斜，长 5~8mm，顶端宿萼裂片直立。（栽培园地：SCBG, IBCAS, WHIOB, KIB, XTBG, LSBG, CNBG, GXIB）

Symplocos phyllocalyx Clarke **叶萼山矾**

常绿小乔木。小枝粗壮，黄绿色，稍具棱，无毛。叶革质，狭椭圆形、椭圆形或长圆状倒卵形。穗状花序与叶柄等长或稍短，花丝基部不连成五体雄蕊。核果椭圆形，顶端具直立宿萼裂片，核骨质，不分开成 3 分核。（栽培园地：WHIOB, GXIB）

Symplocos phyllocalyx 叶萼山矾

Symplocos pilosa Rehd. **柔毛山矾**

乔木。嫩枝、叶柄、叶背面脉上、花序轴均被黄褐色开展长柔毛。叶薄纸质或近膜质，椭圆形、狭椭圆形或长圆状披针形，边缘具细尖锯齿，叶面无毛，叶背具疏短硬毛。总状花序腋生，长 1.5~4cm；花盘无毛；子房 3 室。（栽培园地：KIB）

Symplocos racemosa Roxb. **珠仔树**

灌木或小乔木。芽、嫩枝、嫩叶背面、叶柄均被褐

色柔毛。叶卵形或长圆状卵形，全缘或疏具浅锯齿，中脉在叶面凹下。总状花序长 4~8cm，密被黄褐色柔毛；花盘五角形隆起，具 5 腺点和柔毛。核果长圆形，顶端宿萼裂片黄色，直立；核具 3 条深纵棱和 9 条浅纵棱。（栽培园地：XTBG）

Symplocos rachitricha Y. F. Wu **毛轴山矾**

灌木。小枝细，黄绿色。叶近膜质，狭椭圆形或椭圆形，边缘具粗齿，中脉在叶面凹下。总状花序长 1.5~2cm，花序轴及花梗密被长柔毛；苞片早落，花萼裂片三角形，稍长于萼筒。核果绿色，狭卵形，长约 1.2cm，顶端宿萼裂片直立。（栽培园地：WHIOB）

Symplocos ramosissima Wall. ex G. Don **多花山矾**

灌木或小乔木。嫩枝紫色，被平伏短柔毛，老枝紫褐色，无毛。叶椭圆状披针形或卵状椭圆形，边缘有腺锯齿。总状花序长 1.5~3cm，基部分枝，被短柔毛。核果长圆形，长 9~12mm，宽 4~5mm，微具柔毛，熟时黄褐色或蓝黑色，顶端宿萼裂片张开。（栽培园地：WHIOB, GXIB）

Symplocos ramosissima 多花山矾

Symplocos setchuensis Brand **四川山矾**

小乔木。叶薄革质，长圆形或狭椭圆形，边缘具尖锯齿，中脉在叶面凸起。穗状花序宿短呈团伞状；苞片阔倒卵形。核果卵圆形或长圆形，长 5~8mm，顶端具直立宿萼裂片，基部有宿存苞片；核骨质，分开成 3 分核。（栽培园地：SCBG, WHIOB, LSBG, CNBG）

Symplocos stellaris Brand **老鼠矢**

常绿乔木，髓心中空，具横隔。芽、嫩枝、嫩叶柄、苞片和小苞片均被红褐色绒毛。叶厚革质，叶面具光泽，披针状椭圆形或狭长圆状椭圆形；中脉在叶面凹下，在叶背明显凸起。苞片圆形；核果狭卵状圆柱形，长约 1cm，顶端宿萼裂片直立；核具 6~8 条纵棱。（栽培园地：WHIOB, LSBG）

Symplocos setchuensis 四川山矾

Symplocos subconnata Hand.-Mazz. **银色山矾**

常绿小乔木。叶椭圆形、狭椭圆形、椭圆状披针形或倒披针形，边缘具波状齿或尖锯齿。总状花序长 5~7cm，花序轴被展开长柔毛；苞片长圆形，花冠，白色，具芳香。核果卵状坛形，稍被柔毛，顶端宿萼裂片直立，常折断；核具 5~7 条纵棱。（栽培园地：WHIOB）

Symplocos sumuntia Buch.-Ham. ex D. Don **山矾**

乔木。叶薄革质，卵形、狭倒卵形、倒披针状椭圆形，先端常呈尾状渐尖，基部楔形或圆形。总状花序长 2.5~4cm，被展开柔毛；苞片早落，阔卵形至倒卵形，

Symplocos sumuntia 山矾（图 1）

Symplocos sumuntia 山矾（图 2）

长约 1mm，密被柔毛。核果卵状坛形，长 7~10mm，顶端宿萼裂片直立，有时脱落。（栽培园地：WHIOB, LSBG, XMBG）

Symplocos tetragona Chen ex Y. F. Wu **棱角山矾**

乔木。小枝黄绿色，粗壮，具 4~5 条棱。叶革质，狭椭圆形，先端急尖，基部楔形，边缘具粗浅齿，两面均黄绿色。穗状花序长约 6cm，密被短柔毛。核果长圆形，长约 15mm，直径约 8mm，顶端宿萼直立，核骨质，分开成 3 分核。（栽培园地：WHIOB, CNBG）

Symplocos ulotricha Ling **卷毛山矾**

乔木。嫩枝圆柱形，密被锈色卷曲柔毛；芽嫩叶背面、嫩叶柄均被红褐色绒毛。叶长圆形或长圆状卵形，全缘，背卷。团伞花序生于叶已脱落的叶痕之上；苞片圆形。核果圆柱形，长约 1cm，顶端宿萼裂片直立；核有 5~6 条浅纵棱。（栽培园地：WHIOB）

Symplocos urceolaris Hance **坛果山矾**

小乔木。叶纸质，椭圆状卵形，先端急渐尖，基部楔形，边缘具尖锯齿。总状花序长 2~4cm，有 6~12 朵花，花序轴被展开灰黄色柔毛。核果绿色，坛形，长 5~6mm，顶端宿存萼裂片向外张开。（栽培园地：SCBG, WHIOB, XTBG, CNBG）

Symplocos wikstroemiifolia Hayata **微毛山矾**

灌木或乔木；嫩枝、叶背和叶柄均被紧贴的细毛。叶纸质或薄革质，椭圆形、阔倒披针形或倒卵形。总状花序长 1~2cm，具分枝，花序轴、苞片和小苞片均被短柔毛；核果卵圆形，长 5~10mm，顶端宿萼裂片直立，熟时黑色或黑紫色。（栽培园地：SCBG）

Symplocos yizhangensis Y. F. Wu **宜章山矾**

乔木，嫩枝黄褐色，无毛；叶近革质，披针形或狭椭圆形，边缘有腺锯齿，侧脉多，每边 15~17 条。团伞花序腋生；苞片和小苞片背面均被微柔毛，花萼的裂片与萼筒等长或稍长于萼筒。核果圆柱形，长约 7mm。（栽培园地：WHIOB）

Symplocos yunnanensis Brand **滇灰木**

乔木。小枝、叶柄、叶背面、花序均密被褐色长毛。叶薄革质，长圆状椭圆形、狭椭圆形或长圆状披针形，边缘具钝锯齿。总状花序长 1.5~2cm；苞片倒卵形，凹入。核果狭卵形，长 0.8~1cm，被长柔毛，3 室，顶端宿萼裂片直立，核具 10~12 条纵棱。（栽培园地：XTBG）

中名索引

A

阿拉伯婆婆纳　143
矮胡麻草　125
矮生碗柱草　126
矮小耳草　11
矮株龙葵　168
爱地草　9
爱地草属　9
安息香科　206
安息香属　209
昂天莲　182
昂天莲属　182
凹萼清风藤　70
凹裂毛麝香　123
凹叶旌节花　176
澳洲火焰木　182
澳洲茄　164
澳洲桐　183

B

八宝树　172
八宝树属　172
八角黄皮　46
巴布亚檀香　79
巴戈草　124
巴戟天　19
巴戟天属　19
白苞裸蒴　98
白蝉　8
白钩藤　40
白花苦灯笼　38
白花龙　210
白花龙船花　14
白花泡桐　136
白花蛇舌草　11
白花水八角　128
白柳　74
白马骨　35
白马骨属　35
白皮乌口树　38
白檀　216
白鲜　48
白鲜属　48
白辛树　208
白辛树属　208
白夜丁香　153
白英　166
白纸扇　22
百部　180
百部科　180
百部属　180
百可花　124
百蕊草　79
百蕊草属　79
版纳蛇根草　28
半箭叶翅子树　196
膀胱果　178
宝兴茶藨子　116
报春茜　18
报春茜属　18
抱茎龙船花　13
抱茎石龙尾　129
爆仗竹　138
爆仗竹属　138
杯腺柳　75
北极杉　128
北美刺茶藨　115
北沙柳　76
北水苦荬　141
北玄参　139
笔罗子　68
碧冬茄　161
碧冬茄属　161
鞭打绣球　128
鞭打绣球属　128
扁序重寄生　78
变黑蛇根草　28
变红蛇根草　29
变叶翅子树　196
滨海夏威夷檀香　79
滨木患　82
滨木患属　82
冰川茶藨子　115
柄果木　88
柄果木属　88
波氏吴萸　50
波叶异木患　80
伯力木　102
伯力木属　102
驳骨九节　32
薄皮木　17
薄叶山矾　213
薄叶山梅花　113
薄叶水锦树　41

薄叶新耳草 25
薄柱草 26
薄柱草属 26

C

糙叶大沙叶 31
糙叶丰花草 35
槽裂木属 31
草本威灵仙 144
草绣球 102
草绣球属 102
叉脉寄生藤 78
叉叶蓝 103
叉叶蓝属 103
茶藨子属 114
茶条木 83
茶条木属 83
长白茶藨子 115
长苞螺序草 36
长苞腺萼木 23
长柄梭罗 197
长柄异木患 80
长柄银叶树 192
长刺茶藨子 114
长隔木属 10
长梗粗叶木 15
长梗柳 75
长梗螺序草 36
长梗溲疏 106
长果秤锤树 209
长花腺萼木 23
长江溲疏 105
长节耳草 12
长毛山矾 215
长蒴母草 131
长穗腹水草 144
长筒金杯藤 162
长序茶藨子 116
长序山芝麻 190
长叶蝴蝶草 140
长叶金橘 46
长叶马府油 93
长叶瓶子草 98
长叶茜草 34
长叶溲疏 104
长叶乌口树 39
长叶鸳鸯茉莉 151
长玉叶金花 20
长柱山丹 7
长柱山丹属 6
长柱溲疏 106
常绿臭椿 145
常山 106
常山属 106
朝天椒 152
朝鲜柳 75
车桑子 84
车桑子属 84
扯根菜 111
扯根菜属 111
橙江龙船花 14
秤锤树 209
秤锤树属 209
齿瓣虎耳草 118
齿叶黄皮 47
齿叶溲疏 103
齿叶榆橘 59
赤壁木 103
赤壁木属 103
赤才 85
赤才属 85
赤杨叶 206
赤杨叶属 206
翅苹婆 197
翅苹婆属 197
翅子树 194
翅子树属 194
臭常山 57
臭常山属 57
臭椿 145
臭椿属 145
臭节草 44
臭辣吴萸 48
臭檀吴萸 48
臭味新耳草 25
川滇无患子 90
川滇野丁香 17
川黄檗 57
川陕花椒 65
垂花三白草 99
垂花蛇根草 29
垂柳 74
垂枝泡花树 67
垂枝水锦树 41
垂珠花 210
椿叶花椒 61
莼兰绣球 107
刺苞茄 164
刺齿泥花草 131
刺臭椿 146
刺果茶藨子 115
刺果藤 184
刺果藤属 184
刺花椒 61
刺壳花椒 64
刺榄属 96
刺毛母草 132
刺茉莉科 77
刺茉莉属 77
刺天茄 165
刺异叶花椒 65
粗齿梭罗 198

粗毛刺果藤　184
粗毛耳草　11
粗毛小芸木　54
粗毛玉叶金花　22
粗叶耳草　12
粗叶木　15
粗叶木属　15
粗叶水锦树　41
粗枝绣球　108
粗栀子　8
粗壮山香圆　180
簇花茶藨子　115
簇花清风藤　70
簇生椒　153

D

大百部　181
大苞蛇根草　27
大齿红丝线　158
大齿蛇根草　28
大刺茶藨子　115
大萼溲疏　103
大管　54
大果安息香　212
大果澳洲檀香　79
大果巴戟　19
大果臭椿　145
大果咖啡　5
大果茄　166
大果山香圆　180
大果蛇根草　29
大果腺萼木　24
大花胡麻草　125
大花金杯藤　163
大花曼陀罗　149
大花毛地黄　126
大花茄　171
大花山梅花　112
大花溲疏　104
大花五味子　120
大花野茉莉　210
大花鸳鸯茉莉　151
大落新妇　100
大明常山　106
大肉实树　95
大沙叶　30
大沙叶属　30
大托叶鳞花木　87
大血藤　97
大血藤科　97
大血藤属　97
大叶白纸扇　21
大叶臭花椒　64
大叶粗叶木　17
大叶钩藤　40
大叶金鸡纳　4
大叶金腰　102
大叶茜草　34
大叶山矾　215
大叶蛇根草　29
大叶石龙尾　129
大叶鼠刺　109
大叶杨　72
大叶鱼骨木　3
大叶玉叶金花　22
大籽山香圆　179
丹草　11
丹霞梧桐　188
单色蝴蝶草　140
单叶泡花树　68
单叶藤橘　57
单叶藤橘属　57
单叶吴萸　51
弹刀子草　134
蛋黄果　93
蛋黄果属　93
党参属　125
倒地铃　83
倒地铃属　83
倒挂金钩　40
倒卵叶旌节花　175
德兰士瓦红乳树　94
灯笼椒　153
地黄　138
地黄属　138
滇藏五味子　121
滇赤才　82
滇赤才属　82
滇赤杨叶　206
滇刺榄　97
滇丁香　18
滇丁香属　18
滇灰木　218
滇龙船花　15
滇龙眼　84
滇南九节　32
滇南山梅花　112
滇南山杨　73
滇南蛇根草　27
滇南新乌檀　26
滇南异木患　80
滇茜树　2
滇鼠刺　110
滇五味子　121
滇小叶葎　7
滇杨　74
颠茄　148
颠茄属　148
吊芙蓉　185
钓钟柳属　137
调料九里香　55
顶花木巴戟　19

鼎湖耳草 11
东北茶藨子 116
东北山梅花 112
东俄洛马先蒿 137
东方毛蕊花 141
东方水锦树 42
东方乌檀 25
东革阿里 146
东革阿里属 146
东陵绣球 107
东南茜草 33
冬瓜杨 73
冬青叶鼠刺 109
豆叶九里香 55
独脚金 140
独脚金属 140
短柄巴戟天 19
短柄苹婆 201
短刺虎刺 5
短萼齿木 2
短萼齿木属 2
短萼腺萼木 23
短裂玉叶金花 20
短小蛇根草 29
短序山梅花 112
短柱滇刺榄 97
对生蛇根草 29
多花大沙叶 31
多花落新妇 101
多花山矾 217
多花水锦树 41
多脉寄生藤 78
多脉玉叶金花 22
多毛茜草树 2
多毛玉叶金花 22
多香木 114
多香木属 114
多枝婆婆纳 142
朵花椒 64

E

峨眉螺序草 36
峨眉蛇根草 27
鄂西虎耳草 119
鄂西清风藤 70
鄂西玄参 139
耳草 10
耳草属 10
耳叶鸡矢藤 29
二花蝴蝶草 140

F

番龙眼 89
番龙眼属 89
番茉莉 150
番茄 159
番茄属 159
翻白叶树 195
矾根属 106
方鼎蛇根草 27
飞龙掌血 60
飞龙掌血属 60
非洲芙蓉 186
非洲芙蓉属 185
非洲苦木 147
非洲苦木属 147
芬芳安息香 212
粉红安息香 212
粉红溲疏 105
粉苹婆 201
丰花草 36
丰花草属 35
风铃辣椒 153
风箱树 4
风箱树属 4
凤庆南五味子 120
佛手 45
伏毛粗叶木 15
复羽叶栾树 86
富民枳 58
腹水草 144
腹水草属 143

G

干果木 91
干果木属 91
柑果子 57
柑果子属 57
柑橘 46
柑橘属 44
高山茶藨子 114
革叶粗叶木 17
革叶铁榄 96
沟繁缕状舌柱草 127
沟酸浆 135
沟酸浆属 135
钩藤 40
钩藤属 39
狗骨柴 6
狗骨柴属 6
枸杞 159
枸杞属 159
古巴拉贝木 59
牯岭山梅花 113
呱呱拉 89
挂金灯 161
挂苦绣球 108
冠盖藤 114
冠盖藤属 113
冠子藤 133
冠子藤属 133
管花马先蒿 137

光萼茶藨子　115
光萼大沙叶　30
光滑黄皮　47
光亮山矾　215
光山香圆　180
光叶东北茶藨子　116
光叶蝴蝶草　140
光叶山矾　215
光叶山黄皮　1
光叶山小橘　53
光叶水锦树　42
广东粗叶木　15
广东酒饼簕　43
广东螺序草　36
广东牡丽草　20
广东新耳草　25
广西火桐　187
广西九里香　55
广西乌口树　38
广西玉叶金花　22
广州蛇根草　27
鬼灯檠　117
鬼灯檠属　116
贵州花椒　64
贵州木瓜红　208
贵州泡花树　68
贵州水锦树　41
桂北螺序草　37
桂海木　9
桂海木属　9
桂火绳　186
过长沙舅属　134

H

海岸乳树　95
海滨木巴戟　19
海滨异木患　80
海南槽裂木　31
海南龙船花　14
海南苹婆　202
海南茄　169
海南染木树　34
海南山小橘　53
海南韶子　88
海南玉叶金花　22
海南栀子　8
海南紫荆木　93
海桑科　172
海桑属　172
海桐山矾　215
海桐叶白英　169
旱柳　76
旱田草　132
合蕊五味子　121
合叶耳草　10
河岸鼠刺　110
河口苹婆　204
褐叶柄果木　88
黑果薄柱草　26
黑果枸杞　159
黑老虎　119
黑三棱　173
黑三棱科　173
黑三棱属　173
黑蒴　134
黑蒴属　134
黑珍珠　88
亨氏香楠　2
红茶藨子　116
红柴枝　68
红骨草　131
红花钓钟柳　137
红花曼陀罗　149
红花五味子　121
红花玉芙蓉　128
红脉梭罗　199
红毛丹　88
红毛虎耳草　118
红毛玉叶金花　22
红皮水锦树　41
红皮栀子　6
红茄　166
红丝线　157
红丝线属　157
红芽大戟属　15
红纸扇　20
侯氏腺萼木　23
厚毛水锦树　41
厚皮灰木　215
厚叶鼠刺　109
厚叶岩白菜　101
胡黄连　138
胡黄连属　138
胡椒木　63
胡麻草　125
胡麻草属　125
胡杨　72
湖北巴戟　19
蝴蝶草属　140
蝴蝶树　193
虎刺　5
虎刺属　5
虎耳草　118
虎耳草科　100
虎耳草属　117
虎克粗叶木　16
互叶金腰　103
花椒　63
花椒簕　66
花椒属　61
花烟草　160
花柱草　206

花柱草科 206
花柱草属 206
华钩藤 40
华蔓茶藨子 115
华南吴萸 48
华山矾 213
华西茶藨子 116
华腺萼木 24
华中婆婆纳 142
华中五味子 122
怀化秤锤树 209
环江蛇根草 28
黄檗 57
黄檗属 57
黄果安息香 210
黄果龙葵 164
黄花过长沙舅 134
黄花蝴蝶草 140
黄花柳 74
黄花毛地黄 126
黄花木本曼陀罗 148
黄花蛇根草 29
黄花夜香树 153
黄茎巴戟 19
黄精叶钩吻 180
黄精叶钩吻属 180
黄梨木属 82
黄犁木 82
黄柳 75
黄脉九节 33
黄梅秤锤树 209
黄棉木 18
黄棉木属 18
黄牛奶树 215
黄皮 47
黄皮属 46
黄山溲疏 103
黄水枝 119
黄水枝属 119
黄玉叶金花 21
灰背清风藤 70
灰胡杨 72
灰叶安息香 210
喙果安息香 209
喙果刺榄 96
火把花 5
火把花属 5
火绳树 187
火绳树属 186
火索麻 191
火桐 187
火桐属 187

J

鸡冠滇丁香 18
鸡皮果 48
鸡矢藤 29
鸡矢藤属 29
鸡心梅花草 110
鸡眼藤 19
鸡爪簕 29
鸡爪簕属 29
鸡肫梅花草 111
鸡仔木 35
鸡仔木属 35
姬金鱼草 130
蕺菜 98
蕺菜属 98
寄生藤 78
寄生藤属 78
家麻树 204
假桂乌口树 38
假黄皮 47
假九节 33
假马齿苋 124
假马齿苋属 124
假苹婆 203
假山萝 85
假山萝属 85
假韶子属 89
假酸浆 160
假酸浆属 160
假烟叶树 171
尖瓣花科 174
尖瓣花属 174
尖果母草 131
尖叶花椒 65
尖叶可拉 184
尖叶螺序草 36
尖叶木 41
尖叶木属 41
尖叶清风藤 71
剑叶山芝麻 191
渐尖茶藨子 116
江南散血丹 161
角状栀子 8
睫毛粗叶木 16
截萼粗叶木 17
截萼红丝线 159
截裂翻白叶 196
金杯藤 162
金杯藤属 162
金草 10
金豆 52
金柑 52
金黄蛇根草 27
金鸡纳属 4
金剑草 33
金橘 52
金橘属 52
金毛耳草 10
金山五味子 120

金腰属　102
金叶树　91
金叶树属　91
金鱼草　123
金鱼草属　123
金枣李　91
旌节花科　174
旌节花属　174
九节　32
九节属　32
九里香　55
九里香属　55
久树　91
久树属　91
酒饼簕　43
酒饼簕属　43
矩形叶鼠刺　109
矩圆叶旌节花　175
巨盘木属　51
聚果九节　32
卷毛山矾　218
卷毛新耳草　25
绢毛山梅花　113
蕨叶罗望子　90

K

咖啡属　4
喀西茄　164
康定柳　76
珂楠树　67
科尔切斯省沽油　178
可可　204
可可属　204
可拉属　184
苦刺　164
苦木科　145
苦树　147
苦树属　147
苦天茄　168
苦玄参　138
苦玄参属　138
苦蘵　162
库兹粗叶木　16
块茎蚁巢木　24
宽叶腹水草　144
宽叶旌节花　175
宽叶母草　131
昆士兰罗望子　84
昆士兰瓶子树　183
阔叶丰花草　35
阔叶清风藤　72

L

拉拉藤　7
拉拉藤属　7
蜡莲绣球　108
辣椒　152
辣椒属　152
来江藤　125
来江藤属　125
兰考泡桐　136
兰猪耳　140
蓝花茄　158
蓝金花　136
蓝金花属　136
榄绿粗叶木　16
郎德木　33
郎德木属　33
老山蛇根草　28
老鼠矢　217
簕欓花椒　62
肋脉耳草　11
棱角山矾　218
冷饭藤　120
黎檬　45
栎叶绣球　107
荔枝　87
荔枝属　87
砾玄参　139
楝叶吴萸　48
两广梭罗　199
两面针　64
亮材巨盘木　51
亮叶可拉　185
亮叶山香圆　180
亮叶山小橘　53
疗齿草　135
疗齿草属　135
裂果金花　34
裂果金花属　34
裂叶地黄　138
林地通泉草　134
鳞花木属　87
鳞叶寄生木　78
岭罗麦　39
岭罗麦属　39
岭南臭椿　145
岭南花椒　62
流苏子　5
流苏子属　5
琉球柳　165
柳穿鱼　130
柳穿鱼属　130
柳叶旌节花　176
柳叶水锦树　41
柳叶绣球　108
柳属　74
六月雪　35
龙船花　13
龙船花属　13
龙果　95
龙葵　168

龙荔 83
龙面花 135
龙面花属 135
龙眼 83
龙眼属 83
龙州螺序草 37
龙州细子龙 81
龙珠 171
龙珠属 171
龙爪柳 76
鹿茸草属 135
禄春安息香 211
绿叶五味子 122
孪生花属 140
栾树 87
栾树属 86
卵心叶虎耳草 117
卵叶茜草 34
轮叶孪生花 140
罗浮粗叶木 15
罗蒙常山 106
螺序草 36
螺序草属 36
裸蒴 98
裸蒴属 98
裸芸香 59
裸芸香属 59
落新妇 100
落新妇属 100

M

马蜂橙 45
马来樱桃 87
马铃薯 170
马桑绣球 106
马松子 194
马松子属 194
马先蒿属 137
麦花草 124
馒头柳 76
曼陀罗 156
曼陀罗属 155
蔓九节 33
蔓柳穿鱼 126
蔓柳穿鱼属 126
毛白杨 73
毛瓣无患子 90
毛齿叶黄皮 47
毛刺花椒 61
毛大叶臭花椒 64
毛单叶吴萸 51
毛地黄 127
毛地黄属 126
毛萼野茉莉 211
毛钩藤 39
毛狗骨柴 6
毛冠水锦树 41
毛鸡矢藤 30
毛茎夜香树 154
毛九节 32
毛苦蘵 162
毛螺序草 37
毛曼陀罗 155
毛牛纠吴萸 51
毛盘山梅花 113
毛泡花树 69
毛泡桐 136
毛茄 164
毛蕊花 141
毛蕊花属 141
毛三桠苦 49
毛山小橘 53
毛麝香 122
毛麝香属 122
毛土连翘 13
毛腺萼木 23
毛叶腹水草 144
毛叶瓜楚麻 189
毛叶蝴蝶草 140
毛叶黄皮 48
毛叶小芸木 55
毛叶异木患 80
毛轴山矾 217
毛竹叶花椒 62
帽蕊木 18
帽蕊木属 18
梅花草属 110
美国省沽油 178
美果九节 32
美丽火桐 187
美丽溲疏 104
美丽通泉草 134
美丽桐 145
美丽桐属 145
美人襟属 162
美山矾 215
美洲矾根 106
美洲鸳鸯茉莉 150
美洲栀子 9
虻眼 127
虻眼属 127
勐仑翅子树 196
蒙自虎耳草 118
蒙自苹婆 202
蒙自野丁香 18
米面蓊属 78
密花山矾 215
密花梭罗树 198
密脉木 24
密脉木属 24
密毛红丝线 158
密序吴萸 49

密叶鸳鸯茉莉 151
蜜楝吴萸 49
明油子 84
膜萼茄 165
陌上菜 132
母草 131
母草属 131
牡丽草属 20
木瓜红 208
木瓜红属 208
木茎蛇根草 28
木橘 43
木橘属 43
木龙葵 170
木曼陀罗属 148

N

那坡蛇根草 28
南川梅花草 110
南方巨盘木 51
南国山矾 213
南火绳 186
南京柳 76
南岭山矾 215
南山花 32
南山花属 32
南五味子 120
南五味子属 119
南亚泡花树 67
楠藤 20
泥花草 131
拟金草 10
拟砚壳花椒 64
宁波溲疏 104
宁夏枸杞 159
柠檬 44
柠檬清风藤 71
牛白藤 11
牛筋果 146
牛筋果属 146
牛茄子 170
牛纠吴萸 51
诺斯草 15

O

欧白英 164
欧洲山梅花 112
爬岩红 143
攀茎耳草 12
攀枝钩藤 40

P

胖大海 200
胖大海属 200
泡花树 67
泡花树属 67
泡桐属 136
泡叶龙船花 14
蓬子菜 8
披针叶白铁木 61
披针叶旌节花 176
平伐清风藤 70
平滑钩藤 40
苹婆 204
苹婆属 201
瓶子草科 98
瓶子草属 98
瓶子树属 182
婆婆纳 142
婆婆纳属 141
匍茎通泉草 133
匍生沟酸浆 135
葡萄柚 46
蒲包花 125
蒲包花属 125

Q

七叶鬼灯檠 116
槭叶草 100
槭叶草属 100
杞柳 75
千里香 56
荨麻叶母草 132
茜草 34
茜草科 1
茜草属 33
茜树 2
茜树属 1
乔木茵芋 60
茄科 148
茄属 164
茄子 167
秦岭小叶杨 73
秦岭岩白菜 101
青花椒 66
清风藤 70
清风藤科 67
清风藤属 70
琼滇鸡爪簕 29
秋华柳 76
球花毛麝香 122
球花溲疏 103
曲毛日本粗叶木 16
曲轴黑三棱 173
全缘刺果藤 184
全缘叶栾树 86

R

染木树 34
染木树属 34
染色水锦树 41
人参果 168

人心果　94
日本粗叶木　16
日本金腰　102
日本米面蓊　78
日本南五味子　120
日本蛇根草　28
日本茵芋　60
日本珍珠草　128
绒果梭罗　199
绒毛番龙眼　89
绒毛苹婆　204
绒毛肉实树　95
绒舌马先蒿　137
柔毛泡花树　68
柔毛山矾　216
柔毛鸦胆子　146
肉实树　95
肉实树属　95
乳茄　166
软刚毛红丝线　158
锐尖山香圆　179
瑞丽茜树　2

S

赛木患　82
赛山梅　210
三白草　99
三白草科　98
三白草属　99
三分三　148
三色马先蒿　137
三桠苦　49
三椏苦　49
三叶藤橘　54
三叶藤橘属　54
三叶无患子　90
伞房花耳草　10
伞花木　85
伞花木属　85
散血丹属　161
沙氏鹿茸草　135
沙针　78
沙针属　78
山矾　217
山矾科　213
山矾叶九节　33
山矾属　213
山橘　52
山橘树　53
山榄　94
山榄科　91
山榄属　94
山莨菪属　148
山罗花　134
山罗花属　134
山麻风树　180
山麻树　185
山麻树属　185
山梅花　112
山梅花属　112
山茉莉属　207
山様叶泡花树　69
山石榴　3
山石榴属　3
山香圆　179
山香圆属　179
山小橘　53
山小橘属　53
山油柑　42
山油柑属　42
山芝麻　190
山芝麻属　190
珊瑚豆　169
珊瑚樱　169
上思龙船花　15
上思梭罗　199
韶子　88
韶子属　88
少花龙葵　168
少花蛇根草　29
舌岩白菜　101
舌柱草属　127
蛇根草属　26
蛇婆子　205
蛇婆子属　205
神秘果　96
神秘果属　96
省沽油　177
省沽油科　177
省沽油属　177
石丁香　26
石丁香属　26
石核木　18
石核木属　18
石虎　50
石椒草　44
石椒草属　44
石龙尾　130
石龙尾属　129
石山花椒　63
石山吴萸　48
史科巨盘木　51
疏齿红丝线　159
疏花耳草　11
疏毛短萼齿木　2
疏毛水锦树　42
鼠刺　108
鼠刺属　108
树番茄　155
树番茄属　155
栓叶安息香　212
双齿山茉莉　207

双花耳草 10
水八角属 128
水锦树 42
水锦树属 41
水苦荬 143
水茄 170
水团花 1
水团花属 1
思茅酒饼簕 43
思茅水锦树 41
四川茶藨子 116
四川沟酸浆 135
四川虎刺 5
四川旌节花 176
四川清风藤 71
四川山矾 217
四川溲疏 105
四方麻 143
四蕊三角瓣花 32
四数九里香 56
四叶葎 7
四子柳 76
松蒿 137
松蒿属 137
松江柳 76
松叶耳草 12
嵩明省沽油 178
溲疏 105
溲疏属 103
酸橙 44
酸浆 161
酸浆属 161
穗花婆婆纳 143
梭罗树 198
梭罗树属 197
梭子果 92
梭子果属 92

T

台湾翅子树 196
台湾粗叶木 16
台湾虎刺 5
台湾栾树 86
台湾苹婆 201
台湾梭罗 197
太平花 112
泰梭罗 198
坛果山矾 218
檀梨 78
檀梨属 78
檀栗属 89
檀香 79
檀香科 78
檀香属 79
桃榄属 95
藤茄 169
天葫荽金腰 102
天目地黄 138
天使花 123
天仙子 157
天仙子属 157
田林细子龙 81
甜橙 46
铁箍散 121
铁榄 95
铁榄属 95
铁线子属 94
通泉草 133
通泉草属 133
头九节 3
头九节属 3
秃叶黄檗 58
突隔梅花草 111
土连翘 13
土连翘属 13
兔儿尾苗 142
团花 26
团花龙船花 13
团花腺萼木 23
团花属 26
陀螺果 207
陀螺果属 207

W

瓦山安息香 212
弯柄刺天茄 165
弯管花 4
弯管花属 4
碗柱草 126
碗柱草属 126
网萼母草 131
微花草 134
微毛山矾 218
微毛越南山矾 214
微绒绣球 107
文冠果 91
文冠果属 91
蚊母草 142
乌口树属 38
乌柳 75
乌檀 25
乌檀属 25
无瓣海桑 172
无苞粗叶木 16
无柄新乌檀 26
无柄玉叶金花 23
无刺硬核 79
无患子 90
无患子科 80
无患子属 90
无脉鸡爪簕 29
吴茱萸 49

吴茱萸属　48
梧桐　189
梧桐科　182
梧桐属　188
五室火绳　186
五味子　120
五味子科　119
五味子属　120
五星花　31
五星花属　31

X

西藏九节　32
西藏山茉莉　207
西畴花椒　66
西南粗叶木　16
西南鬼灯檠　117
西南绣球　107
西蜀苹婆　203
西域旌节花　175
希茉莉　10
溪边九节　32
溪畔落新妇　101
锡金粗叶木　17
细齿山芝麻　190
细梗腺萼木　23
细果秤锤树　209
细花百部　181
细茎母草　132
细裂三桠苦　49
细穗腹水草　144
细叶黄皮　47
细叶母草　132
细叶水团花　1
细柱柳　75
细子龙　81
细子龙属　81
狭果秤锤树　209
狭序鸡矢藤　30
狭序泡花树　68
狭叶巴戟　19
狭叶黑三棱　173
狭叶花椒　66
狭叶花柱草　206
狭叶母草　131
狭叶泡花树　67
狭叶山矾　213
狭叶绣球　107
狭叶栀子　9
纤花耳草　12
纤细通泉草　133
纤枝野丁香　17
线叶黑三棱　173
献瑞螺序草　36
腺柄山矾　213
腺萼落新妇　101
腺萼木　23
腺萼木属　23
腺柳　75
腺毛阴行草　139
腺鼠刺　109
腺叶山矾　213
香彩雀　123
香彩雀属　123
香茶藨子　116
香橙　44
香港大沙叶　31
香果树　7
香果树属　7
香榄　94
香榄属　94
香皮树　68
香苹婆　202
香肉果　44
香肉果属　44
香橼　45
响叶杨　72
小果草　135
小果草属　135
小黑三棱　173
小花草属　134
小花粗叶木　17
小花花椒　64
小花清风藤　71
小花山小橘　53
小花鼠刺　110
小花水锦树　41
小花溲疏　104
小黄皮　47
小粒咖啡　4
小龙口花　130
小米草　127
小米草属　127
小婆婆纳　143
小酸浆　162
小头凉喉茶　10
小仙丹花　15
小牙草　5
小牙草属　5
小叶白辛树　208
小叶柳　75
小叶肉实树　95
小叶杨　73
小叶猪殃殃　8
小尤第木　51
小尤第木属　51
小芸木　54
小芸木属　54
楔瓣花　174
斜基粗叶木　17
心叶木　10
心叶木属　10

心叶蛇根草 27
新耳草 25
新耳草属 25
新乌檀 26
新乌檀属 26
兴山五味子 121
星毛冠盖藤 113
星萍果 91
星茄藤 166
绣球 107
绣球茜草 6
绣球茜属 6
绣球属 106
绣球钻地风 119
锈毛金腰 102
锈毛山小橘 53
锈毛梭子果 92
须弥茜树 12
须弥茜树属 12
玄参 139
玄参科 122
玄参属 139
旋花茄 170

Y

鸦胆子 146
鸦胆子属 146
崖州乌口树 38
烟草 160
烟草属 160
岩白菜 101
岩白菜属 101
岩白翠 133
砚壳花椒 63
雁婆麻 190
羊乳 125
阳春鼠刺 110
杨柳科 72
杨叶瓶子树 183
杨属 72
洋红龙船花 13
洋金花 155
药用婆婆纳 142
野地钟萼草 131
野丁香 17
野丁香属 17
野甘草 139
野甘草属 139
野胡麻 127
野胡麻属 127
野花椒 66
野茉莉 211
野茄 164
野生咖啡 5
野苏子 137
野鸦椿 177
野鸦椿属 177
叶萼山矾 216
夜香树 154
夜香树属 153
宜昌橙 44
宜章山矾 218
蚁巢木属 24
蚁寨 12
蚁寨属 12
椅杨 74
异木患 81
异木患属 80
异色来江藤 125
异色泡花树 68
异色瓶子树 183
异色溲疏 103
异形南五味子 119
异叶花椒 65
异叶帽蕊木 18
异叶石龙尾 129
翼梗五味子 121
翼叶九里香 55
阴行草 139
阴行草属 139
茵芋 60
茵芋属 60
银白杨 72
银柳 74
银色山矾 217
银叶安息香 210
银叶树 192
银叶树属 192
银钟花 206
银钟花属 206
印度羊角藤 20
婴泪草属 128
瘿椒树 178
瘿椒树属 178
硬核 79
硬核属 79
硬毛山香圆 179
硬叶柳 76
柚 45
有柄水苦荬 141
有翅蛇根草 26
有梗石龙尾 129
鱼骨木 3
鱼骨木属 3
榆橘 59
榆橘属 59
羽叶鬼灯擎 116
羽叶省沽油 178
玉芙蓉属 128
玉铃花 212
玉叶金花 22
玉叶金花属 20

鸳鸯茉莉　151
鸳鸯茉莉属　150
圆叶母草　132
圆叶桉罗树　198
圆锥绣球　107
月桂茵芋　60
粤柳　76
粤西绣球　107
越南安息香　212
越南刺榄　96
越南密脉木　24
越南山矾　214
越南山香圆　179
云广粗叶木　16
云南百部　181
云南翅子树　196
云南钩藤　41
云南狗骨柴　6
云南枸杞　159
云南黑三棱　174
云南黄栀子　9
云南假韶子　89
云南旌节花　176
云南九节　33
云南柳　75
云南泡花树　69
云南清风藤　71
云南山梅花　112
云南檀栗　89
云南梧桐　188
云南异木患　80
云南瘿椒树　178
芸香　59
芸香科　42
芸香属　59

Z

藏川杨　73
藏药木　13
藏药木属　13
早落通泉草　133
泽八绣球　108
窄叶半枫荷　195
粘毛螺序草　37
粘毛母草　132
粘毛山芝麻　192
展枝玉叶金花　20
掌叶木　85
掌叶木属　85
鹧鸪麻　194
鹧鸪麻属　194
针叶树　77
正鸡纳树　4
栀子　8
栀子属　8
直刺藤橘　57
直立百部　181
直立婆婆纳　141
直立石龙尾　129
枳　58
枳属　58
智利喇叭花　162
智利夜来香　155
中国旌节花　174
中国苦树　147
中国绣球　107
中华安息香　210
中华红丝线　158
中华金腰　103
中华蛇根草　27
中华石龙尾　129
中粒咖啡　5
中泰南五味子　119
中亚天仙子　157
钟萼草　130
钟萼草属　130
钟萼粗叶木　17
重瓣大溪地栀子花　9
重瓣五味子　121
重寄生属　78
皱叶安息香　212
骤尖叶旌节花　174
珠仔树　216
猪肚木　3
猪殃殃　7
蛛网萼　114
蛛网萼属　114
竹叶花椒　62
柱筒枸杞　159
准噶尔柳　76
准噶尔毛蕊花　141
紫斑蝴蝶草　140
紫参　34
紫萼蝴蝶草　141
紫花柳穿鱼　130
紫花曼陀罗　156
紫花溲疏　105
紫花新耳草　25
紫荆木　93
紫荆木属　93
紫柳　77
紫瓶子草　98
紫苏草　129
总花来江藤　125
总状山矾　213
钻地风　119
钻地风属　119
钻天柳　72
钻天柳属　72
钻天杨　72

拉丁名索引

A

Aceriphyllum 100
Aceriphyllum rossii 100
Acronychia 42
Acronychia pedunculata 42
Adenosma 122
Adenosma glutinosum 122
Adenosma indianum 122
Adenosma retusilobum 123
Adina 1
Adina pilulifera 1
Adina rubella 1
Aegle 43
Aegle marmelos 43
Aidia 1
Aidia canthioides 1
Aidia cochinchinensis 2
Aidia henryi 2
Aidia pycnantha 2
Aidia shweliensis 2
Aidia yunnanensis 2
Ailanthus 145
Ailanthus altissima var. sutchuenensis 145
Ailanthus altissima 145
Ailanthus fordii 145
Ailanthus triphysa 145
Ailanthus vilmoriniana 146
Allophylus 80
Allophylus caudatus 80
Allophylus cobbe var. velutinus 80
Allophylus hirsutus 80
Allophylus longipes 80
Allophylus timorensis 80
Allophylus trichophyllus 80
Allophylus viridis 81
Alniphyllum 206
Alniphyllum eberhardtii 206
Alniphyllum fortunei 206
Ambroma 182
Ambroma augusta 182
Amesiodendron 81
Amesiodendron chinense 81
Amesiodendron integrifoliolatum 81
Amesiodendron tienlinense 81
Angelonia 123
Angelonia gardneri 123
Angelonia salicariifolia 123
Anisodus 148
Anisodus acutangulus 148
Antirrhinum 123
Antirrhinum majus 123
Aphania 82
Aphania oligophylla 82
Aphania rubra 82
Arytera 82
Arytera littoralis 82
Astilbe 100
Astilbe chinensis 100
Astilbe grandis 100
Astilbe rivularis var. myriantha 101
Astilbe rivularis 101
Astilbe rubra 101
Atalantia 43
Atalantia buxifolia 43
Atalantia henryi 43
Atalantia kwangtungensis 43
Atropa 148
Atropa belladonna 148
Azima 77
Azima tetracantha 77

B

Bacopa 124
Bacopa caroliniana 124
Bacopa diffusus 124
Bacopa floribunda 124
Bacopa monnieri 124
Bergenia 101
Bergenia crassifolia 101
Bergenia pacumbis 101
Bergenia purpurascens 101
Bergenia scopulosa 101
Boenninghausenia 44
Boenninghausenia albiflora 44
Boenninghausenia sessilicarpa 44
Boniodendron 82
Boniodendron minus 82
Brachychiton 182
Brachychiton acerifolius 182
Brachychiton australis 183
Brachychiton discolor 183
Brachychiton populneus 183
Brachychiton rupestris 183

Brachytome 2
Brachytome hirtellata var. glabrescens 2
Brachytome wallichii 2
Brandisia 125
Brandisia discolor 125
Brandisia hancei 125
Brandisia racemosa 125
Brexia 102
Brexia madagascariensis 102
Brucea 146
Brucea javanica 146
Brucea mollis 146
Brugmansia 148
Brugmansia aurea 148
Brugmansia sanguinea 149
Brugmansia suaveolens 149
Brugmansia versicolor 150
Brunfelsia 150
Brunfelsia americana 150
Brunfelsia australis 150
Brunfelsia brasiliensis 151
Brunfelsia densifolia 151
Brunfelsia latifolia 151
Brunfelsia pauciflora 151
Buckleya 78
Buckleya lanceolata 78
Byttneria 184
Byttneria aspera 184
Byttneria integrifolia 184
Byttneria pilosa 184

C

Calccolaria 125
Calccolaria crenatiflora 125
Canthium 3
Canthium dicoccum 3
Canthium horridum 3
Canthium simile 3
Capsicum 152
Capsicum annuum 152
Capsicum annuum var. conoides 152
Capsicum annuum var. fasciculatum 153
Capsicum annuum var. grossum 153
Capsicum baccatum 153
Cardiandra 102
Cardiandra moellendorffii 102
Cardiospermum 83
Cardiospermum halicacabum 83
Casimiroa 44
Casimiroa edulis 44
Catunaregam 3
Catunaregam spinosa 3
Centranthera 125
Centranthera cochinchinensis 125
Centranthera grandiflora 125
Centranthera tranquebarica 125
Cephaelis 3
Cephaelis laui 3
Cephalanthus 4
Cephalanthus tetrandrus 4
Cestrum 153
Cestrum aurantiacum 153
Cestrum diurnum 153
Cestrum elegans 154
Cestrum nocturnum 154
Cestrum parqui 155
Chassalia 4
Chassalia curviflora 4
Chosenia 72
Chosenia arbutifolia 72
Chrysophyllum 91
Chrysophyllum cainito 91
Chrysophyllum lanceolatum var. stellatocarpon 91
Chrysophyllum oliviforme 91
Chrysosplenium 102
Chrysosplenium davidianum 102
Chrysosplenium hydrocotylifolium 102
Chrysosplenium japonicum 102
Chrysosplenium macrophyllum 102
Chrysosplenium serreanum 103
Chrysosplenium sinicum 103
Cinchona 4
Cinchona officinalis 4
Cinchona pubescens 4
Citrus aurantium 44
Citrus 44
Citrus ichangensis 44
Citrus junos 44
Citrus limon 44
Citrus limonia 45
Citrus macroptera var. kerrii 45
Citrus maxima 45
Citrus medica 45
Citrus medica var. sarcodactylis 45
Citrus paradisi 46
Citrus reticulata 46
Citrus sinensis 46
Citrus swinglei 46
Clausena 46
Clausena anisata 46
Clausena anisum-olens 47
Clausena dunniana 47
Clausena dunniana var. robusta 47
Clausena emarginata 47
Clausena excavata 47
Clausena lansium 47
Clausena lenis 47
Clausena sanki 48
Clausena vestita 48
Codonopsis 125
Codonopsis lanceolata 125
Coffea 4

Coffea arabica 4
Coffea canephora 5
Coffea liberica 5
Coffea mauritiana 5
Cola 184
Cola acuminata 184
Cola nitida 185
Colquhounia 5
Colquhounia coccinea var. mollis 5
Commersonia 185
Commersonia bartramia 185
Coptosapelta 5
Coptosapelta diffusa 5
Craterostigma 126
Craterostigma plantagineum 126
Craterostigma pumilum 126
Croomia 180
Croomia japonica 180
Cymbalaria 126
Cymbalaria muralis 126
Cyphomandra 155
Cyphomandra betacea 155

D

Damnacanthus 5
Damnacanthus angustifolius 5
Damnacanthus giganteus 5
Damnacanthus indicus 5
Damnacanthus officinarum 5
Datura 155
Datura innoxia 155
Datura metel 155
Datura stramonium 156
Datura stramonium var. tatula 156
Decumaria 103
Decumaria sinensis 103
Deinanthe 103
Deinanthe caerulea 103
Delavaya 83
Delavaya toxocarpa 83
Dendrotrophe frutescens 78
Dendrotrophe frutescens var. subquinquenervia 78
Dendrotrophe 78
Dendrotrophe polyneura 78
Dentella 5
Dentella repens 5
Deutzia 103
Deutzia calycosa 103
Deutzia crenata 103
Deutzia discolor 103
Deutzia glauca 103
Deutzia glomeruliflora 103
Deutzia grandiflora 104
Deutzia longifolia 104
Deutzia ningpoensis 104
Deutzia parviflora 104
Deutzia pulchra 104
Deutzia purpurascens 105
Deutzia rubens 105
Deutzia scabra 105
Deutzia schneideriana 105
Deutzia setchuenensis 105
Deutzia staminea 106
Deutzia vilmorinae 106
Dichroa 106
Dichroa daimingshanensis 106
Dichroa febrifuga 106
Dichroa yaoshanensis 106
Dictamnus 48
Dictamnus dasycarpus 48
Digitalis 126
Digitalis grandiflora 126
Digitalis lutea 126
Digitalis purpurea 127
Dimocarpus 83
Dimocarpus confinis 83
Dimocarpus longan 83
Dimocarpus yunnanensis 84
Dioecrescis 6
Dioecrescis erythroclada 6
Diploglottis 84
Diploglottis bracteata 84
Diplospora 6
Diplospora dubia 6
Diplospora fruticosa 6
Diplospora mollissima 6
Dodartia 127
Dodartia orientalis 127
Dodonaea 84
Dodonaea viscosa 84
Dodonaea viscosa ssp. angustifolia 84
Dombeya 185
Dombeya burgessiae 185
Dombeya wallichii 186
Dopatrium 127
Dopatrium junceum 127
Duabanga 172
Duabanga grandiflora 172
Dunnia 6
Dunnia sinensis 6
Duperrea 6
Duperrea pavettaefolia 6

E

Eberhardtia 92
Eberhardtia aurata 92
Eberhardtia tonkinensis 92
Emmenopterys 7
Emmenopterys henryi 7
Erioglossum 85
Erioglossum rubiginosum 85
Eriolaena 186

Eriolaena candollei 186
Eriolaena kwangsiensis 186
Eriolaena quinquelocularis 186
Eriolaena spectabilis 187
Erythropsis 187
Erythropsis colorata 187
Erythropsis kwangsiensis 187
Erythropsis pulcherrima 187
Euphrasia 127
Euphrasia pectinata 127
Eurycoma 146
Eurycoma longifolia 146
Eurycorymbus 85
Eurycorymbus cavaleriei 85
Euscaphis 177
Euscaphis japonica 177
Evodia 48
Evodia austrosinensis 48
Evodia calcicola 48
Evodia daniellii 48
Evodia fargesii 48
Evodia glabrifolia 48
Evodia henryi 49
Evodia lenticellata 49
Evodia lepta 49
Evodia lepta var. cambodiana 49
Evodia ridleyi 49
Evodia rutaecarpa 49
Evodia rutaecarpa var. bodinieri 50
Evodia rutaecarpa var. officinalis 50
Evodia simplicifolia 51
Evodia simplicifolia var. pubescens 51
Evodia trichotoma 51
Evodia trichotoma var. pubescens 51
Evodiella 51
Evodiella muelleri 51

F

Firmiana 188
Firmiana danxiaensis 188
Firmiana major 188
Firmiana platanifolia 189
Flindersia 51
Flindersia australis 51
Flindersia brayleyana 51
Flindersia schottiana 51
Fortunella 52
Fortunella hindsii 52
Fortunella japonica 52
Fortunella margarita 52
Fortunella venosa 52

G

Galium 7
Galium aparine var. echinospermum 7
Galium aparine var. tenerum 7
Galium asperifolium var. verrucifructum 7
Galium bungei 7
Galium trifidum 8
Galium verum 8
Gardenia 8
Gardenia cornuta 8
Gardenia hainanensis 8
Gardenia jasminoides 8
Gardenia jasminoides var. fortunian 8
Gardenia scabrella 8
Gardenia sootepensis 9
Gardenia stenophylla 9
Gardenia taitensis 9
Genipa 9
Genipa americana 9
Geophila 9
Geophila herbacea 9
Glossostigma 127
Glossostigma elatinoides 127
Glycosmis 53
Glycosmis cochinchinensis 53
Glycosmis craibii 53
Glycosmis craibii var. glabra 53
Glycosmis esquirolii 53
Glycosmis lucida 53
Glycosmis montana 53
Glycosmis parviflora 53
Glycosmis pentaphylla 53
Gratiola 128
Gratiola japonica 128
Guazuma 189
Guazuma ulmifolia 189
Guihaiothamnus 9
Guihaiothamnus acaulis 9
Gymnotheca 98
Gymnotheca chinensis 98
Gymnotheca involucrata 98

H

Haldina 10
Haldina cordifolia 10
Halesia 206
Halesia macgregorii 206
Hamelia 10
Hamelia patens 10
Handeliodendron 85
Handeliodendron bodinieri 85
Harpullia 85
Harpullia cupanioides 85
Harrisonia 146
Harrisonia perforata 146
Hedyotis 10
Hedyotis acutangula 10
Hedyotis auricularia 10
Hedyotis biflora 10

Hedyotis capitellata 10
Hedyotis chrysotricha 10
Hedyotis consanguinea 10
Hedyotis coronaria 10
Hedyotis corymbosa 10
Hedyotis costata 11
Hedyotis diffusa 11
Hedyotis effusa 11
Hedyotis hedyotidea 11
Hedyotis herbacea 11
Hedyotis matthewii 11
Hedyotis mellii 11
Hedyotis ovatifolia 11
Hedyotis pinifolia 12
Hedyotis scandens 12
Hedyotis tenelliflora 12
Hedyotis uncinella 12
Hedyotis verticillata 12
Helicteres 190
Helicteres angustifolia 190
Helicteres elongata 190
Helicteres glabriuscula 190
Helicteres hirsuta 190
Helicteres isora 191
Helicteres lanceolata 191
Helicteres viscida 192
Hemianthus 128
Hemianthus micranthemoides 128
Hemiphragma 128
Hemiphragma heterophyllum 128
Heritiera 192
Heritiera angustata 192
Heritiera littoralis 192
Heritiera parvifolia 193
Heuchera 106
Heuchera americana 106
Himalrandia 12
Himalrandia lichiangensis 12
Houttuynia 98
Houttuynia cordata 98
Huodendron 207
Huodendron biaristatum 207
Huodendron tibeticum 207
Hydnophytum 12
Hydnophytum formicarum 12
Hydrangea 106
Hydrangea aspera 106
Hydrangea bretschneideri 107
Hydrangea chinensis 107
Hydrangea davidii 107
Hydrangea heteromalla 107
Hydrangea kwangsiensis 107
Hydrangea lingii 107
Hydrangea longipes 107
Hydrangea macrophylla 107
Hydrangea paniculata 107
Hydrangea quercifolia 107
Hydrangea robusta 108
Hydrangea serrata f. acuminata 108
Hydrangea stenophylla 108
Hydrangea strigosa 108
Hydrangea xanthoneura 108
Hydrotriche 128
Hydrotriche hottoniiflora 128
Hymenodictyon 13
Hymenodictyon flaccidum 13
Hymenodictyon orixense 13
Hyoscyamus 157
Hyoscyamus niger 157
Hyoscyamus pusillus 157
Hyptianthera 13
Hyptianthera stricta 13

I

Itea 108
Itea chinensis 108
Itea coriacea 109
Itea glutinosa 109
Itea ilicifolia 109
Itea macrophylla 109
Itea oblonga 109
Itea parviflora 110
Itea riparia 110
Itea yangchunensis 110
Itea yunnanensis 110
Ixora 13
Ixora amplexicaulis 13
Ixora casei 13
Ixora cephalophora 13
Ixora chinensis 13
Ixora coccinea 14
Ixora hainanensis 14
Ixora henryi 14
Ixora nienkui 14
Ixora pavetta 15
Ixora tsangii 15
Ixora yunnanensis 15

K

Kadsura 119
Kadsura ananosma 119
Kadsura coccinea 119
Kadsura heteroclita 119
Kadsura interior 120
Kadsura japonica 120
Kadsura longipedunculata 120
Kadsura oblongifolia 120
Kleinhovia 194
Kleinhovia hospita 194
Knoxia 15
Knoxia corymbosa 15
Koelreuteria 86

Koelreuteria bipinnata 86
Koelreuteria bipinnata var. integrifoliola 86
Koelreuteria elegans 86
Koelreuteria paniculata 87

L

Lasianthus 15
Lasianthus appressihirtus 15
Lasianthus chinensis 15
Lasianthus curtisii 15
Lasianthus filipes 15
Lasianthus fordii 15
Lasianthus formosensis 16
Lasianthus henryi 16
Lasianthus hookeri 16
Lasianthus hookeri var. dunniana 16
Lasianthus japonicus 16
Lasianthus japonicus var. lancilimbus 16
Lasianthus japonicus var. satsumensis 16
Lasianthus kurzii 16
Lasianthus longicaudus 16
Lasianthus lucidus 16
Lasianthus micranthus 17
Lasianthus obliquinervis 17
Lasianthus sikkimensis 17
Lasianthus tenuicaudatus 17
Lasianthus trichophlebus 17
Lasianthus tubiferus 17
Lasianthus wallichii 17
Lepisanthes 87
Lepisanthes alata 87
Lepisanthes fruticosa 87
Leptodermis 17
Leptodermis oblonga 17
Leptodermis pilosa 17
Leptodermis potanini 17
Leptodermis schneideri 17
Leptodermis tomentella 18
Leptomischus 18
Leptomischus primuloides 18
Leucophyllum 128
Leucophyllum frutescens 128
Limnophila 129
Limnophila aromatica 129
Limnophila chinensis 129
Limnophila connata 129
Limnophila erecta 129
Limnophila heterophylla 129
Limnophila indica 129
Limnophila rugosa 129
Limnophila sessiliflora 130
Linaria 130
Linaria bipartita 130
Linaria bungei 130
Linaria maroccana 130
Linaria vulgaris 130
Lindenbergia 130
Lindenbergia philippensis 130
Lindenbergia ruderalis 131
Lindernia 131
Lindernia anagallis 131
Lindernia angustifolia 131
Lindernia antipoda 131
Lindernia ciliata 131
Lindernia crustacea 131
Lindernia dictyophora 131
Lindernia hyssopioides 131
Lindernia montana 131
Lindernia nummulariifolia 131
Lindernia procumbens 132
Lindernia pusilla 132
Lindernia rotundifolia 132
Lindernia ruellioides 132
Lindernia setulosa 132
Lindernia tenuifolia 132
Lindernia urticifolia 132
Lindernia viscosa 132
Litchi 87
Litchi chinensis 87
Litosanthes 18
Litosanthes biflora 18
Lophospermum 133
Lophospermum erubescens 133
Luculia 18
Luculia pinceana 18
Luculia yunnanensis 18
Lucuma 93
Lucuma nervosa 93
Luvunga 54
Luvunga scandens 54
Lycianthes 157
Lycianthes biflora 157
Lycianthes biflora var. subtusochracea 158
Lycianthes lysimachioides var. sinensis 158
Lycianthes macrodon 158
Lycianthes macrodon var. mollitersetosa 158
Lycianthes rantonnetii 158
Lycianthes subtruncata 159
Lycianthes subtruncata var. remotidens 159
Lycium 159
Lycium barbarum 159
Lycium chinense 159
Lycium cylindricum 159
Lycium ruthenicum 159
Lycium yunnanense 159
Lycopersicon 159
Lycopersicon esculentum 159

M

Madhuca 93
Madhuca hainanensis 93
Madhuca longifolia 93

Madhuca pasquieri 93
Majidea 88
Majidea zanguebarica 88
Manilkara 94
Manilkara zapota 94
Mazus 133
Mazus caducifer 133
Mazus gracilis 133
Mazus japonicus 133
Mazus miquelii 133
Mazus omeiensis 133
Mazus pulchellus 134
Mazus saltuarius 134
Mazus stachydifolius 134
Mecardonia 134
Mecardonia procumbens 134
Melampyrum 134
Melampyrum roseum 134
Melasma 134
Melasma arvense 134
Meliosma 67
Meliosma angustifolia 67
Meliosma arnottiana 67
Meliosma beaniana 67
Meliosma cuneifolia 67
Meliosma flexuosa 67
Meliosma fordii 68
Meliosma henryi 68
Meliosma myriantha var. discolor 68
Meliosma myriantha var. pilosa 68
Meliosma oldhamii 68
Meliosma paupera 68
Meliosma rigida 68
Meliosma simplicifolia 68
Meliosma thorelii 69
Meliosma velutina 69
Meliosma yunnanensis 69
Melliodendron 207
Melliodendron xylocarpum 207
Melochia 194
Melochia corchorifolia 194
Metadina 18
Metadina trichotoma 18
Micranthemum 134
Micranthemum umbrosum 134
Microcarpaea 135
Microcarpaea minima 135
Micromelum falcatum 54
Micromelum 54
Micromelum hirsutum 54
Micromelum integerrimum 54
Micromelum integerrimum var. mollissimum 55
Mimulus 135
Mimulus bodinieri 135
Mimulus szechuanensis 135
Mimulus tenellus 135
Mimusops 94
Mimusops elengi 94
Mimusops zeyheri 94
Mischocarpus 88
Mischocarpus pentapetalus 88
Mischocarpus sundaicus 88
Mitragyna 18
Mitragyna diversifolia 18
Mitragyna rotundifolia 18
Monochasma 135
Monochasma savatieri 135
Morinda 19
Morinda angustifolia 19
Morinda brevipes 19
Morinda citrifolia 19
Morinda cochinchinensis 19
Morinda hupehensis 19
Morinda leiantha 19
Morinda lucida 19
Morinda officinalis 19
Morinda parvifolia 19
Morinda umbellata 20
Mouretia 20
Mouretia guangdongensis 20
Murraya 55
Murraya alata 55
Murraya euchrestifolia 55
Murraya exotica 55
Murraya koenigii 55
Murraya kwangsiensis 55
Murraya paniculata 56
Murraya tetramera 56
Mussaenda 20
Mussaenda breviloba 20
Mussaenda divaricata 20
Mussaenda elongata 20
Mussaenda erosa 20
Mussaenda erythrophylla 20
Mussaenda esquirolii 21
Mussaenda flava 21
Mussaenda hainanensis 22
Mussaenda hirsutula 22
Mussaenda hossei 22
Mussaenda kwangsiensis 22
Mussaenda macrophylla 22
Mussaenda mollissima 22
Mussaenda multinervis 22
Mussaenda philippica 22
Mussaenda pubescens 22
Mussaenda sessilifolia 23
Mycetia 23
Mycetia bracteata 23
Mycetia brevisepala 23
Mycetia congestiflora 23
Mycetia glandulosa 23
Mycetia gracilis 23

Mycetia hirta 23
Mycetia longiflora 23
Mycetia longiflora f. howii 23
Mycetia macrocarpa 24
Mycetia sinensis 24
Myrioneuron 24
Myrioneuron faberi 24
Myrioneuron tonkinensis 24
Myrmecodia 24
Myrmecodia tuberosa 24

N

Naringi 57
Naringi crenulata 57
Nauclea 25
Nauclea officinalis 25
Nauclea orientalis 25
Neanotis 25
Neanotis boerhaavioides 25
Neanotis calycina 25
Neanotis hirsuta 25
Neanotis ingrata 25
Neanotis kwangtungensis 25
Neanotis thwaitesiana 25
Nemesia 135
Nemesia strumosa 135
Neohymenopogon 26
Neohymenopogon parasiticus 26
Neolamarckia 26
Neolamarckia cadamba 26
Neonauclea 26
Neonauclea griffithii 26
Neonauclea sessilifolia 26
Neonauclea tsaiana 26
Nephelium 88
Nephelium chryseum 88
Nephelium lappaceum 88
Nephelium topengii 88
Nertera 26
Nertera nigricarpa 26
Nertera sinensis 26
Nicandra 160
Nicandra physalodes 160
Nicotiana 160
Nicotiana alata 160
Nicotiana tabacum 160

O

Odontites 135
Odontites serotina 135
Ophiorrhiza 26
Ophiorrhiza alata 26
Ophiorrhiza aureolina 27
Ophiorrhiza austroyunnanensis 27
Ophiorrhiza cantoniensis 27
Ophiorrhiza chinensis 27
Ophiorrhiza chinensis f. emeiensis 27
Ophiorrhiza cordata 27
Ophiorrhiza fangdingii 27
Ophiorrhiza grandibracteolata 27
Ophiorrhiza hispidula 28
Ophiorrhiza huanjiangensis 28
Ophiorrhiza japonica 28
Ophiorrhiza laoshanica 28
Ophiorrhiza lignosa 28
Ophiorrhiza macrodonta 28
Ophiorrhiza napoensis 28
Ophiorrhiza nigricans 28
Ophiorrhiza nutans 29
Ophiorrhiza ochroleuca 29
Ophiorrhiza oppositiflora 29
Ophiorrhiza pauciflora 29
Ophiorrhiza pumila 29
Ophiorrhiza repandicalyx 29
Ophiorrhiza subrubescens 29
Ophiorrhiza wallichii 29
Orixa 57
Orixa japonica 57
Osa 29
Osa pulchra 29
Osyris 78
Osyris wightiana 78
Otacanthus 136
Otacanthus azureus 136
Oxyceros 29
Oxyceros evenosa 29
Oxyceros griffithii 29
Oxyceros sinensis 29

P

Paederia 29
Paederia cavaleriei 29
Paederia scandens 29
Paederia scandens var. tomentosa 30
Paederia stenobotrya 30
Paramignya 57
Paramignya confertifolia 57
Paramignya rectispina 57
Paranephelium 89
Paranephelium hystrix 89
Parnassia 110
Parnassia amoena 110
Parnassia crassifolia 110
Parnassia delavayi 111
Parnassia wightiana 111
Paullinia 89
Paullinia cupana 89
Paulownia 136
Paulownia elongata 136
Paulownia fortunei 136
Paulownia tomentosa 136
Pavetta 30

Pavetta arenosa f. glabrituba 30
Pavetta arenosa 30
Pavetta hongkongensis 31
Pavetta polyantha 31
Pavetta scabrifolia 31
Pavieasia 89
Pavieasia yunnanensis 89
Pedicularis 137
Pedicularis grandiflora 137
Pedicularis lachnoglossa 137
Pedicularis siphonantha 137
Pedicularis tongolensis 137
Pedicularis tricolor 137
Penstemon 137
Penstemon barbatus 137
Pentas 31
Pentas lanceolata 31
Penthorum 111
Penthorum chinense 111
Pertusadina 31
Pertusadina hainanensis 31
Petunia 161
Petunia hybrida 161
Phacellaria 78
Phacellaria compressa 78
Phacellaria rigidula 78
Phellodendron 57
Phellodendron amurense 57
Phellodendron chinense 57
Phellodendron chinense var. glabriusculum 58
Philadelphus 112
Philadelphus brachybotrys 112
Philadelphus coronarius 112
Philadelphus delavayi 112
Philadelphus henryi 112
Philadelphus incanus 112
Philadelphus inodorus 112
Philadelphus pekinensis 112
Philadelphus schrenkii 112
Philadelphus schrenkii var. mandshuricus 113
Philadelphus sericanthus 113
Philadelphus sericanthus var. kulingensis 113
Philadelphus tenuifolius 113
Phtheirospermum 137
Phtheirospermum japonicum 137
Physaliastrum 161
Physaliastrum heterophyllum 161
Physalis 161
Physalis alkekengi 161
Physalis alkekengi var. franchetii 161
Physalis angulata 162
Physalis angulata var. villosa 162
Physalis minima 162
Picramnia 147
Picramnia pentandra 147
Picrasma 147
Picrasma chinensis 147
Picrasma quassioides 147
Picria 138
Picria felterrae 138
Picrorhiza 138
Picrorhiza scrophulariiflora 138
Pileostegia 113
Pileostegia tomentella 113
Pileostegia viburnoides 114
Planchonella 94
Planchonella obovata 94
Platycrater 114
Platycrater arguta 114
Polyosma 114
Polyosma cambodiana 114
Pometia 89
Pometia pinnata 89
Pometia tomentosa 89
Poncirus 58
Poncirus polyandra 58
Poncirus trifoliata 58
Populus 72
Populus adenopoda 72
Populus alba 72
Populus euphratica 72
Populus lasiocarpa 72
Populus nigra var. italica 72
Populus pruinosa 72
Populus purdomii 73
Populus rotundifolia var. bonati 73
Populus simonii 73
Populus simonii var. tsinlingensis 73
Populus szechuanica var. tibetica 73
Populus tomentosa 73
Populus wilsonii 74
Populus yunnanensis 74
Pouteria 95
Pouteria grandifolia 95
Prismatomeris 32
Prismatomeris connata 32
Prismatomeris tetrandra 32
Psilopeganum 59
Psilopeganum sinense 59
Psychotria 32
Psychotria calocarpa 32
Psychotria erratica 32
Psychotria fluviatilis 32
Psychotria henryi 32
Psychotria kirkii 32
Psychotria morindoides 32
Psychotria pilifera 32
Psychotria prainii 32
Psychotria rubra 32
Psychotria serpens 33
Psychotria straminea 33
Psychotria symplocifolia 33

Psychotria tutcheri 33
Psychotria yunnanensis 33
Ptelea 59
Ptelea serrata 59
Ptelea trifoliata 59
Pterospermum 194
Pterospermum acerifolium 194
Pterospermum heterophyllum 195
Pterospermum lanceaefolium 195
Pterospermum menglunense 196
Pterospermum niveum 196
Pterospermum proteus 196
Pterospermum semisagittafolium 196
Pterospermum truncatolobatum 196
Pterospermum yunnanense 196
Pterostyrax 208
Pterostyrax corymbosus 208
Pterostyrax psilophyllus 208
Pterygota 197
Pterygota alata 197
Pyrularia 78
Pyrularia edulis 78

R

Ravenia 59
Ravenia spectabilis 59
Reevesia 197
Reevesia formosana 197
Reevesia longipetiolata 197
Reevesia orbicularifolia 198
Reevesia pubescens 198
Reevesia pubescens var. siamensis 198
Reevesia pycnantha 198
Reevesia rotundifolia 198
Reevesia rubronervia 199
Reevesia shangszeensis 199
Reevesia thyrsoidea 199
Reevesia tomentosa 199
Rehderodendron 208
Rehderodendron kweichowense 208
Rehderodendron macrocarpum 208
Rehmannia 138
Rehmannia chingii 138
Rehmannia glutinosa 138
Rehmannia piasezkii 138
Ribes 114
Ribes alpestre 114
Ribes alpestre var. giganteum 114
Ribes alpinum 114
Ribes burejense 115
Ribes cynosbati 115
Ribes fasciculatum 115
Ribes fasciculatum var. chinense 115
Ribes glabricalycinum 115
Ribes glaciale 115
Ribes komarovii 115
Ribes longiracemosum 116
Ribes mandshuricum 116
Ribes mandshuricum var. subglabrum 116
Ribes maximowiczii 116
Ribes moupinense 116
Ribes odoratum 116
Ribes rubrum 116
Ribes setchuense 116
Ribes takare 116
Rodgersia 116
Rodgersia aesculifolia 116
Rodgersia pinnata 116
Rodgersia podophylla 117
Rodgersia sambucifolia 117
Rondeletia 33
Rondeletia odorata 33
Rubia 33
Rubia alata 33
Rubia argyi 33
Rubia cordifolia 34
Rubia dolichophylla 34
Rubia ovatifolia 34
Rubia schumanniana 34
Rubia yunnanensis 34
Rubiaceae 1
Russelia 138
Russelia equisetiformis 138
Ruta 59
Ruta graveolens 59

S

Sabia campanulata ssp. ritchieae 70
Sabia 70
Sabia dielsii 70
Sabia discolor 70
Sabia emarginata 70
Sabia fasciculata 70
Sabia japonica 70
Sabia limoniacea 71
Sabia parviflora 71
Sabia schumanniana 71
Sabia swinhoei 71
Sabia yunnanensis 71
Sabia yunnanensis ssp. latifolia 72
Sabiaceae 67
Salicaceae 72
Salix 74
Salix alba 74
Salix argyracea 74
Salix babylonica 74
Salix caprea 74
Salix cavaleriei 75
Salix chaenomeloides 75
Salix cheilophila 75
Salix cupularis 75
Salix dunnii 75

Salix gilgiana 75
Salix gordejevii 75
Salix gracilistyla 75
Salix hypoleuca 75
Salix integra 75
Salix koreensis 75
Salix matsudana 76
Salix matsudana f. tortuosa 76
Salix matsudana f. umbraculifera 76
Salix mesnyi 76
Salix nankingensis 76
Salix paraplesia 76
Salix psammophila 76
Salix sclerophylla 76
Salix songarica 76
Salix sungkianica 76
Salix tetrasperma 76
Salix variegata 76
Salix wilsonii 77
Salpiglossis 162
Salpiglossis sinuata 162
Salvadoraceae 77
Santalaceae 78
Santalum 79
Santalum album 79
Santalum ellipticum 79
Santalum papuanum 79
Santalum spicatum 79
Sapindaceae 80
Sapindus 90
Sapindus delavayi 90
Sapindus mukorossi 90
Sapindus rarak 90
Sapindus trifoliatus 90
Sapotaceae 91
Saprosma 34
Saprosma hainanensis 34
Saprosma ternatum 34
Sarcosperma 95
Sarcosperma arboreum 95
Sarcosperma griffithii 95
Sarcosperma kachinense 95
Sarcosperma laurinum 95
Sarcotoechia 90
Sarcotoechia serrata 90
Sargentodoxa 97
Sargentodoxa cuneata 97
Sargentodoxaceae 97
Sarracenia 98
Sarracenia leucophylla 98
Sarracenia purpurea 98
Sarraceniaceae 98
Saururaceae 98
Saururus 99
Saururus cernuus 99
Saururus chinensis 99
Saxifraga 117
Saxifraga aculeata 117
Saxifraga fortunei 118
Saxifraga mengtzeana 118
Saxifraga rufescens 118
Saxifraga stolonifera 118
Saxifraga unguipetala 119
Saxifragaceae 100
Scaphium 200
Scaphium lychnophorum 200
Schisandra 120
Schisandra chinensis 120
Schisandra glaucescens 120
Schisandra grandiflora 120
Schisandra henryi 121
Schisandra henryi var. yunnanensis 121
Schisandra incarnata 121
Schisandra neglecta 121
Schisandra plena 121
Schisandra propinqua 121
Schisandra propinqua var. sinensis 121
Schisandra rubriflora 121
Schisandra sphenanthera 122
Schisandra viridis 122
Schisandraceae 119
Schizomussaenda 34
Schizomussaenda henryi 34
Schizophragma 119
Schizophragma hydrangeoides 119
Schizophragma integrifolium 119
Schleichera 91
Schleichera trijuga 91
Scleropyrum 79
Scleropyrum wallichianum 79
Scleropyrum wallichianum var. mekongense 79
Scoparia 139
Scoparia dulcis 139
Scrophularia 139
Scrophularia buergeriana 139
Scrophularia henryi 139
Scrophularia incisa 139
Scrophularia ningpoensis 139
Scrophulariaceae 122
Serissa 35
Serissa japonica 35
Serissa serissoides 35
Sideroxylon 95
Sideroxylon inerme 95
Simaroubaceae 145
Sinoadina 35
Sinoadina racemosa 35
Sinojackia 209
Sinojackia dolichocarpa 209
Sinojackia huangmeiensis 209
Sinojackia microcarpa 209
Sinojackia oblongicarpa 209

Sinojackia rehderiana 209
Sinojackia xylocarpa 209
Sinosideroxylon 95
Sinosideroxylon pedunculatum 95
Sinosideroxylon wightianum 96
Siphonostegia 139
Siphonostegia chinensis 139
Siphonostegia laeta 139
Skimmia 60
Skimmia arborescens 60
Skimmia japonica 60
Skimmia laureola 60
Skimmia reevesiana 60
Solanaceae 148
Solandra 162
Solandra grandiflora 162
Solandra longiflora 162
Solandra maxima 163
Solanum 164
Solanum aculeatissimum 164
Solanum aviculare 164
Solanum barbisetum 164
Solanum coagulans 164
Solanum deflexicarpum 164
Solanum diphyllum 164
Solanum dulcamara 164
Solanum ferox 164
Solanum glaucophyllum 165
Solanum griffithii 165
Solanum indicum 165
Solanum indicum var. recurvatum 165
Solanum integrifolium 166
Solanum laxum 166
Solanum lyratum 166
Solanum macrocarpon 166
Solanum mammosum 166
Solanum melongena 167
Solanum muricatum 168
Solanum myriacanthum 168
Solanum nigrum 168
Solanum nigrum var. humile 168
Solanum photeinocarpum 168
Solanum pittosporifolium 169
Solanum procumbens 169
Solanum pseudocapsicum 169
Solanum pseudocapsicum var. diflorum 169
Solanum seaforthianum 169
Solanum spirale 170
Solanum suffruticosum 170
Solanum surattense 170
Solanum torvum 170
Solanum tuberosum 170
Solanum verbascifolium 171
Solanum wrightii 171
Sonneratia 172
Sonneratia apetala 172
Sonneratiaceae 172
Sparganiaceae 173
Sparganium 173
Sparganium angustifolium 173
Sparganium fallax 173
Sparganium simplex 173
Sparganium stenophyllum 173
Sparganium stoloniferum 173
Sparganium yunnanense 174
Spermacoce 35
Spermacoce alata 35
Spermacoce articularis 35
Spermacoce pusilla 36
Sphenoclea 174
Sphenoclea zeylanica 174
Sphenocleaceae 174
Spiradiclis 36
Spiradiclis caespitosa 36
Spiradiclis caespitosa f. cylindrica 36
Spiradiclis emeiensis 36
Spiradiclis guangdongensis 36
Spiradiclis loana 36
Spiradiclis longibracteata 36
Spiradiclis longipedunculata 36
Spiradiclis longzhouensis 37
Spiradiclis luochengensis 37
Spiradiclis tomentosa 37
Spiradiclis villosa 37
Stachyuraceae 174
Stachyurus 174
Stachyurus chinensis 174
Stachyurus chinensis var. cuspidatus 174
Stachyurus chinensis var. latus 175
Stachyurus himalaicus 175
Stachyurus oblongifolius 175
Stachyurus obovatus 175
Stachyurus retusus 176
Stachyurus salicifolius 176
Stachyurus salicifolius var. lancifolius 176
Stachyurus szechuanensis 176
Stachyurus yunnanensis 176
Staphylea 177
Staphylea bumalda 177
Staphylea colchica 178
Staphylea forrestii 178
Staphylea holocarpa 178
Staphylea pinnata 178
Staphylea trifolia 178
Staphyleaceae 177
Stemodia 140
Stemodia verticillata 140
Stemona 180
Stemona japonica 180
Stemona mairei 181
Stemona parviflora 181
Stemona sessilifolia 181

Stemona tuberosa 181
Stemonaceae 180
Sterculia 201
Sterculia brevissima 201
Sterculia ceramica 201
Sterculia euosma 201
Sterculia foetida 202
Sterculia hainanensis 202
Sterculia henryi 202
Sterculia lanceaefolia 203
Sterculia lanceolata 203
Sterculia nobilis 204
Sterculia pexa 204
Sterculia scandens 204
Sterculia villosa 204
Sterculiaceae 182
Striga 140
Striga asiatica 140
Stylidiaceae 206
Stylidium 206
Stylidium tenellum 206
Stylidium uliginosum 206
Styracaceae 206
Styrax 209
Styrax agrestis 209
Styrax argentifolius 210
Styrax calvescens 210
Styrax chinensis 210
Styrax chrysocarpus 210
Styrax confusus 210
Styrax dasyanthus 210
Styrax faberi 210
Styrax grandiflorus 210
Styrax japonicus 211
Styrax japonicus var. calycothrix 211
Styrax macranthus 211
Styrax macrocarpus 212
Styrax obassia 212
Styrax odoratissimus 212
Styrax perkinsiae 212
Styrax roseus 212
Styrax rugosus 212
Styrax suberifolius 212
Styrax tonkinensis 212
Symplocaceae 213
Symplocos 213
Symplocos adenophylla 213
Symplocos adenopus 213
Symplocos angustifolia 213
Symplocos anomala 213
Symplocos austrosinensis 213
Symplocos botryantha 213
Symplocos chinensis 213
Symplocos cochinchinensis 214
Symplocos cochinchinensis var. puberula 214
Symplocos confusa 215
Symplocos congesta 215
Symplocos crassifolia 215
Symplocos decora 215
Symplocos dolichotricha 215
Symplocos grandis 215
Symplocos heishanensis H 215
Symplocos lancifolia 215
Symplocos laurina 215
Symplocos lucida 215
Symplocos paniculata 216
Symplocos phyllocalyx 216
Symplocos pilosa 216
Symplocos racemosa 216
Symplocos rachitricha 217
Symplocos ramosissima 217
Symplocos setchuensis 217
Symplocos stellaris 217
Symplocos subconnata 217
Symplocos sumuntia 217
Symplocos tetragona 218
Symplocos ulotricha 218
Symplocos urceolaris 218
Symplocos wikstroemiifolia 218
Symplocos yizhangensis 218
Symplocos yunnanensis 218
Synsepalum 96
Synsepalum dulcificum 96

T

Tapiscia 178
Tapiscia sinensis 178
Tapiscia yunnanensis 178
Tarenna 38
Tarenna attenuata 38
Tarenna depauperata 38
Tarenna lanceolata 38
Tarenna laui 38
Tarenna mollissima 38
Tarenna wangii 39
Tarennoidea 39
Tarennoidea wallichii 39
Theobroma 204
Theobroma cacao 204
Thesium 79
Thesium chinense 79
Tiarella 119
Tiarella polyphylla 119
Toddalia 60
Toddalia asiatica 60
Torenia 140
Torenia asiatica 140
Torenia benthamiana 140
Torenia biniflora 140
Torenia concolor 140
Torenia flava 140
Torenia fordii 140

Torenia fournieri 140
Torenia glabra 140
Torenia violacea 141
Tubocapsicum 171
Tubocapsicum anomalum 171
Turpinia 179
Turpinia affinis 179
Turpinia arguta 179
Turpinia cochinchinensis 179
Turpinia macrosperma 179
Turpinia montana 179
Turpinia montana var. glaberrima 180
Turpinia pomifera 180
Turpinia pomifera var. minor 180
Turpinia robusta 180
Turpinia simplicifolia 180

U

Uncaria 39
Uncaria hirsuta 39
Uncaria laevigata 40
Uncaria lancifolia 40
Uncaria macrophylla 40
Uncaria rhynchophylla 40
Uncaria scandens 40
Uncaria sessilifructus 40
Uncaria sinensis 40
Uncaria yunnanensis 41
Urophyllum 41
Urophyllum chinense 41

V

Vepris 61
Vepris undulata 61
Verbascum 141
Verbascum chaixii 141
Verbascum songoricum 141
Verbascum thapsus 141
Veronica 141
Veronica anagallis-aquatica 141
Veronica arvensis 141
Veronica beccabunga 141
Veronica didyma 142
Veronica henryi 142
Veronica javanica 142
Veronica longifolia 142
Veronica officinalis 142
Veronica peregrina 142
Veronica persica 143
Veronica serpyllifolia 143
Veronica spicata 143
Veronica undulata 143
Veronicastrum 143
Veronicastrum axillare 143
Veronicastrum caulopterum 143
Veronicastrum latifolium 144
Veronicastrum longispicatum 144
Veronicastrum sibiricum 144
Veronicastrum stenostachyum 144
Veronicastrum stenostachyum ssp. plukenetii 144
Veronicastrum villosulum 144

W

Waltheria 205
Waltheria indica 205
Wendlandia 41
Wendlandia augustinii 41
Wendlandia bouvardioides 41
Wendlandia cavaleriei 41
Wendlandia parviflora 41
Wendlandia pendula 41
Wendlandia salicifolia 41
Wendlandia scabra 41
Wendlandia tinctoria 41
Wendlandia tinctoria ssp. affinis 41
Wendlandia tinctoria ssp. callitricha 41
Wendlandia tinctoria ssp. floribunda 41
Wendlandia tinctoria ssp. intermedia 41
Wendlandia tinctoria ssp. orientalis 42
Wendlandia uvariifolia 42
Wendlandia uvariifolia ssp. pilosa 42
Wendlandia wallichii 42
Wightia 145
Wightia speciosissima 145

X

Xanthoceras 91
Xanthoceras sorbifolium 91
Xantolis 96
Xantolis boniana 96
Xantolis boniana var. rostrata 96
Xantolis stenosepala 97
Xantolis stenosepala var. brevistylis 97
Xerospermum 91
Xerospermum bonii 91

Z

Zanthoxylum 61
Zanthoxylum acanthopodium 61
Zanthoxylum acanthopodium var. timbor 61
Zanthoxylum ailanthoides 61
Zanthoxylum armatum 62
Zanthoxylum armatum var. ferrugineum 62
Zanthoxylum austrosinense 62
Zanthoxylum avicennae 62
Zanthoxylum beecheyanum 63
Zanthoxylum bungeanum 63
Zanthoxylum calcicola 63
Zanthoxylum dissitum 63
Zanthoxylum echinocarpum 64
Zanthoxylum esquirolii 64
Zanthoxylum laetum 64

Zanthoxylum micranthum 64
Zanthoxylum molle 64
Zanthoxylum myriacanthum 64
Zanthoxylum myriacanthum var. pubescens 64
Zanthoxylum nitidum 64
Zanthoxylum ovalifolium 65
Zanthoxylum ovalifolium var. spinifolium 65
Zanthoxylum oxyphyllum 65
Zanthoxylum piasezkii 65
Zanthoxylum scandens 66
Zanthoxylum schinifolium 66
Zanthoxylum simulans 66
Zanthoxylum stenophyllum 66
Zanthoxylum xichouense 66